"十二五"职业教育国家规划教材

高职高专IT类专业优秀教材

新世纪高专计算机应用技术专业系列规划教材

（第二版）

# 微机原理与组装维护

## WEIJI YUANLI YU ZUZHUANG WEIHU

U0107880

新世纪高职高专教材编审委员会 组编

主　编 蒋星军　谢树新

副主编 谭　阳 方　颂

张　剑 段明义

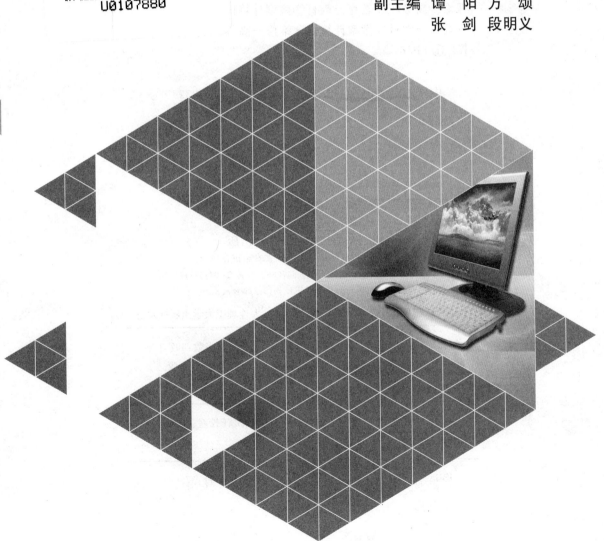

 大连理工大学出版社

**图书在版编目(CIP)数据**

微机原理与组装维护 / 蒋星军，谢树新主编. — 2
版. — 大连：大连理工大学出版社，2014.6
新世纪高职高专计算机应用技术专业系列规划教材
ISBN 978-7-5611-8634-3

Ⅰ. ①微… Ⅱ. ①蒋… ②谢… Ⅲ. ①微型计算机－
理论－高等职业教育－教材②微型计算机－组装－高等职
业教育－教材③微型计算机－维修－高等职业教育－教材
Ⅳ. ①TP36

中国版本图书馆 CIP 数据核字(2014)第 023949 号

大连理工大学出版社出版
地址：大连市软件园路 80 号　邮政编码：116023
发行：0411-84708842　邮购：0411-84703636　传真：0411-84701466
E-mail:dutp@dutp.cn　URL:http://www.dutp.cn
大连美跃彩色印刷有限公司印刷　　　　大连理工大学出版社发行

幅面尺寸:185mm×260mm　　印张:17.25　　字数:397 千字
2011 年 2 月第 1 版　　　　　2014 年 6 月第 2 版
2014 年 6 月第 1 次印刷

责任编辑:杨慎欣　　　　　　　　　责任校对:王冬梅
封面设计:张　莹

ISBN 978-7-5611-8634-3　　　　　　　定　价:37.00 元

# 总 序

　　我们已经进入了一个新的充满机遇与挑战的时代,我们已经跨入了 21 世纪的门槛。

　　20 世纪与 21 世纪之交的中国,高等教育体制正经历着一场缓慢而深刻的革命,我们正在对传统的普通高等教育的培养目标与社会发展的现实需要不相适应的现状作历史性的反思与变革的尝试。

　　20 世纪最后的几年里,高等职业教育的迅速崛起,是影响高等教育体制变革的一件大事。在短短的几年时间里,普通中专教育、普通高专教育全面转轨,以高等职业教育为主导的各种形式的培养应用型人才的教育发展到与普通高等教育等量齐观的地步,其来势之迅猛,发人深思。

　　无论是正在缓慢变革着的普通高等教育,还是迅速推进着的培养应用型人才的高职教育,都向我们提出了一个同样的严肃问题:中国的高等教育为谁服务,是为教育发展自身,还是为包括教育在内的大千社会? 答案肯定而且唯一,那就是教育也置身其中的现实社会。

　　由此又引发出高等教育的目的问题。既然教育必须服务于社会,它就必须按照不同领域的社会需要来完成自己的教育过程。换言之,教育资源必须按照社会划分的各个专业(行业)领域(岗位群)的需要实施配置,这就是我们长期以来明乎其理而疏于力行的学以致用问题,这就是我们长期以来未能给予足够关注的教育目的问题。

　　众所周知,整个社会由其发展所需要的不同部门构成,包括公共管理部门如国家机构、基础建设部门如教育研究机构和各种实业部门如工业部门、商业部门,等等。每一个部门又可作更为具体的划分,直至同它所需要的各种专门人才相对应。教育如果不能按照实际需要完成各种专门人才培养的目标,就不能很好地完成社会分工所赋予它的使命,而教育作为社会分工的一种独立存在就应受到质疑(在市场经济条件下尤其如此)。可以断言,按照社会的各种不同需要培养各种直接有用人才,是教育体制变革的终极目的。

新世纪

　　随着教育体制变革的进一步深入,高等院校的设置是否会同社会对人才类型的不同需要一一对应,我们姑且不论,但高等教育走应用型人才培养的道路和走研究型(也是一种特殊应用)人才培养的道路,学生们根据自己的偏好各取所需,始终是一个理性运行的社会状态下高等教育正常发展的途径。

　　高等职业教育的崛起,既是高等教育体制变革的结果,也是高等教育体制变革的一个阶段性表征。它的进一步发展,必将极大地推进中国教育体制变革的进程。作为一种应用型人才培养的教育,它从专科层次起步,进而应用本科教育、应用硕士教育、应用博士教育……当应用型人才培养的渠道贯通之时,也许就是我们迎接中国教育体制变革的成功之日。从这一意义上说,高等职业教育的崛起,正是在为必然会取得最后成功的教育体制变革奠基。

　　高等职业教育还刚刚开始自己发展道路的探索过程,它要全面达到应用型人才培养的正常理性发展状态,直至可以和现存的(同时也正处在变革分化过程中的)研究型人才培养的教育并驾齐驱,还需要假以时日;还需要政府教育主管部门的大力推进,需要人才需求市场的进一步完善发育,尤其需要高职教学单位及其直接相关部门肯于做长期的坚忍不拔的努力。新世纪高职高专教材编审委员会就是由全国100余所高职高专院校和出版单位组成的旨在以推动高职高专教材建设来推进高等职业教育这一变革过程的联盟共同体。

　　在宏观层面上,这个联盟始终会以推动高职高专教材的特色建设为己任,始终会从高职高专教学单位实际教学需要出发,以其对高职教育发展的前瞻性的总体把握,以其纵览全国高职高专教材市场需求的广阔视野,以其创新的理念与创新的运作模式,通过不断深化的教材建设过程,总结高职高专教学成果,探索高职高专教材建设规律。

　　在微观层面上,我们将充分依托众多高职高专院校联盟的互补优势和丰裕的人才资源优势,从每一个专业领域、每一种教材入手,突破传统的片面追求理论体系严整性的意识限制,努力凸现高职教育职业能力培养的本质特征,在不断构建特色教材建设体系的过程中,逐步形成自己的品牌优势。

　　新世纪高职高专教材编审委员会在推进高职高专教材建设事业的过程中,始终得到了各级教育主管部门以及各相关院校相关部门的热忱支持和积极参与,对此我们谨致深深谢意,也希望一切关注、参与高职教育发展的同道朋友,在共同推动高职教育发展、进而推动高等教育体制变革的进程中,和我们携手并肩,共同担负起这一具有开拓性挑战意义的历史重任。

**新世纪高职高专教材编审委员会**

2001 年 8 月 18 日

# 前　言

　　《微机原理与组装维护》(第二版)是"十二五"职业教育国家规划教材,是高职高专 IT 类专业优秀教材,也是新世纪高职高专教材编审委员会组编的计算机应用技术专业系列规划教材之一。

　　当今社会信息技术得到了快速发展,微机在社会的各行各业得到了广泛应用。微机及其外围支持设备正在以前所未有的速度向前发展,各种新产品层出不穷。掌握微机的工作原理和硬件组成,了解有关硬件设备的性能和技术指标,学会选购各种微机配件进行组装和配置,排除微机使用过程中的一些常见故障是处在信息时代的计算机相关专业学生的基本技能,也是信息时代对计算机相关专业学生的基本要求。

　　长期以来,高职高专院校计算机相关专业的课程设置与教材往往将微机原理的基础知识和微机维护的技能知识开设成"微机原理与应用"和"微机组装与维护"两门课程,造成"微机原理与应用"课程过于理论化,实践不好开展,"微机组装与维护"课程强调了实践技能,但系统原理部分较欠缺,从而使学生在学习"微机原理与应用"和"微机组装与维护"两门课程时,理论与实践往往脱节。

　　由于职业教育和技术应用型教育重实践,理论知识够用就行,按照教学改革要求,所以将"微机原理与应用"和"微机组装与维护"课程整合为一门课程,即"微机原理与组装维护"课程。该课程的教学任务是:使学生初步掌握微机系统的组成和工作原理,为后续课程学习及应对相关认证考试打下基础;同时培养学生微机组装维护的实用技能,使之能解决微机使用过程中的实际问题。

　　本教材作为"微机原理与组装维护"课程的教材,主要介绍微机组成原理,微机各组成部件的基础知识,使读者对微机原理有较好的掌握;并且以工作过程为导向,按照用户使用微机的过程着重介绍微机选购、硬件组装、软件安装、常见故障维护等实用技术,使读者对微机组装维护的实用技能有较好的掌握。在每章的后面配有相应的思考与习题,在介绍实用技能的章后另配有相应的实训,供实践练习。

　　本教材在第 1 版的基础上,根据教育部《高等职业学校专业教学标准(试行)》,按照计算机应用技术专业教学标准中相应核心课程和国家计算机技术与软件专业技术资格

新世纪

(水平)考试的相关内容要求,对部分内容做了局部调整。教材反映产业升级、技术进步,将最新的技术和部件纳入其中。如第3章更新了目前市面最新的CPU和主板技术;第4章增加了固态硬盘的介绍;第5章更新了最新的显示芯片;第6章增加了笔记本电脑、一体机的选购;第8章更新了最新的UEFI BIOS及各种应用软件版本;第9章更新了部分故障案例;全书更新部分实训题和习题等。

本教材结合PC市场最新技术,具有以下特点:

1. 内容全面,结构清晰。依照微机的原理—选购—组装—使用—维护这一脉络,既阐述微机的组成原理等基本理论又突出微机组装维护的实用技能,将理论与实践做了较好的结合。

2. 重点突出,应用性强。针对高职高专和技术应用型学生的特点,合理安排教学内容,既强调必要的理论知识又注重实践能力的培养,以原理为基础,服务于组装维护技术。并且以用户使用微机的工作过程为导向,使学生能学以致用。

3. 紧跟市场,知识最新。针对微机部件更新换代较快的特点,介绍最新的微机部件及技术,以帮助学生了解当今市场的主流产品。

4. 图文并茂,简明易懂。教材文字通俗,努力做到以简单的语言来解释难懂的概念。对微机的各个部件、各部件的不同类型,都附有目前流行产品的实物照片,在图片中大量使用标注,以方便阅读。

5. 实践练习,提高技能。教材在每章的后面配有相应的思考与习题,在介绍实用技能的章后另配有相应的实训题,供实践练习,教学做合一。思考与习题大多来自历年计算机软考的真题,精心安排的实训可以切实提高学生的实践技能。

6. 资源丰富,教学方便。本教材配套提供了立体化教学资源,是教育部计算机教指委高职高专IT类专业优秀教材、全国电大系统精品网络课程(http://www.hnrtu.com/hn_kcgl/web/column_1601.php)配套教材。教学资源包括课程标准、电子教案、教学视频、试题库、实训指导书、案例库等;网络学习平台为师生提供了在线学习、在线交流、在线作业、答疑解惑等即时和非即时的沟通手段。

本教材由高职高专院校和IT企业联合编写,融入作者多年的教学和实践经验。其中,主编为湖南网络工程职业学院蒋星军和湖南铁道职业技术学院谢树新,副主编为湖南网络工程职业学院谭阳、方颂、张剑和中州大学段明义,参编为湖南广播电视大学姚丽娜、陈琳、刘艳和湖南时运电脑有限公司凌梓。具体分工为:第1章由姚丽娜和陈琳编写,第2、3章由蒋星军编写,第4章由方颂编写,第5章由谢树新编写,第6章由谭阳编写,第7章由段明义编写,第8章由张剑编写,第9章由刘艳和凌梓编写。全书由蒋星军负责构思、组织、审改与统稿。

本教材既可作为高职高专院校计算机相关专业学生的教学用书,也可作为非计算机专业学生及相关工程技术人员微机组装维护的参考用书。

**编　者**

2014年6月

所有意见和建议请发往:dutpgz@163.com

欢迎访问教材服务网站:http://www.dutpbook.com

联系电话:0411-84707492　84706104

# 目 录

# 第1章　微型计算机概述

## ● 本章学习目标

- 了解微机的发展及应用
- 掌握微机的主要特点与性能指标
- 掌握计算机中常用的数制及其转换、带符号数的表示、常用编码的基本知识

## 1.1　微机的发展与应用

1946 年 2 月，世界上第一台电子数字计算机 ENIAC（Electronic Numerical Integrator And Calculator [Computer]，电子数字积分计算机）在美国宾夕法尼亚大学研制成功，从此，计算机的发展随着其主要电子部件的演变经历了电子管、晶体管、中小规模集成电路、大规模和超大规模集成电路等四个时代。

在六十多年的发展历程中，计算机技术突飞猛进，特别是微型计算机的出现为计算机的应用开拓了更加广阔的前景。目前，微型计算机已经渗透到国民经济的各个领域，极大地改变了人们的工作、学习及生活方式，成为信息时代的主要标志。

计算机是由运算器、控制器、存储器、输入设备以及输出设备五大部件组成的。通常把运算器和控制器合称为中央处理器（CPU）。中央处理器和内存储器均安装在主板上，合称为主机。输入设备、输出设备和外存储器统称为外部设备，简称外设。

随着大规模集成电路的发展，一块集成电路芯片可以包含成千上万个晶体管电路，从而将传统计算机的运算器和控制器等部件集成在一块大规模集成电路芯片上作为中央处理部件，简称为微处理器（Microprocessor）。以微处理器芯片为核心构成的家用、办公等通用的计算机就是微型计算机。

**1. 微处理器**

微处理器是一块由算术逻辑运算单元、控制器单元、寄存器组以及内部总线接口等构成的大规模集成电路芯片，通常又简称为 CPU。

**2. 微型计算机**

微型计算机是以微处理器芯片为核心，配上内存芯片、系统总线与 I/O 接口电路（主板）、输入设备、输出设备、外部存储设备以及电源、机箱等构成的硬件装置，简称微型机或微机。

**3. 微型计算机系统**

微型计算机系统是以微型计算机为主体，配上系统软件与应用软件而组成的系统，简

称微机系统。但在很多情况下,人们也将其简称为"微机"或"系统"。

## 1.1.1　微型计算机的产生与发展

微型计算机诞生于 20 世纪 70 年代初。微型计算机的发展主要表现在其核心部件——微处理器的发展上,每当一款新型的微处理器出现时,就会带动微机系统的其他部件相应发展,如微机体系结构的进一步优化、存储器存取容量的不断增大、存取速度的不断提高、外围设备性能的不断改进以及新设备的不断出现等。

根据微处理器的字长和功能,微型计算机的发展大体上可分为以下几个阶段:

第一阶段(1971 年～1973 年)是 4 位和 8 位低档微处理器时代,通常称为第一代。其典型产品是 Intel 4004 和 Intel 8008 微处理器以及分别由它们组成的 MCS-4 和 MCS-8 微机。它们的基本特点是采用 PMOS 工艺,集成度低(4000 个晶体管/片),系统结构和指令系统都比较简单,主要采用机器语言或简单的汇编语言,指令数目较少(20 多条指令),基本指令周期为 20 μs～50 μs,主要用于处理算术运算、家用电器和简单的控制场合。Intel 4004 和 Intel 8008 的外观如图 1-1 所示。

图 1-1　Intel 4004 和 Intel 8008 的外观

第二阶段(1974 年～1977 年)是 8 位中高档微处理器时代,通常称为第二代。其典型产品是 Intel 8080/8085、Motorola 公司的 MC6800、Zilog 公司的 Z80 等微处理器以及各种 8 位单片机,如 Intel 公司的 8048、Motorola 公司的 MC6801、Zilog 公司的 Z8 等。它们的特点是采用 NMOS 工艺,集成度提高约 4 倍,运算速度提高约 10～15 倍(基本指令执行时间为 1 μs～2 μs),指令系统比较完善,具有典型的计算机体系结构和中断、DMA 等控制功能。软件方面除了汇编语言外,还有 BASIC、FORTRAN 等高级语言以及相应的解释程序和编译程序,在后期还出现了 CP/M 操作系统。这一时期的微机主要用于教学与科研、数据处理和工业控制等场合。Intel 8080 和 Intel 8085 的外观如图 1-2 所示。

图 1-2　Intel 8080 和 Intel 8085 的外观

第三阶段(1978 年～1984 年)是 16 位微处理器时代,通常称为第三代。其典型产品是 Intel 公司的 8086/8088、80286,Motorola 公司的 M68000,Zilog 公司的 Z8000 等微处理器。其特点是采用 HMOS 工艺，集成度（20000～70000 晶体管/片）和运算速度（基本指令执行时间是 0.5 $\mu$s）都比第二代提高了一个数量级。指令系统更加丰富、完善，采用多级中断、多种寻址方式、段式存储机构、硬件乘除部件，并配置了软件系统。Intel 8086 和 Intel 80286 的外观如图 1-3 所示。

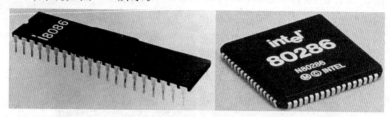

图 1-3　Intel 8086 和 Intel 80286 的外观

这一时期最著名的微机产品是 IBM 公司的个人计算机（Personal Computer，PC）。1981 年推出的 IBM PC 机采用 8088 CPU，1982 年又推出了扩展型的个人计算机 IBM PC/XT，它对内存进行了扩充，并增加了一个硬磁盘驱动器。1984 年，IBM 推出了以 80286 处理器为核心组成的 16 位增强型个人计算机 IBM PC/AT。由于 IBM 公司在发展 PC 机时采用了技术开放的策略，使 PC 机风靡世界。同期微软公司也开发了配套的 MS-DOS 操作系统。从这一时期开始，微机广泛应用于科学计算、数据处理、事务管理和工业控制等领域。IBM PC 机的外观如图 1-4 所示。

第四阶段（1985 年～1992 年）是 32 位微处理器时代，通常称为第四代。其典型产品是 Intel 公司的 80386/80486，Motorola 公司的 M68030/68040 等微处理器。其特点是采用 HMOS 或 CMOS 工艺，集成度高达 100 万晶体管/片，具有 32 位地址总线和 32 位数据总线。每秒钟可完成 600 万条指令。微机的功能已经达到甚至超过以往的超级小型计算机，完全可以胜任多任务、多用户的作业。同期，其他一些微处理器生产厂商（如 AMD、Cyrix 等）也推出了 80386/80486 系列的芯片。这一时期的微机广泛应用于办公自动化、科学计算、数据处理、事务管理和工业控制等领域。Intel 80386 和 Intel 80486 的外观如图 1-5 所示。

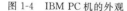

图 1-4　IBM PC 机的外观　　　　　图 1-5　Intel 80386 和 Intel 80486 的外观

第五阶段（1993 年～2002 年）是超级 32 位微处理器时代，通常称为第五代。其典型产品是 Intel 公司的 Pentium（奔腾）系列微处理器及与之兼容的 AMD 同级别系列微处理器，内部采用了超标量指令流水线结构，并具有相互独立的指令和数据高速缓存（Cache）。2000 年 3 月，AMD 与 Intel 分别推出了时钟频率达 1 GHz 的 Athlon 和 Pentium III。2000 年 11 月，Intel 又推出了 Pentium 4-32 位微处理器，P4-32 位微处理器不但拥有更高的时钟频率,并且支持 Intel 超线程(Hyper Threading,HT)技术,单个处理器能模拟线程级并行计算,进而兼容多线程操作系统和软件,提高了 CPU 的运行效率。同期,AMD 也推出了 Athlon XP 芯片。超级 32 位微处理器使微机的发展在网络化、多媒体化和智能化等方面跨上了更高的台阶。这一时期的微机应用已扩展到国民经济的各个领域和人们生活的各个方面。Pentium 和 Pentium III 的外观如图 1-6 所示。

图 1-6　Pentium 和 Pentium III 的外观

第六阶段(2003 年以后)是 64 位及多核微处理器时代,通常称为第六代。目前正在发展之中。64 位微处理器技术使寻址范围、最大内存容量、数据传输和处理速度、数值精度等指标成倍增加,使 CPU 的处理能力得到大幅提升。多核技术通过在一块芯片上集成多个微处理器核心来提高程序的并行性,从而为用户带来更强大的计算性能,满足用户

多任务处理的要求。目前,Intel 公司和 AMD 公司在 64 位多核 CPU 方面竞争激烈。多核处理器的普及带动了整个 IT 业的发展,这也使人们更有理由相信:微型计算机的发展将在国民经济的各个领域和人们生活的各个方面发挥更大的作用。Intel Core i7 和 AMD Phenom II 六核心 CPU 的外观如图 1-7 所示。

图 1-7　Core i7 和 Phenom II 六核心 CPU 的外观

## 1.1.2　微型计算机的分类

通常情况下,微型计算机可以按照 CPU 的字长、应用形态等划分类别。

**1. 按照 CPU 的字长来分类**

(1)4 位微型计算机:用 4 位字长的微处理器为 CPU,其数据总线宽度为 4 位。现多以单片机形式用于简单运算及控制。

(2)8 位微型计算机:用 8 位字长的微处理器为 CPU,其数据总线宽度为 8 位。现多以单片机形式用于工业控制中。

(3)16 位微型计算机:用 16 位字长的微处理器为 CPU,其数据总线宽度为 16 位。以 Intel 8088 为 CPU 的 16 位微型机 IBM PC/XT 是当时的主流 PC 机型,影响深远,以至在以后的微机发展中,大都保持对其兼容。

(4)32 位微型计算机:用 32 位字长的微处理器为 CPU,其数据总线宽度为 32 位。它不仅继承了其前辈的所有优点,而且在许多方面有新的突破。

(5)64 位微型计算机:用 64 位字长的微处理器为 CPU,其数据总线宽度为 64 位。这是目前各个计算机公司推出的主流产品,特别是多核技术将微型计算机推向了一个新的发展阶段。

**2. 按照微型计算机的应用形态来分类**

(1)单片机:这是将 CPU、存储器、系统总线及 I/O 接口电路等都集成在一块超大规模集成电路芯片上而构成的。在智能化仪器仪表、家用电器和各种嵌入式系统中获得了广泛的应用。

(2)单板机:这是将 CPU 芯片、存储器芯片、系统总线、I/O 接口电路以及简单的键盘和数码显示器等安装在一块印刷电路板上而构成的。常用作过程控制和各种仪器仪表装置的控制部件。

(3)位片机:这是将 1 位或数位的算术逻辑部件集成在一块芯片上,多个位片与控制电路连接而构成的。用户可根据需要灵活组成各种不同字长的位片机,多用于高速、分布式系统和阵列式系统。

(4)PC 机:这是将包含 CPU 芯片、内存芯片、系统总线与 I/O 接口电路的主板和必要的外部设备(键盘、鼠标、显示器、磁盘和光盘驱动器等)及电源、机箱,并配以丰富的软件等构成的微机系统。可按品牌分为品牌机和组装机,按结构分为台式机和便携机,应用非常广泛。本书讲述的就是此类微机。

# 1.1.3　微型计算机的应用

微型计算机作为当今信息社会不可缺少的重要工具,在科学技术、国民经济、文化教育和社会生活等各个领域都得到了广泛的应用。归纳起来主要有以下几个方面。

**1. 科学计算**

科学计算是指用计算机来解决科学研究和工程技术中复杂的数学计算问题。计算机不仅计算速度快而且精度高,许多人工难以完成的复杂计算都可以通过计算机来完成。在现代科学研究和工程设计中,计算机已成为必不可少的计算工具。例如,航天航空、原子能研究、气象预报和石油勘探等大量的数据都要借助计算机来进行运算处理。

**2. 办公自动化**

办公自动化简称 OA(Office Automation)。这是一种以计算机为主体的多功能集成办公系统。它为办公和管理提供有价值的信息,并为信息的传递提供有效的支持。OA系统具备完善的文字处理功能、较强的资料处理及网络通信能力。例如,文稿的起草、各种信息的收集、汇总、保存、检索与打印等。OA 系统改进了人们的工作方式,提高了工作效率。

**3. 信息管理**

计算机在信息管理方面的应用是极为广泛的。利用数据库管理系统 DBMS 对信息进行收集、处理、保存和使用,如人事管理、生产管理、财务管理、计划管理、报表统计等。当今计算机在信息管理中的应用已形成一个完整的体系,即信息管理系统,又可细分为事务处理系统、管理信息系统、决策支持系统。

(1)事务处理系统(Transaction Processing System,TPS):是倾向于数据处理的系

统,即使用计算机来处理基层管理中所涉及的大量数据,如工资结算、会计账目等。

(2)管理信息系统(Management Information System,MIS):是以基层事务处理为基础,把企事业中各个子系统集中起来所形成的信息系统。它为中层管理提供各种信息。

(3)决策支持系统(Decision Support System,DSS):是根据事务处理系统和管理信息系统所提供的信息,结合运筹学、人工智能和模拟技术,使其具有推理和决策功能的信息系统。它为高层管理提供决策支持。

**4.过程控制**

过程控制是指用传感器在现场采集被控对象的数据,通过比较器求出与设置数据的偏差,由计算机按照控制模型进行计算,产生相应的控制信号,驱动伺服装置对被控对象进行控制与调整。从而可以大大提高生产过程的自动化水平,提高产品质量、生产效率和经济效益。例如,钢铁及有色金属的冶炼控制系统、工业锅炉自动控制系统、环境保护检测系统、数控机床的控制系统等均属于此范畴。

**5.多媒体应用**

多媒体应用是利用计算机把文字、图形、图像、动画、声音及视频等媒体信息数值化,并可通过交互式界面使计算机具有交互展示不同媒体形态的功能。随着计算机技术、多媒体技术以及网络技术的不断发展,使得计算机能够以图像与声音集成的形式向人们提供娱乐和游戏,在计算机上可以观看影视节目和聆听音乐等。

**6.计算机辅助处理**

计算机辅助处理是指以计算机作为辅助工具的各种应用。主要包括以下几方面:

(1)计算机辅助设计(Computer Aided Design,CAD):它是利用计算机的高速运算、大容量存储和图形处理能力,帮助设计人员进行工程设计,以提高设计工作的自动化程度。它可以节省人力物力,缩短产品的设计周期等。

(2)计算机辅助制造(Computer Aided Manufacturing,CAM):它是利用计算机通过各种数值控制机床和设备,来自动完成对产品的加工、装配、检测和包装的过程。在生产过程中提高了自动化水平并改善了工作人员的工作条件。

(3)计算机辅助测试(Computer Aided Test,CAT):它是利用计算机运算速度快、计算精度高的特点,检测某些系统的技术性能指标。

(4)计算机辅助教学(Computer Aided Instruction,CAI):它是利用计算机辅助学生学习的教学系统。它将教学内容、教学方法以及学生的有关信息存储于计算机内,使学生能够轻松自如地从 CAI 系统中学到所需要的知识。

(5)计算机仿真(Simulation):它是利用计算机模仿真实系统的技术,即利用计算机对复杂的现实系统经过抽象和简化,形成系统模型,然后在分析的基础上运行此模型,从而模拟出真实系统的运行并得到系统的一系列统计性能。

**7.网络与通信**

计算机网络是利用通信设备和线路将地理位置不同、功能独立的多个计算机系统互联起来,在网络软件的支持下实现网络中资源共享和信息传递的系统。随着计算机技术和通信技术的快速发展,计算机网络也得到了迅速普及。目前遍布全球的因特网(Internet)已把地球上的大多数国家联系在一起,它可以为人们提供多种服务,例如,电子邮件、文件传输、信息查询、网上新闻、各种论坛和电子商务等。

### 8. 人工智能

人工智能研究目前最具有代表性的两个领域是专家系统和机器人。

(1)专家系统:这是一个具有大量专门知识的计算机程序系统。专家系统总结了某个领域中专家的大量知识,根据这些专门的知识,系统可以对输入的原始数据进行推理,做出判断和决策,回答用户的咨询。目前专家系统已广泛用于化学结构研究、医学诊断、遗传工程、空中交通控制和商业等领域。

(2)机器人:这是一种能够模仿人类智能和肢体功能的计算机操作装置。自从微处理器问世后,机器人开始进入大量生产和使用阶段。机器人不仅能提高工作质量和生产效率、降低成本、代替人完成有害环境中的工作,而且还体现了人工智能研究的发展水平。

# 1.2  微机的主要特点与性能指标

## 1.2.1  微机的主要特点

微型计算机采用了许多先进的加工工艺和制造技术,其硬件和软件的有机结合,显示出许多突出优点,使得微型计算机从问世以来就得到了极其迅速的发展和广泛的应用。其特点可以概括如下:

(1)功能强:微型计算机运算速度快、计算精度高,而且都配有一整套支持其工作的软件,使得微型计算机的处理功能大大增强,满足了各行各业的实际应用。

(2)可靠性高:微处理器及其配套系列芯片上可以集成上千万个元器件,减少了大量的焊点、连线、接插件等不可靠因素,使其可靠性大大增强。

(3)价格低:微处理器及其配套系列芯片集成度高,适合大批量生产,因此产品成本低,低廉的价格对于微型计算机的推广和普及是十分有利的。

(4)适应性强:微型计算机采用总线结构,配置灵活,扩展部件品种多,用户可以根据需要配置不同的微机部件,极易组成各种系统来满足不同的需求。微型计算机可以单机使用,也可以非常方便地构成计算机网络系统。

(5)体积小、重量轻:微型计算机大量采用了大规模和超大规模集成电路,使得微型计算机的体积明显缩小,而且重量减轻。随着集成电路技术的发展,今后可以做到更小更轻。

(6)维护方便:微型计算机已趋于标准化、模块化和系列化,从硬件结构到软件配置都做了比较全面的考虑,采用自检、诊断及测试等技术可以及时发现系统故障,发现故障后可以迅速更换标准化模块和芯片来加以排除。

## 1.2.2  微机的性能指标

### 1. 数据单位

(1)位(bit):它是构成计算机信息的最小单位。在数字计算机内部是使用数字电路来实现其二进制运算功能的,二进制数的"0"和"1"分别用数字电路的低电平和高电平来实现。用若干个二进制位的组合可以表示计算机中的各种信息。例如,存储器中存放的数据和程序等,都是若干位二进制数。

(2)字节(Byte):它是计算机中通用的基本存储和处理单元。由 8 个二进制位构成,简记为 B,即 1 B=8 b。在计算机的存储器内部都是按字节进行组织的,存放的信息以字节为单位,每个字节分配一个存储器地址。在表示计算机的存储容量时,通常使用 KB、MB、GB、TB、PB、EB 等计量单位,其换算关系如下:

$$1 \text{ KB}=2^{10} \text{ B}=1024 \text{ B} \qquad 1 \text{ MB}=2^{20} \text{ B}=1024 \text{ KB} \qquad 1 \text{ GB}=2^{30} \text{ B}=1024 \text{ MB}$$
$$1 \text{ TB}=2^{40} \text{ B}=1024 \text{ GB} \qquad 1 \text{ PB}=2^{50} \text{ B}=1024 \text{ TB} \qquad 1 \text{ EB}=2^{60} \text{ B}=1024 \text{ PB}$$

(3)字(Word):它是微处理器一次操作处理的数据单位。一个字所包含的位数称为字长,一个字由若干个字节组成,所以"字长"通常是"字节"的整倍数。字长反映了计算机一次所能处理的实际位数的多少,如 8086/80286 微机的字长是 16 位,而 80386/80486 微机的字长是 32 位。

为了与早期的 16 位微机保持兼容,80x86 汇编语言仍然定义一个字为 16 位,即由存储在相邻地址的两个字节组成。一个双字(Double Word)为 32 位,一个四字(Quad Word)为 64 位。

**2. 微机的主要性能指标**

(1)字长:它是指 CPU 内寄存器、运算器、内部数据总线等部件的宽度(位数),它是微处理器数据处理能力的重要体现。字长通常是字节的整倍数,如 8、16、32、64 位等,目前的微机都是 64 位字长的。

(2)运算速度(主频与多核):它是指 CPU 每秒钟能执行的指令条数。由于不同类型的指令所需的执行时间不同,因此用各种指令的平均执行时间及相应指令运行的比例来综合计算,单位是 MIPS(Million Instructions Per Second,每秒百万条指令)。

现在的微机一般采用主频与多核来描述运算速度。主频是指 CPU 核心的时钟频率,多核是指 CPU 内集成多个核心。它们在很大程度上决定了计算机的运算速度。例如,某微机的 CPU 为 Intel Core i5 3470(四核 3.2 G),是指 CPU 内有 4 个主频为 3.2 GHz 的核心。

(3)内存容量:它是指主存储器(RAM)中能存储信息的总字节数。内存容量越大,计算机一次从外存装入内存的信息越多,处理时与外存交换数据的次数越少,处理速度就越快。因此,内存容量越大,计算机就能较快运行大的程序,处理能力就越强。

(4)内存速度(内存频率与多通道):它是指 CPU 对内存的存取速度。过去常用存取周期来衡量,存取周期是指 CPU 对主存储器进行一次完整的读或写操作所需要的全部时间。即连续启动两次读或写操作所需间隔的最短时间。

而现在微机的内存频率(内存数据传输频率)与多通道内存技术体现了内存的速度。内存频率代表着该内存条所能达到的最高数据传输频率。多通道内存技术是指 CPU 能同时读或写多条内存条。例如,某台微机的配置支持双通道 DDR3 1600 内存,是指每条内存条数据传输频率为 1600 MHz,并且支持同时对两条内存条进行读写。

(5)系统总线的传输速率(外频):它直接关系到计算机输入/输出的性能,影响到

CPU 与 I/O 接口及外部设备之间数据传输的快慢。而现在微机的外频在很大程度上决定了系统总线的传输速率。

(6)性能价格比：它是衡量计算机产品优劣的综合性指标，包括计算机的软硬件性能与售价的关系，通常希望以最小的成本获取最大的收益。

除了上述的各项指标外，还可以综合考虑高速缓存(Cache)的容量、外部设备的配置、软件的配置、系统的可靠性和兼容性等。

# 1.3 计算机中的信息表示

计算机的基本功能是对数据进行加工，计算机内的数字、字符、指令、控制状态、图形和声音等信息都采用二进制数据形式来表示。在使用上人们把计算机中的数据分为两类：一类是用来表示量的大小的数，能够进行算术等运算；另一类是编码，在计算机中用来描述某种信息。

## 1.3.1 计算机中的数制及其转换

### 1. 数制的基本概念

用于表示数值大小的基本符号称为"数码"，全部数码的个数称为"基数"，用"逢基数进位"的原则进行计数称为进位计数制。如十进制采用 0~9 共 10 个数码，十进制的基数是 10，其计数原则是"逢十进一"。一个数值中的每位有不同的"位权"，位权与基数的关系是：位权等于基数的若干次幂。

例如，十进制数 125.62 可以展开为以下多项式：
$$125.62 = 1 \times 10^2 + 2 \times 10^1 + 5 \times 10^0 + 6 \times 10^{-1} + 2 \times 10^{-2}$$

式中的 $10^2$、$10^1$、$10^0$、$10^{-1}$、$10^{-2}$ 即为该位的位权，该位数值的大小就等于该位数码与该位位权的乘积，而一个数的值是其各位上的数码乘以该数码的位权之和。

对于任何一种数制表示的数，都可以写成按位展开的多项式之和，其一般形式为：
$$N = a_{n-1}r^{n-1} + a_{n-2}r^{n-2} + \cdots + a_0 r^0 + a_{-1}r^{-1} + \cdots + a_{-(m-1)}r^{-(m-1)} + a_{-m}r^{-m}$$
$$= \sum_{i=-m}^{n-1} a_i r^i$$

式中，n 是整数部分的位数，m 是小数部分的位数，$a_i$ 是各位上的数码，r 是进位制的基数，$r^i$ 是各位的位权，从 $a_0 r^0$ 起向左是数的整数部分，向右是数的小数部分。

为了区分各种计数制的数据，可以采用以下两种方法进行书写表达。

(1)在数字后面加写相应英文字母作为标识。如：B(Binary)表示二进制数；D(Decimal)表示十进制数(可省略)；H(Hexadecimal)表示十六进制数。

(2)在数字的括号外面加计数制下标，此种方法比较直观。如：二进制的 11010011 可以写成 $(11010011)_2$。

计算机中二、十、十六进制的基数、数码、进位关系和表示方法如表 1-1 所示。

**表 1-1**　　　　　　　　二、十、十六进制的基数、数码、进位关系和表示方法

| 计数制 | 基　数 | 数　　码 | 进位关系 | 表示方法 |
|---|---|---|---|---|
| 二进制 | 2 | 0、1 | 逢二进一 | 1010B 或 $(1010)_2$ |
| 十进制 | 10 | 0、1、2、3、4、5、6、7、8、9 | 逢十进一 | 598D 或 $(598)_{10}$ |
| 十六进制 | 16 | 0、1、2、3、4、5、6、7、8、9、A、B、C、D、E、F | 逢十六进一 | 7C2FH 或 $(7C2F)_{16}$ |

**【例 1-1】**　二进制求 11010.101＋1001.11。　**【例 1-2】**　十六进制求 05C3＋3D25。

$$
\begin{array}{r}
11010.101 \\
+\quad 1001.110 \\
\hline
100100.011
\end{array}
\qquad
\begin{array}{r}
05C3 \\
+\quad 3D25 \\
\hline
42E8
\end{array}
$$

### 2. 数制之间的转换

在计算机内部处理数据时使用的是二进制数,其运算规则简单,机器实现容易;但由于它不便于书写和阅读,所以通常用十六进制数表示;而人们日常习惯用十进制数;因此有时需要将不同的数制进行转换。现总结各种计数制之间的转换规律和对应关系分别如表 1-2、表 1-3 所示。

**表 1-2**　　　　　　　　各种计数制之间的转换规律

| 计数制转换要求 | 相应转换遵循的规律 |
|---|---|
| 十进制整数转换为二进制(或十六进制)整数 | 该十进制整数连续去除以基数 2(或基数 16),直至商等于"0"为止,然后逆序排列每次除后所得到的余数 |
| 十进制小数转化为二进制(或十六进制)小数 | 该十进制小数连续去乘以基数 2(或基数 16),直至乘积的小数部分等于"0",然后顺序排列每次乘积的整数部分 |
| 二、十六进制数转换为十进制数 | 用其各位所对应的系数,按照"位权展开求和"的方法即可 |
| 二进制数转换为十六进制数 | 从小数点开始分别向左或向右,将每 4 位二进制数分成一组,不足 4 位的补 0,然后将每组用一位十六进制数表示即可 |
| 十六进制数转换为二进制数 | 将每位十六进制数用 4 位二进制数表示即可 |

**表 1-3**　　　　　　　　各种计数制之间的对应关系

| 十进制 | 二进制 | 十六进制 | 十进制 | 二进制 | 十六进制 |
|---|---|---|---|---|---|
| 0 | 0000B | 0H | 8 | 1000B | 8H |
| 1 | 0001B | 1H | 9 | 1001B | 9H |
| 2 | 0010B | 2H | 10 | 1010B | AH |
| 3 | 0011B | 3H | 11 | 1011B | BH |
| 4 | 0100B | 4H | 12 | 1100B | CH |
| 5 | 0101B | 5H | 13 | 1101B | DH |
| 6 | 0110B | 6H | 14 | 1110B | EH |
| 7 | 0111B | 7H | 15 | 1111B | FH |

**【例 1-3】**　将十进制整数 $(103)_{10}$ 转换为二进制整数。按照转换规律,采用"除 2 倒取余"的方法,过程如下:

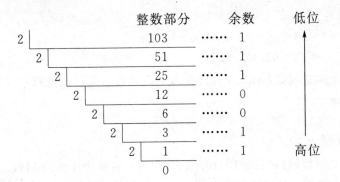

所以，$(103)_{10} = (1100111)_2$

【例 1-4】 将十进制小数$(0.8125)_{10}$转换为二进制小数。按照转换规律，采用"乘 2 顺取整"的方法，过程如下：

| | | |
|---|---|---|
| $0.8125 \times 2 = 1.625$ | 取整数位 1 | 高位 |
| $0.625 \times 2 = 1.25$ | 取整数位 1 | $\downarrow$ |
| $0.25 \times 2 = 0.5$ | 取整数位 0 | |
| $0.5 \times 2 = 1.0$ | 取整数位 1 | 低位 |

所以，$(0.8125)_{10} = (0.1101)_2$

若出现乘积的小数部分一直不为"0"，则可以根据计算精度的要求截取一定的位数即可。

【例 1-5】 将十进制整数$(2347)_{10}$转换为十六进制整数。按照转换规律，采用"除 16 倒取余"的方法，过程如下：

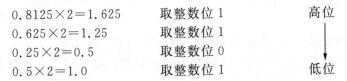

所以，$(2347)_{10} = (92B)_{16}$

【例 1-6】 将十进制小数$(0.8129)_{10}$转换为十六进制小数。按照转换规律，采用"乘 16 顺取整"的方法，过程如下：

| | | |
|---|---|---|
| $0.8129 \times 16 = 13.0064$ | 取整数位 13（十六进制数为 D） | 高位 |
| $0.0064 \times 16 = 0.1024$ | 取整数位 0 | $\downarrow$ |
| $0.1024 \times 16 = 1.6384$ | 取整数位 1 | |
| $0.6384 \times 16 = 10.2144$ | 取整数位 10（十六进制数为 A） | 低位 |

本例取到该数据的计算精度为小数点后 4 位数。

所以，$(0.8129)_{10} = (0.D01A)_{16}$

【例 1-7】 将二进制数$(1011001.101)_2$转换为十进制数。采用按位权展开求和的方法，过程如下：

$$(1011001.101)_2 = 1\times2^6 + 1\times2^4 + 1\times2^3 + 1\times2^0 + 1\times2^{-1} + 1\times2^{-3}$$
$$= 64 + 16 + 8 + 1 + 0.5 + 0.125$$
$$= (89.625)_{10}$$

【**例 1-8**】　将十六进制数$(AF8.8)_{16}$转换为十进制数。采用按位权展开求和的方法，过程如下：

$$(AF8.8)_{16} = 10\times16^2 + 15\times16^1 + 8\times16^0 + 8\times16^{-1}$$
$$= (2808.5)_{10}$$

【**例 1-9**】　将二制数$(1110110010110.010101101)_2$转换为十六进制数。从小数点开始分别向左或向右，将每 4 位二进制数分成一组，不足 4 位的补 0。过程如下：

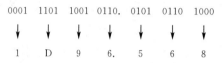

所以，$(1110110010110.010101101)_2 = (1D96.568)_{16}$

【**例 1-10**】　将十六进制数$(72A3.C69)_{16}$转换为二进制数。将每位十六进制数用 4 位二进制数表示。过程如下：

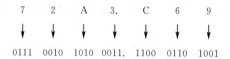

所以，$(72A3.C69)_{16} = (111001010100011.110001101001)_2$

## 1.3.2　计算机中数值数据的表示

### 1. 机器数与码制

各种数值数据在计算机中的表示形式称为机器数，其特点是采用二进制表示法。机器数所代表的实际数值称为该机器数的真值。

机器数有无符号数和带符号数之分。无符号数在机器数中没有符号位，所有位数都用来表示数值；带符号的机器数可采用原码、反码和补码等不同的表示方法，这些称为机器数的码制。

### 2. 带符号数的原码、反码、补码表示

(1)原码：规定最高位为符号位，正数的符号位用"0"表示，负数的符号位用"1"表示，其他数值位按照二进制来表示数的绝对值。

例如，当机器字长为 8 位二进制数时：

$X_1 = +1010111$，则$[X_1]_原 = 01010111$

$X_2 = -1010111$，则$[X_2]_原 = 11010111$

(2)反码：正数的反码与其原码相同，负数的反码为其原码除符号位以外的数值位按位求反。

例如,当机器字长为 8 位二进制数时:

$X_1 = +1010111$,则 $[X_1]_原 = 01010111$,$[X_1]_反 = 01010111$

$X_2 = -1010111$,则 $[X_2]_原 = 11010111$,$[X_2]_反 = 10101000$

负数的反码与负数的原码有很大区别,反码通常用作求补码过程中的中间形式。

(3)补码:正数的补码与其原码相同,负数的补码为其反码在最低位加 1。

例如,当机器字长为 8 位二进制数时:

$X_1 = +1010111$,则 $[X_1]_原 = 01010111$,$[X_1]_补 = 01010111$

$X_2 = -1010111$,则 $[X_2]_原 = 11010111$,$[X_2]_补 = 10101001$

(4)补码与真值之间的转换:已知某数的真值可以通过补码的定义来完成真值到补码的转换;反之,若已知某数的补码也可以通过以下方法来求出其真值:

①对于正数的补码,其真值等于补码本身;

②对于负数的补码,求其真值时可以将补码除符号位以外的数值位按位求反后在末位加 1(即得到原码),即可得到该负数补码对应的真值。

【例 1-11】　已知 $[X_1]_补 = 01011001B$,求真值 $X_1$;已知 $[X_2]_补 = 11011010B$,求真值 $X_2$。

由于 $[X_1]_补$ 代表的数是正数,则其真值:

$X_1 = +1011001B$

　　$= +(1 \times 2^6 + 1 \times 2^4 + 1 \times 2^3 + 1 \times 2^0)$

　　$= +(64 + 16 + 8 + 1)$

　　$= +89D$

由于 $[X_2]_补$ 代表的数是负数,则其真值:

$X_2 = -([1011010]_{求反} + 1)B$

　　$= -(0100101 + 1)B$

　　$= -(0100110)B$

　　$= -(1 \times 2^5 + 1 \times 2^2 + 1 \times 2^1)$

　　$= -(32 + 4 + 2)$

　　$= -38D$

**3. 定点数和浮点数**

(1)定点数:这是指小数点的位置固定不变的数,其小数点隐含表示不占位数。

小数点的位置通常有两种约定形式:定点整数(纯整数,小数点在最低有效数值位之后)和定点小数(纯小数,小数点在最高有效数值位之前)。定点数的位数通常由机器的字长决定。

在采用定点数表示的机器中,对于非纯整数或非纯小数的数据在处理前必须先通过合适的比例因子转换成相应的纯整数或纯小数,运算后的结果再按比例转换回去,因此将定点数表示的运算简称为整数运算。

设机器字长为 n,各种码制表示下的带符号定点数的范围如表 1-4 所示。

表 1-4          机器字长为 n 时各种码制表示的带符号定点数的范围

| 码 制 | 定点整数 | 定点小数 |
|---|---|---|
| 原码 | $-(2^{n-1}-1)\sim+(2^{n-1}-1)$ | $-(1-2^{-(n-1)})\sim+(1-2^{-(n-1)})$ |
| 反码 | $-(2^{n-1}-1)\sim+(2^{n-1}-1)$ | $-(1-2^{-(n-1)})\sim+(1-2^{-(n-1)})$ |
| 补码 | $-2^{n-1}\sim+(2^{n-1}-1)$ | $-1\sim+(1-2^{-(n-1)})$ |

(2)浮点数:这是指小数点的位置不固定,可以左右浮动的数。

由于在计算机中表示定点数的二进制位数有限,因此定点数所表示的数据范围也是很有限的,对于一些很大的数据就无法表示。例如,使用 16 位二进制表示纯整数,其补码表示范围仅为:-32 768～+32 767。为此,人们吸取日常生活中表示十进制数据的科学记数法思想,如 193 可以表示为 $0.193\times10^3$ 或 $1.93\times10^2$ 等,采用浮点数的表示法来表示更大的数。

在浮点数表示中,一个二进制数 N 可以表示为:

$$N=2^E\times M$$

其中:E 称为阶码,M 称为尾数。其一般格式如图 1-8 所示。

图 1-8   浮点数表示法

其中:阶符 $e_s$ 为阶码 E 的符号,正号表示小数点右移,负号表示小数点左移;e 为阶码 E 的数值,即小数点移动的位数;尾符 $m_s$ 为尾数 M 的符号,是整个浮点数的符号位,它表示该浮点数的正负;m 为尾数 M 的数值。在大多数计算机中,尾数为纯小数,常用原码或补码表示;阶码为纯整数,常用移码或补码表示。

### 1.3.3   计算机中常用的编码

计算机除了用于数值计算之外,还要进行大量的文字信息处理,也就是要对表达各种文字信息的符号进行加工。例如,计算机和外设的键盘、显示器、打印机之间的通信很多是采用字符方式输入/输出的。计算机中目前最通用的两种字符编码分别是美国信息交换标准代码(ASCII 码)和二-十进制编码(BCD 码)。

**1. 美国信息交换标准代码(ASCII 码)**

ASCII(American Standard Code for Information Interchange)码是美国信息交换标准代码的简称,用于给西文字符编码,包括英文字母的大小写、数字、专用字符、控制字符等。

这种编码由 7 位二进制数组合而成,可以表示 128 种字符,其中 34 个起控制作用的称为"功能码",其余 94 个符号供书写程序和描述命令之用,称为"信息码"。ASCII 码的编码内容如表 1-5 所示。

表 1-5　　　　　　　　　　　　　　　　7 位 ASCII 码编码表

| 低四位代码 $b_3 b_2 b_1 b_0$ | | 高三位代码 $b_6 b_5 b_4$ | | | | | | | |
|---|---|---|---|---|---|---|---|---|---|
| | | 0H | 1H | 2H | 3H | 4H | 5H | 6H | 7H |
| | | 000 | 001 | 010 | 011 | 100 | 101 | 110 | 111 |
| 0H | 0 0 0 0 | NUL | DLE | SP | 0 | @ | P | ` | p |
| 1H | 0 0 0 1 | SOH | DC1 | ! | 1 | A | Q | a | q |
| 2H | 0 0 1 0 | STX | DC2 | " | 2 | B | R | b | r |
| 3H | 0 0 1 1 | ETX | DC3 | # | 3 | C | S | c | s |
| 4H | 0 1 0 0 | EOT | DC4 | $ | 4 | D | T | d | t |
| 5H | 0 1 0 1 | ENQ | NAK | % | 5 | E | U | e | u |
| 6H | 0 1 1 0 | ACK | SYN | & | 6 | F | V | f | v |
| 7H | 0 1 1 1 | BEL | ETB | ' | 7 | G | W | g | w |
| 8H | 1 0 0 0 | BS | CAN | ( | 8 | H | X | h | x |
| 9H | 1 0 0 1 | HT | EM | ) | 9 | I | Y | i | y |
| AH | 1 0 1 0 | LF | SUB | * | : | J | Z | j | z |
| BH | 1 0 1 1 | VT | ESC | + | ; | K | [ | k | { |
| CH | 1 1 0 0 | FF | FS | , | < | L | \ | l | \| |
| DH | 1 1 0 1 | CR | GS | — | = | M | ] | m | } |
| EH | 1 1 1 0 | SO | RS | . | > | N | ˆ | n | ~ |
| FH | 1 1 1 1 | SI | US | / | ? | O | — | o | DEL |

表 1-4 中用英文字母缩写表示的"控制字符"在计算机系统中起各种控制作用,它们在表中占前两列,加上"SP"和"DEL",共 34 个;其余的是 10 个阿拉伯数字、52 个英文大小写字母、32 个专用符号,共 94 个"图形字符",可以显示或打印出来。

ASCII 码是 7 位二进制编码,而计算机的基本存储单元是字节 B( 1 Byte＝8 bit ),所以一般以一个字节来存放一个 ASCII 码字符。每一个字节中多余出来的一位(最高位)在计算机内部通常保持为"0",在数据传输时,其最高位($b_7$)常用作奇偶校验位。

所谓奇偶校验,是指在代码传送过程中用来检验是否出现错误的一种方法,具体分为奇校验和偶校验两种。采用奇校验时:发送的代码中"1"的个数必须是奇数,若非奇数,则在最高位添"1",否则添"0",而接收端以是否接收到奇数个"1"来判断传送正确与否;采用偶校验时:发送的代码中"1"的个数必须是偶数,若非偶数,则在最高位添"1",否则添"0",而接收端以是否接收到偶数个"1"来判断传送正确与否。

后来 IBM 公司将 ASCII 码的位数由 7 位增加到 8 位,共扩展到 256 个字符。扩展后的 ASCII 码除了原来的 128 个字符外,又增加了一些常用的科学符号和表格线条等。

**2. 二-十进制编码——BCD 码**

计算机中的数采用二进制形式表示,但人们常常习惯用十进制数来进行数据的输入/输出,BCD(Binary-coded Decimal)码就是专门用来解决用二进制数表示十进制数问题的。BCD 码又称为"二-十进制编码",最常用的是 8421-BCD 编码,其方法是采用 4 位二进制数来表示一位十进制数,自左至右每一个二进制位对应的位权是 8、4、2、1。

由于 4 位二进制数有 0000B～1111B 共 16 种状态,而十进制数 0～9 只取 0000B～1001B 的 10 种状态,其余 6 种状态闲置不用。一般情况下,BCD 码有压缩 BCD 码和非压缩 BCD 码两种表示形式:压缩 BCD 码采用 4 位二进制数来表示一位十进制数,即一个字节可表示两位十进制数;非压缩 BCD 码采用 8 位二进制数来表示一位十进制数(高 4 位为 0),即一个字节可表示一位十进制数。8421-BCD 编码如表 1-6 所示。

表 1-6                     8421-BCD 编码表

| 十进制数 | 8421-BCD 编码 | 十进制数 | 8421-BCD 编码 |
| --- | --- | --- | --- |
| 0 | 0000 | 5 | 0101 |
| 1 | 0001 | 6 | 0110 |
| 2 | 0010 | 7 | 0111 |
| 3 | 0011 | 8 | 1000 |
| 4 | 0100 | 9 | 1001 |

**3. 汉字编码**

为了用计算机处理汉字,就需要对汉字进行编码,通常会涉及汉字的输入、存储和输出问题。从汉字编码的角度看,计算机对汉字信息的处理过程实际上是各种汉字编码之间的转换过程。目前计算机中常用的汉字编码有以下几种。

(1)汉字输入码:是用于将汉字输入计算机而编制的代码,也称为外码。目前主要分为以下 4 类。

①数字码:是用一个数字串来代表一个汉字的输入方法。如国标区位码,它是将国家标准局公布的 6763 个两级汉字加上其他符号共分为 94 个区,每个区 94 位,一个字符的区位码是一个 4 位十进制数,它的前两位是区码,后两位是位码。例如,"中"字位于 54 区 48 位,区位码为 5448,在区位码输入方式下输入"5448",便输入了一个"中"字。数字码的优点是无重码,而且与内部编码的转换比较方便,缺点是代码难以记忆。

②音码:是以汉字拼音为基础的输入方法。如全拼码、双拼码等,音码输入法的优点是不需要专门记忆,缺点是因为汉字中的同音字太多,输入重码率太高。

③形码:是用汉字的形状来进行编码的输入方法。如五笔字型、表形码等,这类编码对使用者来说需要掌握字根表及部首顺序表,输入重码率比拼音编码低。

④音形码:是以音为主,音形相结合的方式来进行编码的输入方法。如自然码等,这种编码的重码率比拼音编码低。

(2)汉字信息交换码:是用于汉字信息处理系统之间或通信系统之间进行信息交换的汉字编码,简称为交换码。它是为计算机与其他系统或设备通信时采用统一的形式而制定的。我国 1981 年颁布了国家标准——《信息交换用汉字编码字符集——基本集》,代号"GB2312－80",即国标码。一个国标码汉字用 2 个字节表示,每个字节的最高位为"0"。国标码字符集共收录汉字和图形符号 7445 个,其中,一级常用汉字 3755 个,二级(次)常用汉字 3008 个,图形字符 682 个。

(3)汉字机内码:是汉字处理系统内部存储、处理汉字而使用的编码,简称为内码。当一个汉字输入计算机后就转换为内码,然后才能在机器内处理。目前,对应于国标码,一个汉字的内码也用 2 个字节存储,并把每个字节的最高位置"1"作为汉字内码的标识,以使与单字节的 ASCII 码产生区别。常用的有 GB 内码、GBK 内码、BIG5 内码等。

区位码、国标码、机内码存在如下转换关系：

区位码的区、位各转换成十六进制，加 2020H 则转换成国标码（此时每字节最高位为"0"），再加 8080H 则转换成机内码（此时每字节最高位为"1"）。

例如，"中"的区位码为 5448D，区、位各转换成十六进制为 3630H，加 2020H 转换成国标码 5650H，再加 8080H 转换成机内码 D6D0H。

（4）汉字字形码：是表示汉字字形的字模代码，也称为汉字字模。由于该编码是用来显示和打印汉字的，因而又称为汉字输出码或汉字库，如宋体、仿宋体、楷体、黑体等字库。描述汉字字形的方法主要有点阵字形和轮廓字形两种。点阵字形方法比较简单，就是用一个排列成方阵的黑白点来描述汉字；具体是将方块等分成有 m 行 n 列的格子，即点阵，凡笔画所到的格子点为黑点，用二进制"1"表示，否则为白点，用二进制"0"表示，这样，一个汉字的字形就可用一串二进制数表示。例如，16×16 汉字点阵有 256 个点，需要 256 位/8 共 32 个字节来表示一个汉字的字形码，这就是汉字点阵的二进制数字化。而轮廓字形方法比较复杂，一个汉字中笔画的轮廓可用一组曲线来勾画，它采用数学方法来描述每个汉字的轮廓曲线。

（5）汉字地址码：是指汉字库中存储汉字字形信息的逻辑地址码。在汉字库中，字形信息按一定顺序（汉字标准交换码中的排列顺序）连续存放在存储介质上，所以汉字地址码大多是连续有序的，而且与汉字内码间有着简单的对应关系，以简化汉字内码到汉字地址码的转换。

图 1-9 表示了以上各种编码在汉字信息处理时的转换关系。

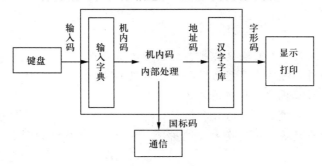

图 1-9　汉字编码转换关系示意图

# 本章小结

本章主要介绍了微型计算机的基本概念、应用特点、性能指标，计算机中信息的表示方法等。

微型计算机作为当今信息社会不可缺少的重要工具，在科学技术、国民经济、文化教育和社会生活等各个领域都得到了广泛的应用。

微型计算机具有功能强、可靠性高、价格低、适应性强、体积小、重量轻、维护方便等特点，主要有字长、运算速度（主频与多核）、内存容量、内存速度（内存频率与多通道）、系统总线的传输速率（外频）、性能价格比等性能指标。

计算机中数据的常用数制表示有二、十、十六进制,各类数制之间可以相互转换并有一定的规律可循。在计算机内部有无符号数和带符号数的表示、定点数和浮点数的表示,带符号数可采用原码、反码和补码等不同的表示方法。此外计算机中还有 ASCII 码、BCD 码、汉字编码等。

# 思考与习题

## 1. 选择题

(1)计算机内数据采用二进制表示,因为二进制数(　　)。

A. 最精确　　　　B. 最容易理解　　　　C. 最便于硬件实现　　　D. 运算最快

(2)若用 8 位机器码表示十进制数 101,则补码表示的形式为(　　)。

A. 11100101　　　B. 10011011　　　　C. 11010101　　　　　　D. 11100111

(3)某定点整数 64 位,含 1 位符号位,原码表示,则所能表示的绝对值最大负数为(　　)。

A. $-(2^{63}-1)$　　　B. $-(2^{64}-1)$　　　C. $-2^{63}$　　　　　　　D. $-2^{64}$

(4)某二进制无符号数 11101010,转换为三位非压缩 BCD 数,按百位、十位和个位的顺序表示,应为(　　)。

A. 00000001 00000011 00000111　　　B. 00000011 00000001 00000111

C. 00000010 00000011 00000100　　　D. 00000011 00000001 00001001

(5)已知汉字"大"的国标码为 3473H,其机内码为(　　)。

A. 4483H　　　　B. 5493H　　　　　C. B4F3H　　　　　D. 74B3H

## 2. 简答题

(1)什么是微处理器? 什么是微机? 什么是微机系统?

(2)简述微型计算机的发展经历了哪几个阶段。

(3)简述微型计算机的主要应用领域。

(4)简述微型计算机的主要特点和性能指标。

(5)将下列十进制数分别转换为二进制数、十六进制数和 BCD 码。

①25.82　　　　　　　　　　②412.15

(6) 将下列二进制数分别转换为十进制数和十六进制数。

①111001.101　　　　　　　②110010.1101

(7) 将下列十六进制数分别转换为二进制数和十进制数。

①7B.21　　　　　　　　　②127.1C

(8) 写出下列十进制数的原码、反码、补码表示(采用 8 位二进制数)。

①96　　　　　　　　　　②-115

(9) 已知下列补码求出真值的十进制表示。

①92H　　　　　　　　　②4C26H

(10)查表写出下列字符的 ASCII 码。

a、K、G、+、DEL、SP、CR、$

# 微机组成及基本原理

● **本章学习目标**

- 掌握微机的结构与组成
- 掌握 CPU 的工作原理
- 理解微机的指令系统
- 掌握微机的总线与接口系统
- 掌握微机的中断系统

## 2.1 微机系统的结构与组成

### 2.1.1 计算机系统的结构

　　1946 年,美籍匈牙利数学家约翰·冯·诺依曼(John Von Neumann,1903－1957)提出了以二进制和存储程序控制为核心的通用电子数字计算机体系结构的设计思想,奠定了现代计算机的结构基础。六十多年以来,尽管计算机体系结构有许多改进,性能不断提高,但从本质上讲,存储程序控制仍是现代计算机的结构基础,因此现代计算机都统称为冯·诺依曼型计算机。

　　到目前为止,计算机硬件系统的基本结构仍遵循冯·诺依曼结构,计算机装置由运算器、控制器、存储器以及输入和输出设备五大部件组成。但在体系结构上从以运算器为中心(输入/输出设备与存储器之间的数据传送都经过运算器)已演变成以存储器为中心的结构形式。图 2-1 所示为以存储器为中心的计算机逻辑结构,代表了当代数字计算机的典型结构。

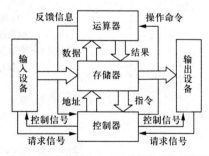

图 2-1　以存储器为中心的计算机逻辑结构图

**1. 存储程序控制思想**

存储程序控制是冯·诺依曼计算机体系结构的核心,其基本思想包含以下 3 个方面:

(1)编制程序:为了使计算机能快速求解问题,必须把要解决的问题按照处理步骤编成程序,使计算机工作时的复杂处理机制变得有"序"可循。

(2)存储程序:计算机要完成自动解题任务,必须能把事先设计的、用以描述计算机解题过程的程序和数据存储起来。

(3)自动执行:启动计算机后,计算机能按照程序规定的顺序,自动、连续地执行指令。计算机自动连续地执行指令的过程可概括为:取指令、分析指令和执行指令三个步骤。当然,在运行过程中,允许人工干预。

**2.五大组成部件的主要功能**

(1)运算器:是信息加工处理部件,其核心部件是算术逻辑单元 ALU,运算器在控制器的控制下对数据进行各种算术运算和逻辑运算。

(2)控制器:是整个计算机的指挥中心,负责取指令以及对指令进行分析与执行,发出各种控制信号控制计算机各部件协调工作,使计算机有序地执行程序。

(3)存储器:是计算机的记忆部件,用来存放程序和数据,是计算机中各种信息存储和交流的中心。存储器分为内存储器(简称内存或主存)和外存储器(简称外存或辅存),外存的程序和数据要调入内存才能进行处理。

(4)输入设备:用于接收操作者输入的程序、数据和各种命令,并将它们转换成计算机能识别的二进制形式存放到内存中。

(5)输出设备:用于将保存在内存中的经计算机处理后的结果,以人们或其他设备所能识别的形式输出。

## 2.1.2　微机系统的组成

一个完整的计算机系统由硬件系统和软件系统两部分组成。硬件系统是构成计算机的各种物理部件的总称,软件系统是运行、管理和维护计算机的各类程序、数据和文档的总称。微机系统和其他任何计算机系统一样,包含硬件系统和软件系统两部分,微机系统的基本组成如图 2-2 所示。

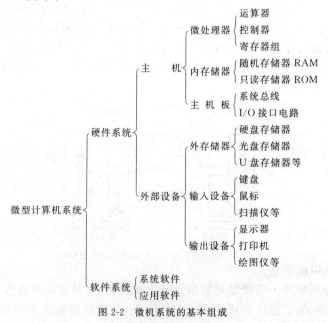

图 2-2　微机系统的基本组成

**1. 硬件系统**

典型微机系统的硬件结构如图 2-3 所示。

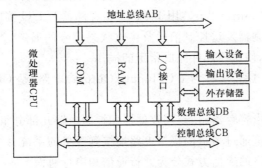

图 2-3　典型微机系统的硬件结构

（1）微处理器 CPU：也称为中央处理器（Central Processing Unit，CPU），是微型计算机的核心部件，它是包含有运算器、控制器、寄存器组以及内部总线接口等部件的一块大规模集成电路芯片，是整个微机的运算与控制中心。

①运算器（Arithmetic Logic Unit，ALU）：又称为算术逻辑单元，是计算机中加工和处理各种数据的部件，主要完成算术运算和逻辑运算。

②控制器（Control Unit）：是计算机工作的指挥与控制中心，它负责从内存储器中取出指令并将指令转换成各种控制信号，指挥各部件协同工作。

③寄存器组：是 CPU 内部重要的数据存储逻辑部件，包括通用寄存器和专用寄存器。寄存器的读写速度非常快，但数量有限，常用于传送数据、运算和寻址等。

（2）内存储器：是用来存储当前正在使用的指令、原始数据、中间结果和最终结果等各种信息的部件，可分为随机存储器和只读存储器。平常说的内存主要指随机存储器（内存条）。

①随机存储器 RAM（Random Access Memory）：用于存放当前参与运行的程序和数据，其特点是信息可读可写，存取方便，但信息不能长期保留，断电会丢失。关机前要将 RAM（内存条）中的程序和数据转存到外存储器上。

②只读存储器 ROM（Read Only Memory）：用于存放各种固定的程序和数据，由生产厂家将开机检测、系统初始化、系统启动自举、监控程序等固化在其中，如 BIOS。其特点是信息一般固定不变，现在采用 FlashROM 芯片可以读出也可以重写升级，关机后原存储的信息不会丢失。

（3）主机板：简称主板，主要包括系统总线和各种接口电路等。CPU 和内存条就安装在其上，主机板上有 CPU 插座（或插槽）、内存插槽、扩展插槽、主控芯片组、BIOS 芯片、电池、主板电源插座、跳线或 DIP 开关、磁盘接口、各种外部输入输出接口等。

①系统总线：是 CPU 与其他部件之间传送数据、地址和控制信息的公共通道。各个部件可直接用系统总线相连，信号通过总线相互传送。根据传送内容可以分成：

• 数据总线 DB（Data Bus）：用于 CPU、主存储器及 I/O 接口之间传送数据信息。数据总线一般为双向总线，总线的宽度等于计算机的字长。

• 地址总线 AB（Address Bus）：用于 CPU 访问主存储器和 I/O 接口时，传送相关的地址信息。在计算机中,存储器、I/O接口等都有各自的地址,地址总线的宽度决定CPU的寻址能力。

• 控制总线CB(Control Bus):用于CPU、主存储器及I/O接口之间传送控制及状态信息。控制总线是控制器发送控制信号及接收状态信号的通道,控制及状态信号通过控制总线通往各个部件,使这些部件完成指定的操作。

②输入输出接口电路:也称为I/O(Input /Output)电路,是CPU与外部设备交换信息的桥梁。

• 接口电路一般由寄存器组、专用存储器和控制电路几部分组成。

• 所有外部设备都通过各自的接口电路连接到微机的系统总线上。

• 接口电路与外设的通信方式分为并行通信和串行通信。

(4)外部设备:包括输入设备、输出设备及外存储设备。常用的输入设备有键盘、鼠标、扫描仪、光电笔等;常用的输出设备有显示器、打印机、绘图仪等;常用的外存储器有硬盘、光盘、U盘存储器等。

**2. 软件系统**

软件通常分为系统软件和应用软件。

(1)系统软件:是用于控制和协调计算机及外部设备,简化计算机操作,支持应用软件开发和运行并提供服务的软件。通常包括操作系统、高级语言的解释和编译程序、数据库管理系统及各种服务程序等。

(2)应用软件:是指计算机用户为解决实际问题而编制的软件,它直接面向用户,为用户服务。如Office办公软件、财务管理软件、各种科学计算软件、计算机辅助软件等。

# 2.2　CPU的工作原理

微处理器是微型计算机的心脏,也是整个硬件系统的控制指挥中心。微处理器的职能是执行各种运算和信息处理,控制各个计算机部件自动协调地完成系统规定的各种操作。1978年,Intel公司推出的8086是一种具有代表性的16位微处理器,后续推出的各种本系列微处理器均保持与之兼容。

## 2.2.1　典型CPU的内外部结构

8086微处理器使用＋5 V电源,40条引脚双列直插式封装,时钟频率为5 MHz～10 MHz,基本指令执行时间为$0.3~\mu s$～$0.6~\mu s$;有16根数据线和20根地址线,可寻址的内存地址空间为1 MB($2^{20}$ B)。

**1. 8086的内部功能结构**

8086 CPU从功能上可分为总线接口部件BIU(Bus Interface Unit)和执行部件EU(Execution Unit)两大部分,如图2-4所示。

(1)总线接口部件BIU:BIU中设有4个16位段地址寄存器,即代码段寄存器CS、数据段寄存器DS、堆栈段寄存器SS和附加段寄存器ES;1个16位指令指针寄存器IP;1个6字节指令队列缓冲器;以及20位地址加法器和总线控制电路等。BIU的主要功能

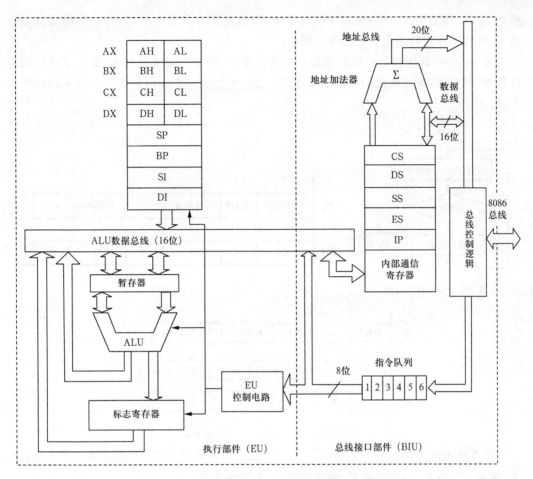

图 2-4　8086 微处理器内部结构图

是：根据 EU 的请求，完成 CPU 与主存储器或 I/O 接口之间的数据传送。BIU 从内存读取指令送到指令队列(6 个字节)中排队由 EU 来执行，EU 执行指令时，BIU 按指令要求从指定的内存单元或 I/O 端口读取数据传送给 EU 处理，或者将 EU 的处理结果传送到指定的内存单元或 I/O 端口中。

　　(2)执行部件 EU：EU 中设有 1 个 16 位算术逻辑单元(ALU)，8 个 16 位通用寄存器，1 个 16 位状态标志寄存器和执行部件控制电路等。EU 的主要功能是：从 BIU 的指令队列中取出指令代码，经控制电路的指令译码后执行指令规定的全部操作。执行指令所需的数据或执行结果，都由 EU 向 BIU 发出命令，对主存储器或 I/O 接口进行读/写操作。

　　微机的工作过程就是不断地从内存中取出指令并执行指令的过程。CPU 逐条取出并执行某个程序中的指令，从而完成某项特定的任务。

　　微机工作时，CPU 中的总线控制器按照程序指定的顺序(由代码段寄存器 CS 和指令指针寄存器 IP 指引)，到存放程序代码的内存区域中取出指令代码，由 CPU 控制电路中的指令译码器完成对指令代码的分析，并依据对指令代码的分析结果，适时向各个部件发出完成该指令功能的所有控制信号(微操作信号)，即执行指令所规定的具体操作(包括取数据、运算、存结果)。当一条指令执行完毕后,转入下一条指令的取指,这样周而复始地循环,直到程序运行结束。如图 2-5 所示。

对于 8086,取指和分析执行是独立的并行操作,即并行流水线技术,提高了系统的运行效率。它与传统 8 位机的循环方式不同。图 2-6 和图 2-7 标示出了这两种不同的操作方式。

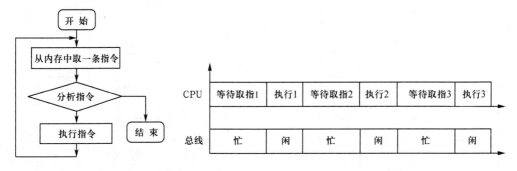

图 2-5 程序的执行过程  　　　　　　图 2-6 传统 8 位机循环方式

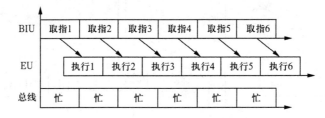

图 2-7 8086 CPU 并行工作方式

随着技术的发展,CPU 生产厂家在后续推出的新型号 CPU 中逐步采用了 RISC 技术、超流水线技术、超标量技术、超线程技术、多核技术等。

①复杂指令集计算机(CISC):指令类型丰富,硬件结构复杂,执行速度受限,功耗大,常用于通用机。

②精简指令集计算机(RISC):指令类型较少,硬件结构简单,执行速度快,功耗低,复杂指令功能由编程组合指令来实现,常用于专用机。

③超流水线技术:通过细化流水,增加级数和提高主频,使 CPU 在一个周期内完成一个甚至多个操作。

④超标量技术:通过内装多条流水线来同时执行单线程里的多条并行指令。

⑤超线程技术:是一个 CPU 单核能同时执行两个线程,它能模拟两个物理芯片进行线程级并行运算,两个线程仍然是共享一个 CPU 资源。

⑥多核技术:是一个 CPU 上集成多个核心,使 CPU 能同时处理多个指令或任务。

**2.8086 的内部寄存器结构**

8086 CPU 中有 14 个 16 位寄存器,按其用途可分为 3 类:通用寄存器、段寄存器、控制寄存器,如图 2-8 所示。

(1)数据寄存器:AX、BX、CX 和 DX 均为 16 位数据寄存器,用于暂存 16 位的操作数。其中 AX 为累加器。当 CPU 处理 8 位数据时,这 4 个 16 位寄存器可以分成独立的

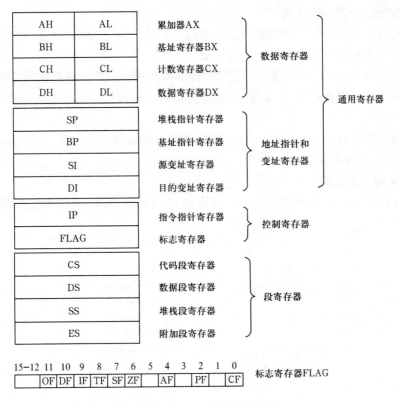

图 2-8　8086 CPU 内部寄存器结构

8 个 8 位寄存器(AH,AL,BH,BL,CH,CL,DH 和 DL)使用。

(2)地址指针和变址寄存器:包括 16 位的指针寄存器 SP、BP 和变址寄存器 SI、DI。SP 为堆栈指针寄存器,用于存放堆栈段的栈顶单元的偏移地址;BP 为基址指针寄存器,用于存放堆栈段中某一数据单元的偏移地址;SI 为源变址寄存器,用于存放数据串操作中源操作数的偏移地址;DI 为目的变址寄存器,用于存放数据串操作中目的操作数的偏移地址。

(3)指令指针寄存器 IP:它是一个 16 位的专用寄存器,用于存放下一条要执行的指令在代码段的偏移地址(当前 IP 值)。IP 根据程序的执行次序自动工作,每取一个指令字节自动加 1,取完一条指令,自动增加一个值,指向下一条要取的指令。IP 不可直接读写,但控制转移类指令可自动修改 IP 值,实现程序转移。

(4)标志寄存器 FLAG:也称为程序状态字寄存器 PSW。它是一个 16 位的专用寄存器,只用 9 个标志,其中 6 个用作状态标志,3 个用作控制标志。6 个状态标志:CF-进位标志,PF-奇偶标志,AF-辅助进位标志,ZF-零标志,SF-符号标志,OF-溢出标志。3 个控制标志:TF-陷阱标志或单步操作标志,IF-中断允许标志,DF-方向标志。状态标志用来自动反映 EU 执行算术运算和逻辑运算后的结果特征,常作为条件转移类指令的测试条件来控制程序转移。控制标志用来设置以控制 CPU 的工作方式或工作状态。

(5)段寄存器:共有 4 个 16 位的段寄存器,用来给出每一个逻辑段的起始地址。

①代码段寄存器 CS:用来给出当前代码段的起始地址。代码段是存放 CPU 可以执

行的程序指令的一段内存区域。

②数据段寄存器 DS:用来给出当前数据段的起始地址。数据段是存放数据,包括参加运算的操作数和运算结果的一段内存区域。

③堆栈段寄存器 SS:用来给出当前堆栈段的起始地址。堆栈段是在内存中开辟的一个特殊存储区,以"先进后出、后进先出"的方式进行数据操作,如调用子程序和程序中断时将使用堆栈区。

④附加段寄存器 ES:用来给出当前附加段的起始地址。附加段通常也用来存放数据,典型用法是字符串操作指令中用于存放目的数据。

### 3. 8086 的外部引脚

8086 CPU 具有 40 个引脚,采用双列直插式的封装形式,引脚及定义如图 2-9 和表 2-1所示。

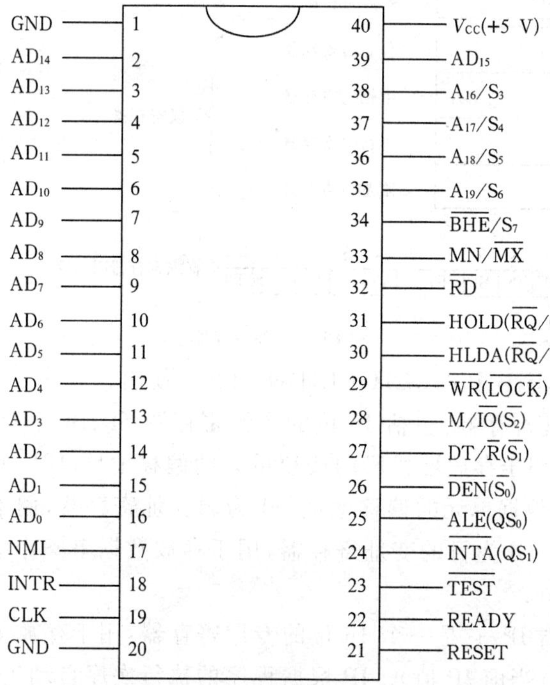

图 2-9 8086 CPU 引脚图

**表 2-1** 　　　　　　　　　　　　　　　 **8086 CPU 引脚定义**

| 引脚名称 | 说　明 | 类　型 |
|---|---|---|
| $AD_{15} \sim AD_0$ | 数据/地址线 | 双向,三态 |
| $A_{16}/S_3$,$A_{17}/S_4$ | 地址/状态线 | 输出,三态 |
| $A_{18}/S_5$ | 地址/中断允许状态 | 输出,三态 |
| $A_{19}/S_6$ | 地址/状态 | 输出,三态 |
| $\overline{BHE}/S_7$ | 高字节允许/状态 | 输出,三态 |
| $\overline{RD}$ | 读控制 | 输出,三态 |

（续表）

| 引脚名称 | 说 明 | 类 型 |
|---|---|---|
| READY | 等待准备就绪 | 输入 |
| $\overline{\text{TEST}}$ | 等待测试信号 | 输入 |
| INTR | 可屏蔽中断请求 | 输入 |
| NMI | 不可屏蔽中断请求 | 输入 |
| RESET | 系统复位 | 输入 |
| CLK | 系统时钟 | 输入 |
| M/$\overline{\text{IO}}$ | 存储器/IO访问 | 输出,三态 |
| $\overline{\text{WR}}$ | 写控制 | 输出,三态 |
| ALE | 地址锁存 | 输出 |
| DT/$\overline{\text{R}}$ | 数据发送/接收 | 输出,三态 |
| $\overline{\text{DEN}}$ | 数据允许 | 输出,三态 |
| $\overline{\text{INTA}}$ | 中断响应 | 输出 |
| HOLD | 总线保持请求 | 输入 |
| HLDA | 总线保持响应 | 输出 |
| MN/$\overline{\text{MX}}$ | 最小/最大模式 | 输入 |
| $V_{\text{CC}}$ | 电源 | |
| GND | 地 | |

8086 CPU 中数据总线为 16 条,地址总线为 20 条,地址/数据总线采用了分时复用方式,即一部分引脚具有双重功能。例如,$AD_{15} \sim AD_0$ 这 16 个引脚,有时输出地址信号,有时可传送数据信号。其余为控制与状态线、电源和地线等。

## 2.2.2 存储器和 I/O 端口组织

### 1. 存储器组织

内存储器是以一个字节为一个存储单元进行组织的,每一个存储单元用一个唯一的地址来表示。由于 8086 有 20 根地址线,所以可寻址的内存空间为 1 MB($2^{20}$ B),物理地址范围为 $0 \sim 2^{20}-1$(00000H~FFFFFH)。存放的信息若以字节为单位,将在存储器中按顺序排列存放。

若存储一个 16 位的数据则需占用 2 个相邻的存储单元,被称为一个"字"。即将一个字的低字节存放在低地址中,高字节存放在高地址中,并以低地址作为该字的地址。由于 8086 的数据总线 $D_7 \sim D_0$ 连接到偶地址($A_0 = 0$)单元,$D_{15} \sim D_8$ 连接到奇地址($A_0 = 1$)单元,所以当一个字的字地址为偶数时,则 $D_7 \sim D_0$ 存取这个字的低字节,$D_{15} \sim D_8$ 存取这个字的高字节,这个字就称为对准字(规则字);当一个字的字地址为奇数时,这个字就称为非对准字(非规则字)。一个对准字的存(取)可在一个总线周期内完成,一个非对准字的存(取)需要两个总线周期。

在 8086 的指令系统中,针对一个物理地址,CPU 按指令中参与运算的数据要求既可以存取字节,也可以存取字(连同高地址中的高字节一并存取)。

8086 系统中采用 20 位地址线来寻址 1 M 字节的存储空间,但 CPU 内的寄存器都只有 16 位,只能寻址 64 KB($2^{16}$ B),解决的办法是采用"分段管理"。即将整个存储空间分成若干个逻辑段,由段寄存器给出一个段的起始地址,由一个 16 位数据给出偏移地址,每个段的最大容量为 64 KB($2^{16}$ B),这样对每个段分别进行管理,以实现用两个 16 位数据形成一个 20 位的物理地址。

(1)段地址:描述要寻址的逻辑段在内存中的起始位置。段地址保存在 16 位的 CS、DS、SS 和 ES 段寄存器中。实际的段起始地址是在此 16 位数后补足 4 个 0 的 20 位地址。

(2)偏移地址:描述要寻址的内存单元距本段段起始地址的偏移量。在编程中常被称作"有效地址 EA"。

(3)逻辑地址:是在程序中使用的地址,由段地址和偏移地址两部分组成。表示形式为"段地址:偏移地址"。

(4)物理地址:是存储器的实际地址,由 CPU 提供的 20 位地址码来表示,是唯一能代表内存空间中每个字节单元的地址。

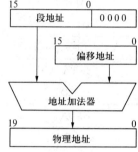

逻辑地址到物理地址的转换由 BIU 中 20 位地址加法器自动完成,如图 2-10 所示。即物理地址由段地址左移 4 位加偏移地址形成。其计算公式为:

图 2-10　20 位物理地址的形成过程

$$物理地址＝段地址×10H＋偏移地址$$

当取指令时,CPU 会自动选择 CS 和 IP,计算得到要取指令的 20 位物理地址。当涉及堆栈操作时,CPU 会自动选择 SS 和 SP 或 BP,计算得到所需的 20 位物理地址。当涉及运算的数据时,CPU 可按指令要求选择 DS 或 ES 和 16 位偏移地址,计算得到所需的 20 位物理地址。依据不同的寻址方式,这 16 位偏移地址可以是指令中的直接有效地址,或是某一个 16 位寄存器的值,也可以是指令中的偏移量加上某个或 2 个 16 位寄存器的值。

**2. I/O 端口组织**

微处理器 CPU 和外部设备之间通过 I/O 接口电路进行联系,以达到相互间传输信息的目的。每个 I/O 接口都有一个或几个端口,所谓端口是指 I/O 接口电路中供 CPU 直接访问的那些寄存器或某些特定电路,如数据、控制、状态端口等。微机系统要为每个端口分配一个物理地址,称为端口地址。各个端口地址和存储单元地址一样,应具有唯一性。I/O 端口有以下两种编址方式:

(1)统一编址:又称"存储器映射方式"。在这种编址方式下,端口和存储单元统一编址,即在整个内存储器空间中划出一部分空间给 I/O 端口,I/O 端口地址占用内存储器空间中的某些指定的地址号;CPU 访问 I/O 端口和访问存储器的指令完全一样。如 Motorola 公司生产的 68 系列 CPU 即采用这种方式。

这种编址方式的优点是:不需要专门的输入输出指令,可以使用全部的存储器指令对端口进行操作,指令类型多、功能齐全,不仅可对端口进行数据传送,还可以对端口内容进行算术逻辑运算和移位等；内存和端口的地址分布图是同一个。这种编址方式的缺点是：端口占用内存单元地址，相对减少了内存容量；端口指令的长度增加，执行时间较长，端口地址译码较复杂。

（2）独立编址：又称"I/O 映射方式"。在这种编址方式下，I/O 端口和内存储器分别建立两个独立的地址空间，单独编址。对于 I/O 端口，CPU 有专门的 I/O 指令去访问。

这种编址方式的优点是：端口地址不占用内存空间，端口所需的地址线较少，地址译码器较简单；采用专用的 I/O 指令（IN 和 OUT），指令长度短，指令执行时间快。这种编址方式的缺点是：需要专门的输入输出指令，一般只能进行数据传送操作。

当今微机系统大多采用独立编址方式。例如，8086 可用 $A_0 \sim A_{15}$ 做 I/O 地址线（16根）与 $M/\overline{IO}$ 配合，若 $M/\overline{IO}=1$，地址总线上的地址为访问存储器地址；若 $M/\overline{IO}=0$，地址总线上的地址为访问 I/O 端口地址。实际 IBM PC/XT 机只使用了 $A_0 \sim A_9$（10 根）做 I/O 地址线。

## 2.2.3　典型 CPU 的时序

### 1. 基本概念

8086 CPU 的操作是在时钟 CLK 统一控制下进行的，以便使微机各部件能够协调地工作。

（1）时钟周期：它是 CPU 的时间基准，由主频决定。例如，8086 CPU 的主频为 5 MHz，1 个时钟周期就是 200 ns。

（2）指令周期：它是执行一条指令所需要的时间。每条指令的执行由取指、分析、执行等操作完成，其时间通常以需要多少个时钟周期来度量。

（3）总线周期：它是 CPU 经外部总线对内存储器或 I/O 端口进行一次信息的输入或输出操作所需要的时间。一般至少需要 4 个时钟周期来完成。

### 2. 8086 的总线时序

8086 CPU 与内存储器或 I/O 端口通信，是通过分时复用地址/数据总线来实现的。为了读取指令或传输数据，CPU 要执行总线（操作）周期。8086 的一个总线周期至少由 4个时钟周期组成，用 $T_1$、$T_2$、$T_3$ 和 $T_4$ 表示。一个典型的总线时序如图 2-11 所示。

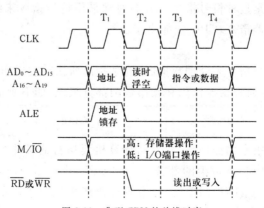

图 2-11　典型 CPU 的总线时序

$T_1$ 周期:CPU 通过地址/数据总线输出地址,用 ALE 信号锁存地址,M/$\overline{\text{IO}}$决定是访问内存储器或 I/O 端口。

$T_2$ 周期:CPU 撤销输出的地址信号,地址/数据总线准备读取指令或传输数据,读周期时数据线浮空起缓冲转换作用,写周期时就输出数据。

$T_3$、$T_4$ 周期:读周期时输入指令或数据,写周期时继续输出数据,直到总线周期结束。

当 CPU 与慢速的内存储器或 I/O 设备交换信息时,为了防止数据丢失,会由内存储器或 I/O 接口通过 READY 信号线,使 CPU 在总线周期的 $T_3$ 和 $T_4$ 之间插入 1 个或多个必要的等待状态 $T_w$(附加的时钟周期),直到 READY 变为高电平,CPU 才脱离 $T_w$ 状态进入 $T_4$ 状态。此外,如果 CPU 的 EU 在执行一条长时间指令时,BIU 已取指填满指令队列(6 个字节)还有相当长的时间不执行任何操作,其总线周期将进入空闲状态 $T_I$。

# 2.3　微机的指令系统

## 2.3.1　指令系统与指令格式

### 1. 指令与指令系统

指令是要求计算机执行某种特定操作的命令。计算机的工作过程就是执行指令的过程。通常一条指令对应一种特定操作,例如,加、减、传送、移位等。指令的执行是在计算机的 CPU 中完成的,每条指令规定的运算及操作都是简单的、基本的,它和计算机硬件所具备的能力相对应。

计算机所能执行的全部指令的集合称为指令系统。指令系统是计算机硬件和软件之间的桥梁,是汇编语言程序设计的基础,它与微处理器的性能密切相关,性能优越的指令系统可以更快更好地运行各种程序,很好地体现微处理器的性能。

指令以二进制编码的形式存放在存储器中,用二进制编码形式表示的指令称为机器指令,一条机器指令有一个或多个字节。CPU 只能直接识别和执行机器指令。对于用户来说,机器指令记忆、阅读比较困难,为此将每一种指令用统一规定的符号和格式来表示,这种用助记符表示的指令称为符号指令。符号指令具有直观、易理解、可帮助记忆的特点。汇编语言指令就是这种符号指令。人们通常采用符号指令来编程,符号指令要通过编译、链接,转换成机器指令,CPU 才能直接运行。

### 2. 指令格式

计算机是通过执行指令来处理数据的,为了指出所执行的操作类型以及数据的来源、操作结果的去向,指令通常由操作码和操作数两部分组成,如下所示:

| 操作码 | 操作数 |
|---|---|

(1)操作码:规定指令的操作类型,说明计算机要执行的具体操作,如加、减、传送、移位等。操作码是指令中必不可少的部分。8086 CPU 执行指令时,首先将操作码从指令队列取入执行部件 EU 中的控制单元,经指令译码产生执行本指令操作所需的时序控制信号,然后控制各部件完成规定操作。

（2）操作数：说明在指令执行的过程中需要的操作数。它可以是操作数本身或寄存器名称，也可以是操作数地址或是地址的一部分，还可以是指向操作数的地址指针或其他有关操作数据的信息。8086 指令格式中的操作数有 3 种形式：零操作数、一操作数和二操作数。零操作数在指令中隐含规定；一操作数即对此本身进行操作；二操作数分为源操作数 src(source)和目的操作数 dst(destination)，src 和 dst 均为参加运算处理的两个操作数，指令执行之后，在 dst 中存放运算处理结果。例如，加法指令 ADD AX,BX 的运算结果送到 AX 寄存器，BX 为源操作数，AX 为目的操作数。

8086 指令系统中的操作数有以下 4 种类型：

①立即操作数：包含在指令中，即指令中的操作数部分就是操作数本身。

②寄存器操作数：指向 CPU 的某个内部寄存器中的数据，这时指令中的操作数部分表示为 CPU 内部寄存器名称。

③存储器操作数：指向内存的数据区中，这时指令中的操作数部分表示为此操作数所在的内存地址（偏移地址）。

④I/O 端口操作数：指向输入/输出端口。

## 2.3.2　指令和操作数的寻址

计算机要运行的指令和操作数都存放在内存储单元中，CPU 要执行指令，首先要读取指令，然后在执行指令时读取需要的操作数，运算完成后存放结果，这种寻找指令或操作数的过程称为寻址。寻找指令或操作数的方式称为寻址方式。

**1. 指令的寻址**

指令的寻址方式有两种：顺序寻址方式和跳跃寻址方式。

（1）顺序寻址方式

指令在内存中按顺序存放，当执行一段程序时，通常是一条指令接一条指令地顺序执行。从存储器取出第一条指令，然后执行这条指令；接着从存储器取出第二条指令，再执行第二条指令；接着再取出第三条指令……这种指令顺序执行的过程称为指令的顺序寻址方式。为此，必须使用程序计数器（又称指令指针寄存器）IP 来计数指令的顺序号，该顺序号就是指令在内存代码段中的偏移地址。

（2）跳跃寻址方式

当需要改变程序的执行顺序时，指令的寻址就采取跳跃寻址方式。所谓跳跃，是指下一条指令的地址码不是由程序计数器顺序给出，而是由本条指令给出，程序计数器的内容也必须相应改变。程序跳跃后，按新的指令地址开始执行。采用指令跳跃寻址方式，可以实现程序转移或构成循环程序，或将某些程序作为公共程序引用，从而能缩短程序长度。指令系统中的各种条件转移或无条件转移指令，就是为了实现指令的跳跃寻址而设置的。

**2. 操作数的寻址**

在 8086 指令系统中，操作数有立即操作数、寄存器操作数、存储器操作数和 I/O 端口操作数 4 种类型。其寻址方式也对应有如下 4 大类：

（1）立即数寻址方式

操作数直接包含在指令中，紧跟在操作码之后，即立即数作为指令的一部分放在代码

段中,这称为立即数寻址方式。主要用来对存储器或寄存器赋值,且只能用于源操作数,不能用于目的操作数。例如:

　　MOV　AX,1090H;将立即数 1090H 送入 AX 寄存器

　　(2)寄存器寻址方式

　　操作数存放在 CPU 的内部寄存器中,可在指令中指出寄存器名称,这称为寄存器寻址方式。例如:

　　ADD　AX,BX;执行 AX←(AX)+(BX)

　　(3)存储器寻址方式

　　由于寄存器数量有限,所以程序中的大多数操作数需要从内存中获得。内存的寻址方式有多种,最终都将得到存放操作数的物理地址,以便读写此操作数。这类寻址方式,指令中的地址码均含有[ ]。

　　8086 指令系统提供了以下 5 种针对存储器的寻址方式。

　　①直接寻址方式

　　指令中直接给出的地址码即为操作数的有效地址(偏移地址)EA,这称为直接寻址方式。例如:

　　MOV　AL,[0002H];将数据段中偏移地址是 0002H 单元中的数据送入 AL

　　②寄存器间接寻址方式

　　在指令中给出寄存器名称,寄存器中的内容为操作数的有效地址,这称为寄存器间接寻址方式。例如:

　　MOV　AL,[BX];BX 寄存器的内容是数据段中的偏移地址

　　③寄存器相对寻址方式

　　在指令中给出一个基址寄存器 BX 或 BP(或变址寄存器 SI 或 DI)和一个 8 位或16 位的相对偏移量,两者之和作为操作数的有效地址,这称为寄存器相对寻址方式,又称为基址寻址方式(或变址寻址方式)。例如:

　　MOV　AL,[BX+10H];BX 寄存器的内容与 10H 之和是数据段中的偏移地址

　　④基址加变址寻址方式

　　在指令中给出一个基址寄存器 BX 或 BP 和一个变址寄存器 SI 或 DI,两者内容之和作为操作数的有效地址,这称为基址加变址寻址方式。例如:

　　MOV　AL,[BX+SI];BX 内容与 SI 内容之和是数据段中的偏移地址

　　⑤相对基址加变址寻址方式

　　在指令中给出一个基址寄存器 BX 或 BP、一个变址寄存器 SI 或 DI、一个 8 位或16 位的偏移量,三者之和作为操作数的有效地址,这称为相对基址加变址寻址方式。例如:

　　MOV　AL,[BX+SI+10H];三者之和是数据段中的偏移地址

　　(4)I/O 端口寻址方式

　　8086 CPU 采用独立编址的 I/O 端口,有专门的输入指令 IN 和输出指令 OUT,寻址方式有如下两种:

①直接端口寻址方式

在指令中直接给出要访问的端口地址,这称为直接端口寻址方式。一般采用两位十六进制数表示,也可以用符号表示,可访问的端口范围为 0～255(0～FFH)。例如:

IN　AL,25H;从地址为 25H 的 I/O 端口中取数据送入寄存器 AL 中

②间接端口寻址方式

若访问的端口地址值大于 255,则必须用 I/O 端口的间接寻址方式。它是把 I/O 端口的地址先送到 DX 中,用 DX 作为间接寻址寄存器。此种方式可访问的端口范围为 0～65535(0～FFFFH)。例如:

MOV　DX,285H;将端口地址 285H 送到 DX 寄存器

OUT　DX,AL;将 AL 中的内容输出到 DX 指定的端口

## 2.3.3　指令的类型

不同计算机的指令系统各不相同,它体现了该计算机硬件所能实现的基本功能,是不同机种 CPU 之间的主要差别所在。从指令的操作码功能来考虑,一个较完善的指令系统应当包括以下几类指令。

### 1. 数据传送类指令

数据传送类指令是计算机中最基本、最常用、最重要的一类操作。它用来在寄存器与存储单元、寄存器与寄存器、累加器与 I/O 端口之间传送数据或地址等信息,也可以将立即数传送到寄存器或存储单元中。8086 的数据传送类指令如表 2-2 所示。

表 2-2　　　　　　　　　　　　　　数据传送类指令

| 指令类型 | 指令功能 | 指令格式 |
|---|---|---|
| 通用数据传送 | 传送(字节/字) | MOV　目的,源 |
| | 压入堆栈(字) | PUSH　源 |
| | 弹出堆栈(字) | POP　目的 |
| | 交换(字节/字) | XCHG　目的,源 |
| | 查表转换 | XLAT |
| 地址传送 | 装入有效地址 | LEA　目的,源 |
| | 装入 DS 寄存器 | LDS　目的,源 |
| | 装入 ES 寄存器 | LES　目的,源 |
| 标志位传送 | 将 FLAG 低字节装入 AH 寄存器 | LAHF |
| | 将 AH 内容装入 FLAG 低字节 | SAHF |
| | 将 FLAG 内容压入堆栈 | PUSHF |
| | 从堆栈弹出一个字给 FLAG | POPF |
| I/O 数据传送 | 输入(字节/字) | IN　累加器,端口 |
| | 输出(字节/字) | OUT　端口,累加器 |

### 2. 算术运算类指令

算术运算类指令可完成加、减、乘、除运算,在算术运算过程中进行进制及编码调整操作。在进行这些操作时,可针对字节或字运算,也可对带符号数和无符号数进行运算。8086 的算术运算类指令如表 2-3 所示。

表 2-3 算术运算类指令

| 指令类型 | 指令功能 | 指令格式 |
|---|---|---|
| 加法 | 不带进位的加法(字节/字) | ADD 目的,源 |
| | 带进位的加法(字节/字) | ADC 目的,源 |
| | 加 1(字节/字) | INC 目的 |
| 减法 | 不带借位的减法(字节/字) | SUB 目的,源 |
| | 带借位的减法(字节/字) | SBB 目的,源 |
| | 减 1(字节/字) | DEC 目的 |
| | 求补(字节/字) | NEG 目的 |
| | 比较(字节/字) | CMP 目的,源 |
| 乘 法 | 无符号数的乘法(字节/字) | MUL 源 |
| | 带符号数的乘法(字节/字) | IMUL 源 |
| 除 法 | 无符号数的除法(字节/字) | DIV 源 |
| | 带符号数的除法(字节/字) | IDIV 源 |
| | 字节扩展成字 | CBD |
| | 字扩展成双字 | CWD |
| 十进制调整 | 压缩 BCD 码加法调整 | DAA |
| | 非压缩 BCD 码加法调整 | AAA |
| | 压缩 BCD 码减法调整 | DAS |
| | 非压缩 BCD 码减法调整 | AAS |
| | 非压缩 BCD 码乘法调整 | AAM |
| | 非压缩 BCD 码除法调整 | AAD |

### 3. 逻辑运算(位操作)类指令

逻辑运算(位操作)类指令包括逻辑与、逻辑或、逻辑非、逻辑异或及按位测试、算术移位、逻辑移位、循环移位等。逻辑运算(位操作)类指令可对字节或字进行操作。8086 的逻辑运算(位操作)类指令如表 2-4 所示。

表 2-4　　　　　　　　　　　　　　　逻辑运算(位操作)类指令

| 指令类型 | 指令功能 | 指令格式 |
|---|---|---|
| 逻辑运算指令 | 与(字节/字) | AND　目的,源 |
| | 或(字节/字) | OR　目的,源 |
| | 非(字节/字) | NOT　目的 |
| | 异或(字节/字) | XOR　目的,源 |
| | 测试(字节/字) | TEST　目的,源 |
| 一般移位 | 算术左移(字节/字) | SAL　目的,计数值 |
| | 算术右移(字节/字) | SAR　目的,计数值 |
| | 逻辑左移(字节/字) | SHL　目的,计数值 |
| | 逻辑右移(字节/字) | SHR　目的,计数值 |
| 循环移位 | 循环左移(字节/字) | ROL　目的,计数值 |
| | 循环右移(字节/字) | ROR　目的,计数值 |
| | 带进位的循环左移(字节/字) | RCL　目的,计数值 |
| | 带进位的循环右移(字节/字) | RCR　目的,计数值 |

### 4. 串操作类指令

数据串是存储器中的一串字节或字的数据序列。串操作类指令的操作对象是内存中地址连续的字节串或字串,在每次操作后能够自动修改地址指针,为下一次操作做准备。一个基本串操作指令的前面都可以加一个重复操作前缀,使指令操作重复,这样在处理长数据串时要比用循环程序速度快得多。8086 的串操作类指令如表 2-5 所示。

表 2-5　　　　　　　　　　　　　　　串操作类指令

| 指令类型 | 指令功能 | 指令格式 |
|---|---|---|
| 基本串操作 | 串传送(字节串/字串) | MOVS　目的串,源串<br>MOVSB/MOVSW |
| | 串比较(字节串/字串) | CMPS　目的串,源串<br>CMPSB/CMPSW |
| | 串搜索(字节串/字串) | SCAS　目的串<br>SCASB/SCASW |
| | 读串(字节串/字串) | LODS　源串<br>LODSB/LODSW |
| | 写串(字节串/字串) | STOS　目的串<br>STOSB/STOSW |
| 重复前缀 | 一般重复 | REP |
| | 相等/为零时重复 | REPE/REPZ |
| | 不相等/不为零时重复 | REPNE/REPNZ |

### 5. 控制转移类指令

控制转移类指令用于控制程序的执行流程。这类指令包括:无条件转移指令、条件转移指令、子程序调用和返回指令、循环指令、中断和中断返回指令。通过控制转移类指令可实现各种结构化程序设计，如分支结构程序、循环结构程序等。8086 的控制转移类指令如表 2-6 所示。

**表 2-6**                                          控制转移类指令

| 指令类型 | 指令功能 | 指令格式 |
|---|---|---|
| 无条件转移 | 无条件转移 | JMP　目标标号 |
| 简单条件转移 | 结果为零/相等转移 | JZ/JE　目标标号 |
| | 结果不为零/不相等转移 | JNZ/JNE　目标标号 |
| | 结果为负转移 | JS　目标标号 |
| | 结果不为负转移 | JNS　目标标号 |
| | 结果溢出转移 | JO　目标标号 |
| | 结果无溢出转移 | JNO　目标标号 |
| | 奇偶标志为1/偶数个1转移 | JP/JPE　目标标号 |
| | 奇偶标志为0/奇数个1转移 | JNP/JPO　目标标号 |
| 无符号数比较转移 | 有进位/小于/不大于等于转移 | JC/JB/JNAE　目标标号 |
| | 无进位/不小于/大于等于转移 | JNC/JNB/JAE　目标标号 |
| | 大于/不小于等于转移 | JA/JNBE　目标标号 |
| | 不大于/小于等于转移 | JNA/JBE　目标标号 |
| 带符号数比较转移 | 小于/不大于等于转移 | JL/JNGE　目标标号 |
| | 不小于/大于等于转移 | JNL/JGE　目标标号 |
| | 大于/不小于等于转移 | JG/JNLE　目标标号 |
| | 不大于/小于等于转移 | JNG/JLE　目标标号 |
| 循环控制 | 一般循环 | LOOP　目标标号 |
| | 为零/相等时循环 | LOOPZ/LOOPE　目标标号 |
| | 不为零/不相等时循环 | LOOPNZ/LOOPNE　目标标号 |
| | CX 为 0 转移 | JCXZ　目标标号 |
| 子程序调用/返回 | 过程调用 | CALL　过程名 |
| | 过程返回 | RET　参数 |
| 中　断 | 中断调用 | INT　中断号 |
| | 溢出中断调用 | INTO |
| | 中断返回 | IRET |

### 6.处理器控制类指令

处理器控制类指令主要用于修改状态标志位、控制 CPU 的功能，如使 CPU 暂停、等待、空操作等。8086 的处理器控制类指令如表 2-7 所示。

**表 2-7**　　　　　　　　　　　　　　处理器控制类指令

| 指令类型 | 指令功能 | 指令格式 |
|---|---|---|
| 标志位操作 | 进位标志置 1,即 CF＝1 | STC |
| | 进位标志置 0,即 CF＝0 | CLC |
| | 进位标志取反 | CMC |
| | 方向标志置 1,即 DF＝1 | STD |
| | 方向标志置 0,即 DF＝0 | CLD |
| | 中断允许标志置 1,即 IF＝1 | STI |
| | 中断允许标志置 0,即 IF＝0 | CLI |
| CPU 控制 | 停机 | HLT |
| | 等待 | WAIT |
| | 交权 | ESC |
| | 封锁总线 | LOCK |
| | 空操作 | NOP |

Intel 和 AMD 公司在 X86 指令集(X86 处理器指令集和 X87 数字协处理器指令集统称为 X86 指令集)的基础上,为了配合处理器的发展,又各自开发和扩展了一些新的指令集,增强了 CPU 在多媒体、图形图像处理、复杂数学运算、Internet 应用、64 位内存扩展、虚拟化、数据加密等方面的处理能力,如 MMX(＋)、3DNow!(＋)、SSE(1,2,3,3S,4.1,4.2,4A)、AVX、EM64T、X86-64、VT-x、AMD-V、AES 指令集。

# 2.4　微机的总线与接口系统

任何一个微处理器都要与一定数量的部件和外部设备连接,但如果将各部件和外部设备都分别用一组线路与 CPU 直接连接,那么连线将会错综复杂,甚至难以实现。为了简化硬件电路设计和系统结构,常用一些共用的线路,配以适当的专用电路(板卡),来与各部件和外部设备连接,这些共用的连接线路称为总线,而配置的专用电路(板卡)称为接口(板卡)。采用总线结构和标准接口便于部件和设备的扩充,尤其制定了统一的总线和接口标准容易使计算机与不同部件和设备实现互连。

## 2.4.1　总线的功能与分类

### 1. 总线的功能

一般来说,总线的功能是以共享、分时的方式为多个部件提供信息交换通道。所谓共享,是指总线所连接的部件都通过它来传送信息。这样,用公用的传送线代替杂乱的单独连线,使系统的结构简洁,便于管理。分时是指连接到总线上的各部件不能同时向总线发送信息,否则会引起信息的冲突。因此,某一时刻只允许一个部件将数据送往总线,但允许多个部件同时从总线接收数据。显然,共享是通过分时来实现的。

从广义上讲,总线不仅是一组信号线,还包括相关的总线协议和相应的控制逻辑。总线协议是指为实现分时共享总线而制定的有关规则,连接到总线上的各部件都必须遵守这些规则。总线协议一般包括信号线定义、数据格式、时序关系、信号电平等。总线控制逻辑主要实现总线控制权的申请、仲裁、批准和控制权的转移。

不同类型的总线,其性能有所不同。总线的性能主要用总线的带宽(总线的传输速率,即单位时间内总线上能传送的最大数据量)来衡量。与其密切相关的两个因素是总线的位宽和总线的工作频率,它们之间有如下关系:

$$总线的带宽＝总线的工作频率×总线的位宽/8(B/s)$$

或　　　　　　　　$$总线的带宽＝(总线的位宽/8)/总线周期(B/s)$$

(1)总线宽度:是指总线能同时传送的二进制数据的位数,即数据总线的位数。位数越多,一次传输的信息就越多。

(2)总线频率:总线通常都有一个基本时钟,总线上其他信号都以这个时钟为基准,这个时钟的频率也是总线工作的最高频率。时钟频率越高,单位时间内传输的数据量就越大。

随着微型计算机的发展,总线技术也在不断地发展与完善,并且已经出现了一系列标准化总线,这些标准化总线的广泛使用,对微型计算机系统在各个领域的普及和应用起到了积极的推动作用。

**2. 总线的分类**

按照计算机所传输的信息种类,计算机的总线可以划分为数据总线、地址总线和控制总线,分别用来传输数据、地址和控制及状态信息。此外还可以按以下标准来分类:

(1)按总线在微机结构中所处的不同位置和作用划分

①微处理器片内总线

又称为 CPU 内总线,是 CPU 芯片内部各功能单元电路之间传输信息用的总线。用来连接 CPU 内各寄存器与算术逻辑运算部件等,已集成在 CPU 芯片内。

②微处理器芯片总线

又称为 CPU 总线,是 CPU 芯片与外围芯片之间的互连总线。现在微机的直接媒体接口总线(DMI)就是 CPU 与单主控芯片组 PCH(平台控制器中枢)之间的连接总线。

③内总线

又称为系统总线或板级总线,用以实现微机系统内插入各种扩展插件板的连接,是微机系统所特有的总线。例如,PCI 卡、显卡等每个模块就是一块扩展电路板,各电路板的插槽就是采用系统总线连接的,因此系统总线一定是规格化的、可通用的,它必然服从某一总线标准,主板上的各种扩展插槽都属于这一范畴。

④外总线

又称为通信总线,是微机之间或微机与外部设备之间进行通信的总线,主要用于设备级的互连。这类总线并非微机所特有,有的是借用了一些电子工业的总线标准,如 EIA RS-232C 总线等。在微机上这些外总线体现在微机的外部设备接口上。

（2）按数据传送方式划分

①串行总线

当信息以串行方式传送时，只使用一条传输线，且用脉冲传送。具体地说，是在传输线上按顺序传送表示一个数据的所有二进制位的脉冲信号，每次一位。通常按由低位到高位的顺序传送，如 8 位数据 01101010B 的串行传送如图 2-12（a）所示。

②并行总线

当信息以并行方式传送时，每个数据位都需要一条单独的传输线。信息由多少个二进制位组成，总线中就需要有多少条传输线，从而让二进制信息（0 或 1）在不同的线上同时进行传送。如 8 位数据 01101010B 的并行传送如图 2-12（b）所示。

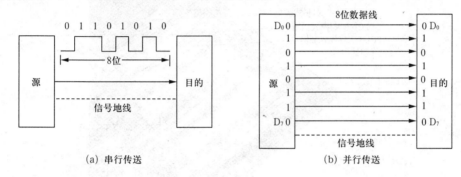

(a) 串行传送　　　　　　　　　　　　(b) 并行传送

图 2-12　数据传送示意图

一般情况下，并行总线有多根传输线，数据传输率高，而串行总线只有一根传输线，数据传输率低。但并行传输方式由于信号线间的相互干扰等技术原因，难以提高频率以实现高速化。而最新的串行传输方式采用一对传输线的差分信号传输，取代原来的一根传输线与信号地线的单端信号传输，可大幅度提高频率而实现高速传输。无论从通信速度、造价还是通信质量上来看，现今的串行传输方式已比并行传输方式更胜一筹。

（3）按时序控制方式划分

①同步总线

总线上的部件通过总线进行信息交换时用一个公共的时钟信号进行同步，这种方式称为同步通信。在同步方式中，由于采用了公共时钟，每个部件何时发送或接收信息都有统一的时钟规定，在通信时不必附加联络标志或来回应答信号进行传输"握手"。所以，同步通信具有较高的传输频率。

扩展同步总线允许在总线周期中插入等待状态来协调各部件的通信。

计算机的内总线大多采用同步总线或扩展同步总线方式。

②异步总线

异步通信允许总线上的各个部件有各自的时钟。部件之间进行通信时没有公共的时钟标准，而是在发送和接收信息时必须附加联络标志或来回应答信号进行传输"握手"，用应答方式来协调通信过程。

计算机的外总线大多采用异步总线方式。

## 2.4.2　常用系统总线介绍

随着微型计算机技术的发展,微机的系统总线(板级总线)经历了 ISA(8/16 位)、EISA、VESA、PCI、AGP、PCI-E 等总线标准。ISA(8/16 位)最初应用于 8086/80286 微机的扩展总线,EISA 最初应用于 80386 微机的扩展总线,VESA 最初应用于 80486 微机的扩展总线,AGP 最初应用于 Pentium 微机的图形显示总线,现均已淘汰。PCI 总线目前还占有一定市场份额,但最终将被先进的 PCI-E 总线所取代。PCI 和 PCI-E 总线插槽如图 2-13 所示。

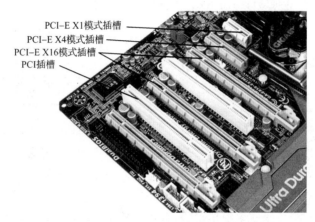

图 2-13　PCI 和 PCI-E 总线插槽

### 1. PCI 总线

PCI(Peripheral Component Interconnect 外部组件互连)总线是 1991 年 Intel 公司提出并专门为 Pentium 系列芯片设计的并行总线。

最早提出的 PCI 总线工作在 33 MHz 频率之下,传输带宽达到 133 MB/s(32 bit/s×33 MHz),基本上满足了当时处理器的发展需要。随着对更高性能的要求,后来又提出把 PCI 总线的频率提升到 66 MHz,传输带宽能达到 266 MB/s。1993 年又提出了 64 bit 的 PCI 总线,称为 PCI-X,最高可以达到 64 bit、133 MHz,这样就可以得到超过 1 GB/s 的数据传输速率,64 bit 的 PCI-X 插槽更多是应用于服务器产品。目前微机中还在广泛使用的是 32 bit、66 MHz 的 PCI 总线。

从结构上看,PCI 总线是微型机上的处理器/存储器与外围控制部件、外围模块之间的互连机构,是在 CPU 和原来的系统总线之间插入的一级总线,具体由一个桥接电路实现对这一层的管理,并实现上下之间的接口以协调数据的传送。管理器提供信号缓冲,能在高时钟频率下保持高性能,适合为显卡、声卡、网卡、Modem 卡等扩展部件提供连接接口,后由于 3D 显卡性能提升而不再适宜用来扩展显卡。

PCI 总线规范规定了互连机构的协议、电气、机械以及配置空间等。在电气规范方面专门定义了 5 V 和 3.3 V 的信号环境。PCI 总线规定了两种 PCI 扩展卡及连接器:一种称为长卡(用于复杂系统和服务器),另一种称为短卡(用于小型系统、一般 PC)。长卡提供 64 位接口,插槽 A、B 两边共定义了 188 个引脚;短卡提供 32 位接口,插槽 A、B 两边共定义了 124 个引脚。

PCI 总线是较先进的高性能局部总线,可同时支持多组外围部件。虽然它是 Intel 公司提出的,但却并不局限于 Intel 系列的处理器,当今流行的其他处理器系列都可以使用 PCI 局部总线。PCI 总线具有并行操作、传输速率高、独立于 CPU、自动识别与配置外设等特点。但当连接多个部件时,总线有效带宽将大幅降低,传输速率变慢;且总线扩展性较差,线间干扰有时导致系统无法正常工作。当前,虽然 PCI 总线已经落伍,但它的应用较广,还有一定的保有量。

**2. PCI-E 总线**

PCI Express 简称 PCI-E,是新一代的总线标准。早在 2001 年的春季,Intel 公司就提出了要用新一代的技术取代 PCI 总线和多种芯片的内部连接,并称之为第三代 I/O 总线技术。随后在 2001 年年底,包括 Intel、AMD、DELL、IBM 在内的 20 多家业界主导公司开始起草新技术的规范,并在 2002 年完成,对其正式命名为 PCI Express。

在工作原理上,PCI Express 与并行体系的 PCI 没有任何相似之处,它采用高速串行总线技术,依靠高频率来获得高性能,因此 PCI Express 也一度被人们称为"串行 PCI"。由于串行传输抗干扰能力很强,再加上差分信号技术的应用,PCI Express 很容易达到较高的传输频率,其中 PCI Express 1.0 版总线频率为 2.5 GHz,2.0 版总线频率为 5 GHz,3.0 版进一步提升到了 8 GHz。其次,PCI Express 采用全双工工作模式,一个基本的 PCI Express 通道拥有 4 根传输线路,其中 2 线用于数据发送,2 线用于数据接收,发送数据和接收数据可以同步进行,相比之下,并行体系的 PCI 总线在一个时钟周期内只能进行单向数据传输,效率只有 PCI Express 的 1/2;加之 PCI Express 采用 8 b/10 b(3.0 版为 128 b/130 b)编码的内嵌时钟技术,时钟信息被直接写入数据流中,这比 PCI 总线更能有效地节省传输线路,提高传输效率。另外,PCI Express 没有沿用传统的共享式结构,它采用点对点工作模式(Peer to Peer,也被简称为 P2P),每个 PCI Express 部件都有自己的专用传输线路,这样就无需向整条总线申请带宽,可避免多个部件争抢带宽的问题,而在并行共享结构的 PCI 系统中却经常会发生多个部件争抢带宽的情况。

PCI Express 规格从 1 条通道连接到 32 条通道连接,有非常强的伸缩性,允许实现 X1、X2、X4、X8、X12、X16 和 X32 通道,可以满足不同的系统部件对数据传输带宽的不同需求。但就目前情形看,PCI Express X1(或表示为 PCI Express 1X)和 PCI Express X16(或表示为 PCI Express 16X)已成为 PCI Express 的主流规格。

PCI Express 插槽根据总线位宽(通道数)不同而有所差异,包括 X1、X4、X8 以及 X16(X2 模式用于内部接口而非插槽模式),较短的 PCI Express 卡可以插入较长的 PCI Express 插槽中使用。PCI Express 插槽参数如表 2-8 所示。

表 2-8　　　　　　　　　　　　　　　　**PCI Express 插槽参数表**

| 传输通道数 | 脚 Pin 总数 | 主接口区 Pin 数 | 总长度 | 主接口区长度 |
| --- | --- | --- | --- | --- |
| X1 | 36 | 14 | 25 mm | 7.65 mm |
| X4 | 64 | 42 | 39 mm | 21.65 mm |
| X8 | 98 | 76 | 56 mm | 38.65 mm |
| X16 | 164 | 142 | 89 mm | 71.65 mm |

目前,PCI Express 已经升级至 3.0 规范,这是 PCI Express 总线家族中的第三代版本,PCI Express 3.0 保持对现行 PCI-E 2.x/1.x 向下兼容。当前新一代 CPU 和芯片组均可支持 PCI Express 2.0 或 PCI Express 3.0 总线技术,2.0 版 X1 模式的扩展卡插槽带宽可达 1 GB/s(5 Gbps×1 B/8 bit×8 b/10 b×2,全双工),完全可以胜任声卡、网卡、Modem 卡等扩展部件所需的带宽要求;3.0 版 X16 模式的图形显卡插槽更可以达到 31.5 GB/s(8 Gbps×1 B/8 bit×128 b/130 b×2×16)的惊人带宽值,足以满足显卡日益增长的带宽要求,所以现在的显卡都采用了 PCI-E X16 插槽。

## 2.4.3 I/O 接口的功能与分类

I/O 接口是指 CPU 与外部设备之间通过总线进行连接的逻辑部件(或电路),它是 CPU 与外设进行信息交换的中转站。CPU 通过系统总线连接到 I/O 接口,再通过 I/O 接口与外部设备相连接。因此,从逻辑位置来看,I/O 接口总是位于系统总线与外部设备之间,各种外设根据自身要求连接到相应的 I/O 接口。

一般的 I/O 接口中,有为传递数据而设置的数据寄存器,有为控制接口电路工作方式而设置的控制寄存器,有为反映外设及接口电路工作状态而设置的状态寄存器,还有读/写控制逻辑电路以及用中断方式传送信息所需要的逻辑电路等。这些寄存器使得 CPU 能及时了解外设的工作状态,实现 CPU 与外设间正确的数据传送。I/O 接口的基本结构示意图如图 2-14 所示。

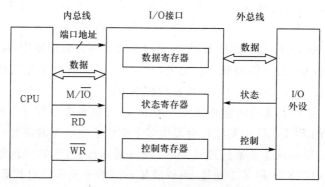

图 2-14 I/O 接口的基本结构示意图

CPU 与外设之间的数据传送是通过 I/O 接口完成的。CPU 通过 I/O 接口与外设传送的信息通常包含有三类:数据信息、状态信息和控制信息。

(1)数据信息:它是来自外设或送往外设的数据信息,包括三种基本类型。数字量:是二进制形式表示的数据或是以 ASCII 码表示的数据或字符。模拟量:是连续变化的物理量,必须要经过 I/O 接口模拟量向数字量(A/D)的转换才能输入计算机,以及要经过 I/O 接口数字量向模拟量(D/A)的转换才能输出给外设。开关量:开关量可表示两个状态,如开关的闭合和断开、阀门的打开和关闭等,可用 1 位二进制数的"0"或"1"表示即可。

(2)状态信息:它是反映外设当前工作状态的信息,CPU 可根据这些状态信息来决定对外设进行操作或控制。输入时,CPU 要先查询输入设备的信息是否准备好(Ready),准备好才能输入数据;输出时,CPU 要先查询输出设备是否有空闲(Empty),有空闲才能输出新的数据。

（3）控制信息：它是 CPU 通过接口传送给外设的控制信息。CPU 通过发送控制信息控制外设工作，如外设的启动信号和停止信号等就是常见的控制信息。

数据信息、状态信息和控制信息是不同性质的信息，应该分别传送。但在微机系统中只有通用的 IN 和 OUT 指令与 I/O 接口交流。所以，状态信息和控制信息也被广义地看成是一种数据信息，即状态信息作为一种输入数据，而控制信息作为一种输出数据。这样，数据、状态、控制信息都通过数据总线来传送。为了使数据、状态、控制信息相互区分开，它们必须有各自不同的端口地址。需要特别注意的是，CPU 寻址的是 I/O 端口，而不是外设本身。

### 1. I/O 接口的功能

通常 I/O 接口具有以下基本功能：

（1）端口寻址

一台主机往往连接多台 I/O 设备，因而也就有多个 I/O 接口，每个接口中一般还包含若干个寄存器，用来传送数据、状态和控制信息。CPU 访问某个外部设备，实际上是访问该设备的 I/O 接口，与 CPU 直接打交道的是接口中的寄存器，而不是外设本身。各种信息交换是在 CPU 与接口寄存器之间进行的，因此需要为这些寄存器分配地址，以便 CPU 选择。这些 I/O 端口地址常采用统一编址或独立编址方式，如 2.2.2 节所述。

（2）数据的寄存和缓冲

外设的工作速度和 CPU 相比相差甚远。为了充分发挥 CPU 的工作效率，接口内设置有数据寄存器或是用 RAM 芯片组成的数据缓冲区，使之成为数据交换的中转站。接口的这种数据保持功能缓解了 CPU 与外设速度不匹配的问题，并为 CPU 与外设的批量数据传输创造了条件。

（3）数据预处理

数据预处理包括信号电平转换、数据格式转换等。

很多情况下，外设是机电设备，其电气信号电平往往不是 TTL 电平或 CMOS 电平，常需要用接口电路完成电平转换；此外，如果外设传送的是模拟信号，接口电路就需要完成 A/D 输入或 D/A 输出转换；再者，如果外设传送的是串行信号，这就需要接口电路完成串行数据和并行数据的相互转换。

（4）控制与管理

CPU 通过向接口发送命令字或是控制信号，实现对外设的控制和管理。外设的工作状况以状态字或应答信号通过接口送给 CPU，以协调数据传送之前的准备工作。此外，外设和 CPU 传送数据可以使用中断方式或是 DMA 方式，这就要求接口有产生中断请求、DMA 请求以及中断或 DMA 管理的功能。

当前的接口电路大多采用可编程的接口芯片，在不改变硬件的情况下，只需修改程序就可以改变接口的工作方式，大大增加了接口的灵活性和可扩充性，使接口向智能化方向发展。

**2. I/O 接口的分类**

从不同的分类角度,大致可将 I/O 接口分类如下:

(1)按数据传送方式划分

①并行接口

接口与外部设备之间按并行通信方式传送数据,需要多根数据传输线,同时传送若干位二进制数据。

②串行接口

接口与外部设备之间按串行通信方式传送数据,只需要一根数据传输线,分时逐位地传送二进制数据。

在串行通信时,可具体分为单工、半双工、全双工传送模式,如图 2-15 所示。

• 单工传送模式仅支持在一个方向上的数据传送。

• 半双工传送模式支持在某一时刻只允许双方中的一方传送数据,另一方接收数据。

• 全双工传送模式支持在同一时刻允许双方既可以向对方传送数据也可以接收对方的数据,这时需要有发送和接收两条传输线。

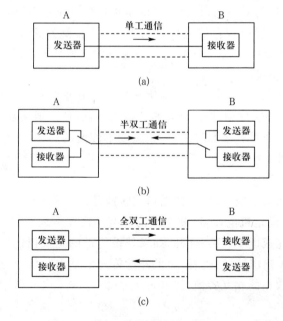

图 2-15  串行传送模式

串行通信的性能主要用波特率来衡量。波特率(串行通信数据传输速率)是指单位时间内传送二进制数据的位数,单位为 bps(位/秒,也称波特)。通常,串行接口电路中发送器一端和接收器一端可有各自的发送/接收时钟信号源,而波特率是发送/接收时钟频率的分频,即波特率=发送或接收时钟频率/n(n 称为波特率系数或波特率因子,可取 1、16、32、64 等)。

在串行通信时,还可具体分为串行同步通信和串行异步通信两种数据格式。

• 串行同步通信数据格式

串行同步通信数据格式是指通信设备双方的发送器和接收器必须同步工作。设备双方用一条时钟信号连线,或是配备硬件电路,使发送方和接收方的时钟信号频率和相位始终保持一致(同步),保证通信双方在发送和接收数据时具有完全一致的定时关系。此时波特率＝发送/接收时钟频率。在同步通信时,以一个数据块(帧)为传输单位,每个数据块前可附加 1 个或 2 个特定的同步字符进行标识,最后以两个 CRC 校验字符结束。如图 2-16 所示。

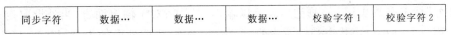

| 同步字符 | 数据… | 数据… | 数据… | 校验字符 1 | 校验字符 2 |

图 2-16　串行同步通信数据格式

• 串行异步通信数据格式

串行异步通信数据格式是指不要求通信双方同步,发送方和接收方可以有各自的时钟源,但双方必须遵循异步通信协议。在异步通信中,通信双方必须规定:一是采用同样的字符格式,即规定字符中各部分所占的位数及校验的方式相同;二是采用同样的波特率(如果发送/接收时钟频率不同,则通过选择不同的波特率系数来实现)。在异步通信时,以一个字符为传输单位,字符由起始位(start bit)、数据位(data bit)、奇偶校验位(parity)和停止位(stop bit)等组成。如图 2-17 所示。

| 起始位 0 | 5～8 位数据位 | 奇偶校验位/无 | 停止位 1 |

图 2-17　串行异步通信数据格式

(2)按时序控制方式划分

①同步接口

同步接口是指接口与系统总线之间的信息传送由统一的时序信号同步控制,不需采用异步应答的方式控制,统一时序由 CPU 或系统总线提供。接口与外设之间则允许有其他独立的时序控制操作。

②异步接口

异步接口是指接口与系统总线之间的信息传送不受统一的时序信号控制,而是采用异步应答的方式控制。

## 2.4.4　I/O 的传送控制方式

微机与外设之间的信息交换,通过 I/O 接口的数据传送控制方式有:程序控制方式、中断控制方式和 DMA(直接存储器存取)控制方式。

**1. 程序控制方式**

程序控制方式是指 CPU 与外设之间的数据传送是在程序主动控制下完成的。通常的方法是在用户的程序中,安排一段输入输出程序直接用于数据传送工作。它又可分成无条件传送和条件传送两种方式。

(1)无条件传送方式

又称为同步传送方式。这是一种最简单的传送方式,主要用于对简单外设进行操作(如电子开关的输入、显示灯的输出等)。当 CPU 进行数据传送时,不需要通过 I/O 接口检测外设的状态,直接执行输入/输出指令进行传送,也称为直接输入/输出方式。

（2）条件传送方式

又称为查询传送方式。采用这种方式传送数据前，CPU 要先执行一条输入指令，从 I/O 接口的状态端口读取外设的当前状态，如果外设未准备好数据或处于忙状态，则要反复多次执行读状态指令以检测外设状态，直到外设准备好数据或处于空闲状态，CPU 才能输入/输出数据。对于输入而言，当外设准备好数据时，则置 I/O 接口中状态端口的"准备好"标志有效，CPU 检测到后就可以输入数据了；对于输出而言，当外设取走一个数据后，则将 I/O 接口中状态端口对应的"忙"标志清除，表明外设处于空闲状态，CPU 检测到后就可以输出下一个数据了；从而较好地解决了 CPU 与外设不同步的数据传送问题。

**2. 中断控制方式**

为提高 CPU 的利用率和进行实时数据处理，CPU 常采用中断方式与外设交换数据。中断控制方式就是当 CPU 与外设交换数据时，无须连续不断地通过 I/O 接口查询外设的状态，而是由外设通过 I/O 接口主动地向 CPU 提出中断请求，CPU 被动接收为其输入/输出服务。在输入时，当输入设备准备好数据后，就通过 I/O 接口向 CPU 提出中断请求，CPU 接到该请求后，暂停当前程序的执行，转去执行相应的中断服务程序，用输入指令进行一次数据输入，然后再返回到原来被中断的程序继续执行；在输出时，当 I/O 接口中输出数据缓冲器已空时，外设通过 I/O 接口向 CPU 发出中断请求，CPU 接到该请求后，暂停当前程序的执行，转到相应的中断服务程序，用输出指令进行一次数据输出，输出操作完成之后，CPU 返回去执行原来被中断的程序；这样就较好地提高了 CPU 的效率。

**3. DMA 控制方式**

DMA（直接存储器存取）控制方式就是在内存与外设间开辟专用的数据通道，这个数据通道在特殊的硬件电路——DMA 控制器的控制下，直接进行数据传送而不必通过 CPU 的干预，不用 I/O 指令。DMA 方式传送时，CPU 让出总线，系统总线由 DMA 控制器接管，此时 CPU 只可以运行高速缓存（Cache）中的程序。故 DMA 控制器必须具备以下功能：

（1）能接收外设的 DMA 请求信号 DREQ。

（2）能向 CPU 发出要求控制总线的 DMA 请求信号 HRQ（HOLD）。

（3）当收到 CPU 发出的总线响应信号 HLDA 后能接管总线，进入 DMA 模式，并向外设发 DMA 响应信号 DACK。

（4）能发出地址信息对存储器寻址并能修改地址指针。

（5）能发出存储器和外设的读、写控制信号。

（6）决定传送的字节数，并能判断 DMA 传送是否结束。

（7）能发出 DMA 结束信号，使 CPU 恢复正常。

由于这种控制方式不是用软件而是用专门的控制器来控制内存与外设之间的数据交换，无须 CPU 的介入，大大提高了 CPU 的工作效率。

## 2.4.5 常用 I/O 接口介绍

**1. USB 接口**

USB 是英文 Universal Serial Bus 的缩写，翻译成中文的含义是"通用串行总线"。它作为一种外设接口,最大特点是支持即插即用和热插拔功能。

USB 诞生于 1994 年,是由康柏、IBM、Intel 和 Microsoft 共同推出的,旨在统一外设接口,如打印机、外置 Modem、扫描仪、鼠标等的接口,以便于用户进行便捷的安装和使用,逐步取代以往的串口、并口和 PS/2 接口。

从 1994 年 11 月 11 日发表了 USB V0.7 版本以后,USB 版本经历了多年的发展,到现在已经发展到 3.0 版本,各 USB 版本间能很好地兼容,现已成为微机的标准扩展接口。目前的主板中主要是采用 USB 2.0(480 Mbps)和 USB 3.0(5 Gbps)。

(1)USB 总线的拓扑结构

USB 总线的物理连接采用级联星型拓扑结构。如图 2-18 所示。

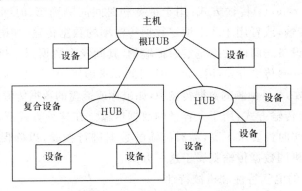

图 2-18　USB 总线的拓扑结构

该拓扑结构由三个基本部分组成:主机(Host)、集线器(Hub)和功能设备。

①主机:也称为根、根结或根 Hub。它目前都做在主板上,也可以作为适配卡安装在微机扩展槽中。主机包含有主控制器(Host Controller)和根集线器(Root Hub),根集线器连接在主控制器上,它检测 USB 设备的插入和拔出,管理 USB 总线上的数据和控制信息的流动,并能为连接的 USB 设备提供电源。

②集线器:它是电缆的集中器,能让更多不同性能的设备连接在 USB 总线上。它提供称为端口(Port)的点来将设备连接到 USB 总线上,同时检测连接在总线上的设备,并为这些设备提供电源。

③功能设备:它是能够通过总线发送/接收数据和控制信息的 USB 设备。典型的功能设备是一个独立的外部设备,通过电缆插到集线器的某个端口上。例如,USB 鼠标、USB 键盘等。功能设备一般相互独立,但也有一种复合设备,它具有多个功能设备和一个内置集线器,共同利用一根 USB 电缆。

USB 总线的这种级联星型拓扑结构最多可以连接 127 个外围设备。当微机系统加电工作时,连接在 USB 总线上的所有外围设备都暂时被默认地址为 0,此时位于下一级的端口都处于失效状态;之后,微机系统开始对 USB 总线进行查询,例如,发现了第一个地址为 0 的设备是打印机,就将地址 1 分配给打印机;然后再向下查找第二个地址仍为 0 的设备或集线器,例如,此时找到一个集线器,就将地址 2 分配给它;再向下查找第三个地址仍为 0 的设备或集线器,如此重复,直到所有的外围设备都被赋予新地址或已经连接到 127 个外围设备的极限为止。在为连接到 USB 总线上的外围设备分配新地址的同时,微机还要为每个设备配置驱动程序。若微机正常工作中又有一个新设备接入 USB 总线,微机将查到并分配给它一个未用的地址,且配置好它的驱动程序。若某个设备被突然拔出 USB 总线,微机系统可以通过 USB 总线的差分数据线电压变化检测到设备被移出,就将这个地址收回,放入可以使用的地址名单中。

(2)USB 总线的数据传输方式

根据 USB 设备自身的使用特点和系统资源的不同要求,在 USB 规范中规定了 4 种不同的数据传输方式。

①控制(Control)传输方式:双向传输,传输的是控制信号,主要是系统软件用来进行查询、配置和给 USB 设备发送命令。

②同步(Isochronous)传输方式:用于带宽和时间间隔确定、时间要求严格并具有较强容错性的数据传输,或者用于要求恒定数据传输率的数据传输,如语音业务传输。在这种方式下,主机与设备之间的数据是实时传输的,其间没有数据纠正过程。

③中断(Interrupt)传输方式:用于对响应时间要求敏感、要求马上响应的数据传输。典型应用在少量、分散、不可预测的数据传输中,如鼠标或键盘的数据传输就属于这一方式。

④批量(Bulk)传输方式:用于大容量的数据传输。在这种方式下,没有带宽和时间间隔的要求,数据的实时性要求不高,需对传输的数据进行校验,以确保它们的正确性。如移动存储器、打印机的数据传输就属于这一方式。

(3)USB 总线的电气特性和机械特性

USB 总线及其接口连接器如图 2-19 所示。

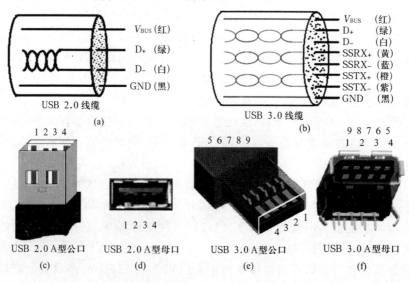

图 2-19 USB 总线及其接口

①电气特性

USB 2.0 总线通过一条四芯电缆、USB 3.0 总线通过一条八芯电缆来传送电源和数据,电缆以点到点方式在设备之间连接。USB 3.0 为了向下兼容 2.0 版,采用了 9 针脚设计,其中四个针脚和 USB 2.0 的形状、定义均完全相同,而另外 5 根针脚专门为 USB 3.0 设计。其接口定义如表 2-9 所示。

表 2-9　　　　　　　　　　　　USB 3.0(兼容 2.0)接口定义

| 引脚号 | 名　称 | 功　能 | 引脚号 | 名　称 | 功　能 |
|---|---|---|---|---|---|
| 1 | $V_{BUS}$ | 电源 | 5 | SSRX$_-$ | USB 3.0 接收差分数据线对 |
| 2 | D$_-$ | USB 2.0 差分数据线对 | 6 | SSRX$_+$ | |
| 3 | D$_+$ | | 7 | GND | 地 |
| 4 | GND | 地 | 8 | SSTX$_-$ | USB 3.0 发送差分数据线对 |
| | | | 9 | SSTX$_+$ | |

$V_{BUS}$ 和 GND 用来向外设提供 100 mA(USB 2.0)、150 mA(USB 3.0)电流(带电源的 USB HUB 可提供 500 mA(USB 2.0)、900 mA(USB 3.0))。在源端,$V_{BUS}$ 通常为＋5 V。 USB 主机和 USB 设备中通常包含电源管理部件。

USB 2.0 的 D$_+$ 和 D$_-$ 是发送和接收数据的半双工差分信号线,时钟信号也被编码在这对数据线中传输。每个分组数据中都包含同步字段,以便接收端能够同步于信号时钟。

USB 3.0 的 SSTX$_+$、SSTX$_-$ 和 SSRX$_+$、SSRX$_-$ 是发送和接收数据的全双工差分信号线对,USB 3.0 可以同步高速地进行读写操作。此外,USB 3.0 还引入了新的电源管理机制,支持待机、休眠和暂停等状态。

②机械特性

USB 的接口有许多种,最常见的是微机上使用的 A 型扁平接口,通常微机上带的是 A 型母口,线缆上带的是 A 型公口。此外还有 Mini B 型等多种接口,多用于数码产品上,如数码相机、摄像机、手机、MP3 等。

USB 需要主机硬件、操作系统和外设三个方面的支持才能工作。目前的主板一般都采用支持 USB 功能的控制芯片组,主板的后部 I/O 面板上也都安装有 USB 接口插座。此外,主板上还预留有 USB 插针,可以通过连线接到机箱前面板的前置 USB 接口,以方便用户使用。

USB 具有传输速度快(USB 1.1 是 12 Mbps,USB 2.0 是 480 Mbps,USB 3.0 是 5 Gbps)、支持即插即用,支持热插拔,连接灵活,独立供电,使用方便等优点,可以连接鼠标、键盘、移动硬盘、外置光驱、打印机、扫描仪、摄像头、闪存盘、MP3、手机、数码相机、USB 网卡、ADSL Modem、Cable Modem 等几乎所有的外部设备。

**2. RS-232C 接口**

RS-232C 是美国电子工业协会 EIA(Electronic Industry Association)1962 年公布、1969 年修订的一种串行接口标准。RS 是英文"推荐标准"的缩写,232 为标识号,C 表示修改次数。1987 年 1 月正式改名为 EIA-232D,由于修改不大,习惯仍沿用旧名。

RS-232C 被定义用作数据终端设备 DTE(如计算机)与数据通信设备 DCE(如调制解调器)的标准接口,这在远距离通信时经常使用。而且两台计算机之间或计算机与外部设备之间的近距离串行通信也可采用 RS-232C 接口互连。

RS-232C 接口使用 DB-25 连接器和 DB-9 连接器,但微机主板一般只使用 DB-9 连接器。如图 2-20 所示。RS-232C(DB-9)接口定义如表 2-10 所示。

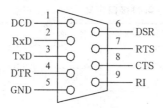

图 2-20　RS-232C(DB-9)接口

**表 2-10**　　　　　　　　　　　　　　**RS-232C(DB-9)接口定义**

| 引脚号 | 名　称 | 功　能 | 方　向 | 引脚号 | 名　称 | 功　能 | 方　向 |
|---|---|---|---|---|---|---|---|
| 1 | DCD | 载波检测 | 输入 | 6 | DSR | 数据通信设备准备好 | 输入 |
| 2 | RxD | 接收数据 | 输入 | 7 | RTS | 请求发送 | 输出 |
| 3 | TxD | 发送数据 | 输出 | 8 | CTS | 清除发送(允许发送) | 输入 |
| 4 | DTR | 数据终端准备好 | 输出 | 9 | RI | 振铃提示 | 输入 |
| 5 | GND | 信号地 | | | | | |

　　RS-232C 采用负逻辑电平:逻辑 0 为 $+15\text{ V}\sim+3\text{ V}$,逻辑 1 为 $-15\text{ V}\sim-3\text{ V}$;典型值为 $\pm12\text{ V}$。因为与 TTL 电平不兼容,故在接口电路中需使用 MC1488、1489 等电平转换电路方能与 TTL 电平的串行通信芯片连接。

　　RS-232C 接口传输速率较低,在异步传输时,最高波特率为 19 200 bps;而且抗噪声干扰性弱,传输距离有限,无调制解调器时只能用于 15 m 以内的通信。但由于应用时间较长,价格非常低廉,可以满足对一般工业设备信息传输的要求,故在工业领域,EIA RS-232C 仍然在广泛使用中。

**3. LPT 接口**

　　LPT 并行接口是 1981 年 IBM 最初开发 PC 时作为一种将打印机连接到 PC 的接口,后扩充为双向并行传输接口(EPP 和 ECP)。在 USB 接口出现以前,它是扫描仪、打印机最常用的接口,最高传输速度为 2 MB/s,设备容易安装及使用,但目前速度相对 USB 比较慢,现较少配置。

　　LPT 接口使用 DB-25 连接器,如图 2-21 所示。LPT 接口定义如表 2-11 所示。

图 2-21　LPT 并行接口

**表 2-11**　　　　　　　　　　　　　　**LPT 接口定义**

| 引脚号 | 名　称 | 功　能 | 方　向 | 引脚号 | 名　称 | 功　能 | 方　向 |
|---|---|---|---|---|---|---|---|
| 1 | STB | 选通信号 | PC→Printer | 14 | AUTO FD | 自动换行 | PC→Printer |
| 2～9 | $D_0\sim D_7$ | 数据位 | PC→Printer | 15 | ERROR | 错误 | Printer→PC |
| 10 | ACK | 应答信号 | Printer→PC | 16 | INIT | 初始化 | PC→Printer |
| 11 | BUSY | 正忙 | Printer→PC | 17 | SLCT IN | 选择联机 | PC→Printer |
| 12 | PE | 无纸 | Printer→PC | 18～25 | GND | 地 | |
| 13 | SLCT | 联机 | Printer→PC | | | | |

微机利用 LPT 接口驱动打印的一般过程如下：

（1）主机要打印数据时，首先查 BUSY。当 BUSY＝0，打印机不忙时，主机才能把数据输出到接口的数据寄存器。

（2）数据送到 $D_0 \sim D_7$ 之后，主机发选通负脉冲信号 STB，以便通知打印机取走。

（3）打印机收到选通信号，便使 BUSY＝1"正忙"并接收数据，存入打印机缓冲区。

（4）打印机发 ACK 负脉冲信号（反相之后可作为 IRQ 中断请求信号），其上升沿清"正忙"使 BUSY＝0，以便通知主机再向打印机传送数据。

# 2.5　微机的中断系统

## 2.5.1　中断技术概述

### 1. 中断的概念

所谓"中断"是指 CPU 在正常执行程序的过程中，由于内部/外部事件或由程序的预先安排，引起 CPU 暂时中断当前程序的运行而转去执行为内部/外部事件或预先安排的事件服务的子程序，待中断服务子程序执行完毕后，CPU 再返回到暂停处（断点——下一条要执行指令的地址）继续执行原来的程序，这一过程称为中断，其示意图如图 2-22 所示。

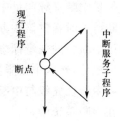

图 2-22　中断过程示意图

在计算机系统中，中断的例子很多。用户使用键盘时，每按一键都发出一个中断信号，告诉 CPU 有"键盘输入"事件发生，要求 CPU 读入该键的键值。打印机打印字符时，当打印完一个字符，它要发出"打印完成"的中断信号，告诉 CPU 一个字符已打印完毕，要求送来下一个字符等。利用中断技术可以大大提高 CPU 的工作效率。

### 2. 中断的作用

（1）并行操作

计算机采用中断技术后，CPU 就可以分时并行执行多个用户的程序和多道作业，使每个用户认为自己正在独占系统。此外，CPU 可以分时并行控制多个外设同时工作，并可使各个外设及时得到服务处理，从而大大提高了主机的使用效率。

（2）实时处理

当计算机用于实时系统时，计算机在现场测控、网络通信、人机对话时都具有强烈的实时性，中断技术能确保对实时信号的处理。实时控制系统要求计算机为它们的服务是随机发生的，且时间性很强，要求做到近乎即时处理，若没有中断技术是很难实时响应的。

（3）故障处理

计算机运行过程中，往往会出现一些无法预料的故障，如电源掉电、数据存储出错、运算溢出等。有了中断技术，CPU 就可以根据故障源发出的中断请求，立即去执行相应的故障处理程序，自行处理故障而不必停机，因此提高了计算机工作的可靠性。

### 3. 中断源及其识别

能引起中断的外部设备或内部原因称为中断源。通常按照引起中断的事件所处的位置不同分为外部中断和内部中断。外部中断也称为硬件中断,它是来自CPU的外部中断请求引脚的信号引起的,如外部设备中断、外部定时中断、外部硬件故障中断等。内部中断也称为软件中断,它是由于程序运行过程中发生的一些意外情况或是使用系统资源调试程序去调用中断而引起的,如运算出错中断、单步中断、指令中断等。

在实际的微机系统中,通常有多个中断源,CPU要识别清楚哪个中断源申请中断后才能提供相应的中断服务。识别中断源通常有两种方法:

(1)查询中断

查询中断就是采用软件查询的方法来确定发出中断请求的中断源。当CPU接收到中断请求信号时,通过执行一段查询程序,从多个可能的中断源中查找出发出中断请求的中断源。

(2)矢量中断

矢量中断又称向量中断,通常每个中断源都预先指定一个矢量标志,要求中断源在提出中断请求时提供该中断矢量标志。当CPU响应某个中断源的中断请求时,控制逻辑就将该中断源的矢量标志送入CPU,CPU根据矢量标志自动指向相应的中断服务程序的入口地址,转入中断服务程序。现在的微机大多采用此方法。

### 4. 中断优先权与中断嵌套

在中断系统中,当某一时刻出现两个或多个中断源提出中断请求时,CPU一般要根据各中断请求的轻重缓急分别处理。即事先给每个中断源根据它的重要性确定一个中断优先级别——中断优先权,系统能够自动地对它们进行排队判优,保证首先处理优先级别高的中断请求,待级别高的中断请求处理完毕后,再响应级别较低的中断请求。

当CPU响应某一中断源的请求,正在进行中断服务时,若有优先权级别更高的中断源发出中断请求,则CPU要能中断正在执行的中断服务程序,响应高优先级中断。在高优先级中断处理完后再返回继续执行被中断的中断服务程序,即能实现中断服务程序的嵌套。

通常中断优先权的识别采用软件优先权排队和硬件优先权排队两种方法。

(1)软件优先权排队

采用软件查询中断方式时,中断优先权由查询顺序决定。最先查询的中断源具有最高的优先权,最后查询的中断源具有最低的优先权。

(2)硬件优先权排队

硬件链式优先权排队电路又称为菊花环式优先权排队电路,它是利用外设连接在硬件排队电路的物理位置来决定其中断优先权的。排在最前面的优先权最高,排在最后面的优先权最低。

### 5. 中断处理过程

一个微机系统的中断处理过程大致可分为中断请求、中断响应、中断服务和中断返回四个阶段,如图2-23所示。这些步骤有的是通过硬件电路自动完成的,有的是由程序员编写程序来实现的。

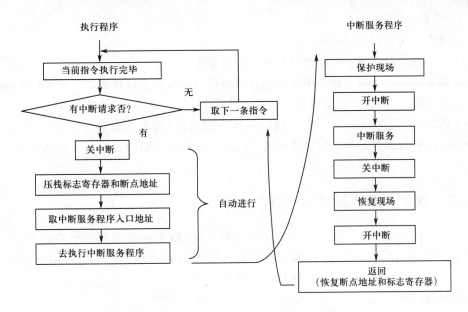

图 2-23　微机系统的中断处理过程

（1）中断请求

当中断源需要 CPU 为其服务时，可以向 CPU 发出中断请求。中断请求可以是由中断指令或是某些特定条件产生，也可以是通过 CPU 中断请求引脚向 CPU 发出中断请求信号而产生。通常针对每个外设的中断请求，设置有对应的中断屏蔽触发器，可预置为"0"和"1"分别代表允许和禁止此外设的中断请求。

（2）中断响应

若为不可屏蔽中断请求，则 CPU 执行完当前指令后，就立即响应中断。若为可屏蔽中断请求，CPU 能否响应中断，取决于此时无优先权更高的 DMA 总线请求等，以及 CPU 内部的中断允许触发器的状态。只有当其为"1"（即允许中断时），CPU 才能响应可屏蔽中断请求；若其为"0"（即禁止中断时），即使有可屏蔽中断请求，CPU 也不响应。

可用开中断指令 STI 和关中断指令 CLI 来设置中断允许触发器"IF"的状态。不可屏蔽中断不受中断允许触发器的影响。

当 CPU 响应中断进入中断响应周期时，自动完成以下操作：

①关中断。以暂时禁止接收其他的可屏蔽中断。

②保护标志寄存器 FLAG。将其压入堆栈保护，以便返回后能继续正常运算。

③保护断点 CS:IP 。将其压入堆栈保护，以便能正确返回。

④中断服务程序段地址送入 CS，偏移地址送入 IP。转入中断服务程序。

（3）中断服务

中断服务是指 CPU 执行中断服务程序，一般有如下操作：

①保护现场。CPU 响应中断时自动完成 FLAG 及 CS、IP 寄存器的保护，但主程序中使用的其他寄存器的内容则要由用户根据使用情况用数据传送指令予以保护。

②开中断。为了能够实现中断嵌套，必须在中断服务程序中开中断。

③中断服务。完成对中断情况的处理。

（4）中断返回

通常在中断返回时，要进行以下操作：

①关中断。以保证下一步恢复现场不被打扰。

②恢复现场。将原主程序中使用的其他寄存器的内容予以恢复。

③开中断。可使 CPU 能继续接受中断请求。

④IRET 最后返回断点。CPU 执行该指令时，自动把断点地址从堆栈中弹回到 CS 和 IP 中，原来的标志寄存器内容弹回到 FLAG。这样被中断的主程序就可以从断点处继续执行。

## 2.5.2　典型 CPU 的中断结构

Intel 8086 微机有一个简单而灵活的中断系统，每个中断都有一个中断类型码，供 CPU 进行识别。8086 可以处理多达 256 种不同类型的中断。中断可以由外部设备启动，也可以由软件中断指令启动，在某些情况下，也可以由 CPU 自身启动。

### 1. 中断类型

8086 采用了矢量型的中断结构，共有 256 个中断矢量号，又称中断类型码。这种中断结构既简单又灵活，而且响应速度快。

8086 的中断源可分为两大类：一类是内部中断，另一类是外部中断，如图 2-24 所示。

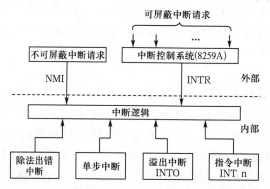

图 2-24　8086 的中断源

（1）内部中断

内部中断也称软件中断，是由处理器检测到异常情况或执行软件中断指令所引起的一种中断。通常有除法出错中断、单步中断、溢出中断 INTO、指令中断 INT n 等。

①除法出错中断——0 号中断

当执行除法指令时，若发现除数为 0 或商超过了机器所能表达数的范围，则 CPU 立即产生一个中断类型码为 0 的内部中断。

②单步中断——1 号中断

若标志寄存器的 TF＝1，则 CPU 处于单步工作方式，即 CPU 每执行完一条指令之后就自动产生一个中断类型码为 1 的内部中断，使得指令的执行成为单步执行方式。

③溢出中断——4 号中断

若运算操作结果产生溢出（OF＝1），则执行 INTO 指令后立即产生一个中断类型码为 4 的中断。

④指令中断——n 号中断

软中断指令 INT n,这种指令的执行也会引起内部中断,其中断类型码由指令中的 n 指定。如 INT 3 是断点中断,主要用于调试程序,程序员可用它在程序中设置断点,程序执行到断点处,CPU 就会转去执行断点中断服务程序,以进行某些检查和处理。

内部中断的特点是:

①中断矢量号是由 CPU 自动提供的,不需要执行中断响应总线周期去读取矢量号。

②除单步中断外,所有内部中断都不可屏蔽,即都不能通过执行 CLI 指令使 IF 位清零来禁止对它们的响应。

③除单步中断外,任何内部中断的优先权都比外部中断高。

(2)外部中断

外部中断也称硬件中断,是由 CPU 外部引脚的中断请求信号触发的一种中断,分为不可屏蔽中断 NMI 和可屏蔽中断 INTR。

①不可屏蔽中断 NMI

不可屏蔽中断请求不受中断允许标志位 IF 的影响,中断类型码为 2。在实际系统中,不可屏蔽中断通常用来处理系统中出现的重大事故和紧急情况,如系统掉电处理、紧急停机处理等。

②可屏蔽中断 INTR

一般外部设备提出的中断请求是从 CPU 的 INTR 引脚上引入的,所产生的中断为可屏蔽中断,可屏蔽中断受 CPU 的中断允许标志 IF 的影响。在 IBM PC 系列微机中,通常外部设备提出的中断请求信号首先要通过中断控制器 8259A 预处理,8259A 中有每个外设对应的中断屏蔽触发器和中断类型码,只有没被屏蔽的外设才能通过 8259A 向 CPU 的 INTR 引脚提出中断请求,CPU 再根据中断允许标志位 IF 的状态决定是否响应。

(3)中断处理顺序

中断处理顺序即按中断优先权从高到低的排队顺序对中断源进行响应,8086 系统的中断处理次序如下:

①除法出错中断、溢出中断、INT n 指令中断。

②不可屏蔽中断 NMI。

③可屏蔽中断 INTR。

④单步中断。

**2. 中断向量表**

每一个中断服务程序都有一个唯一确定的入口地址,中断服务程序的入口地址称为中断向量。把系统中所有中断向量集中起来放到存储器的某一区域内,这个存放中断向量的存储区称为中断向量表(或中断矢量表)。

中断服务程序的入口地址(中断向量)包括中断服务程序的段地址(CS)和偏移地址(IP),各占 2 个字节单元,即每个中断向量需占用 4 个字节单元。8086 的 256 个中断向量共需占用 1024 个字节单元(1 KB)。为了寻址方便,8086 系统中将存储器的最低端地址 00000H～003FFH 共 1 KB 单元作为中断向量的存储区,即中断向量表。如图 2-25 所示,每个中断服务程序的入口地址(中断向量)占用 4 个字节单元,其中 2 个低字节单元存放中断向量的偏移地址(IP,16 位),2 个高字节单元存放中断向量的段地址(CS,16 位)。

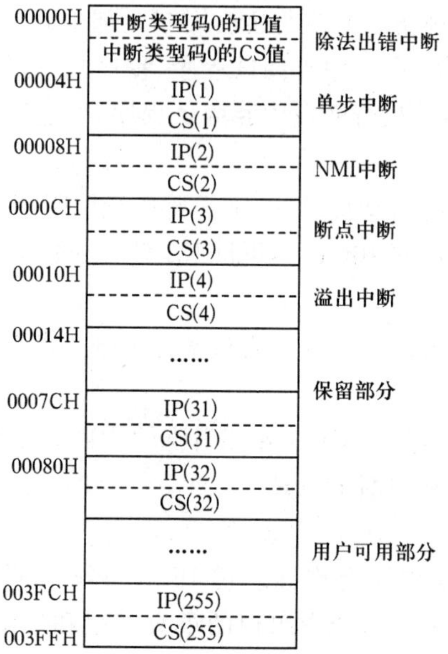

图 2-25　8086 的中断向量表

8086 的中断系统可处理 256 种不同的中断,对应的中断类型码为 0～255(00H～FFH),每个中断类型码与一个中断服务程序入口地址(中断向量)相对应。中断向量表是中断类型码(中断矢量号)与相应的中断服务程序入口地址(中断向量)的转换表。8086 以中断类型码为索引号,从中断向量表中取得中断服务程序的入口地址(中断向量)。

中断类型码(中断矢量号)与中断向量在中断向量表中的位置对应关系为:

$$中断向量地址指针 = 4 \times n \qquad (n 为中断类型码)$$
$$IP \leftarrow (4n+1, 4n), CS \leftarrow (4n+3, 4n+2)$$

例如,中断类型码为 32(20H)的中断源对应的中断向量存放在 0000H:0080H(4×20H=80H)开始的 4 个单元中。如果在 00080H～00083H 这 4 个单元中存放的值分别为 10H、20H、30H、40H,那么,在该系统中,20H 号中断所对应的中断向量即中断服务程序的入口地址为 4030H:2010H。

又如,系统中一个对应于中断类型码为 23(17H)的中断服务程序存放在 1234H:5670H 开始的内存区域中,则对应于 17H 类型码的中断向量存放在 0000H:005CH(4×17H=5CH)开始的 4 个字节中,所以 00 段的 005CH～005FH 这 4 个单元中的值分别为 70H、56H、34H、12H。

# 本章小结

本章主要介绍了微机系统的基本结构与组成、典型 8086 CPU 的工作原理、微机的指令系统、总线与接口系统和中断系统等。

微机系统由硬件系统和软件系统两部分组成。

8086 CPU 从功能结构上可分为总线接口部件 BIU 和执行部件 EU 两大部分,其并行工作方式充分利用了总线,提高了 CPU 的工作效率。

8086 CPU 的寄存器按用途可分为通用寄存器、段寄存器和控制寄存器。存储器采用分段管理的方法,其物理地址由段地址左移 4 位加偏移地址形成。

8086 CPU 的指令系统按功能分为数据传送类、算术运算类、逻辑运算(位操作)类、串操作类、控制转移类、处理器控制类等 6 类指令。

微型计算机采用总线结构和标准接口,使其具有组态灵活和易于扩充的优点。总线的性能主要用总线的带宽来衡量。CPU 通过 I/O 接口与外设传送信息,通常可分为数据信息、状态信息和控制信息。I/O 的传送控制方式可分为程序控制方式、中断控制方式和DMA 控制方式。

微机系统的中断处理过程大致可分为中断请求、中断响应、中断服务和中断返回四个阶段。8086 的中断源可分为内部中断和外部中断两大类,共有 256 个,对应的中断类型码为 0~255(00H~FFH),每个中断类型码与一个中断服务程序入口地址(中断向量)相对应,中断向量地址指针 = 4×中断类型码。

# 思考与习题

**1. 选择题**

(1)一个完整的计算机系统应包括(　　　)。

A. 运算器、存储器、控制器　　　　　　B. 主机和外部设备

C. 主机与应用程序　　　　　　　　　　D. 配套的硬件设备和软件系统

(2)8086 微处理器采用引线复用技术,该技术是(　　　)。

A. 用一条引线分时传送两个信号　　　　B. 用两条引线传送一个信号

C. 用一条引线把两个信号叠加　　　　　D. 用一条引线控制两个信号

(3)CPU 执行程序时,为了从内存中读取指令,需要先将(　　　)输送到地址总线上。

A. 段地址　　　　B. 偏移地址　　　　C. 逻辑地址　　　　D. 物理地址

(4)用来存放即将执行指令的偏移地址的寄存器是(　　　)。

A. SP　　　　　　B. IP　　　　　　　C. BP　　　　　　　D. CS

(5)寄存器间接寻址中,操作数放在(　　　)。

A. 通用寄存器　　B. 主存单元　　　　C. 堆栈　　　　　　D. 程序计数器

(6)衡量总线性能时,总线的宽度用(　　　)总线的条数表示。

A. 地址　　　　　B. 数据　　　　　　C. 控制　　　　　　D. 以上所有

(7)采用 DMA 方式的 I/O 系统中,其基本思想是在(　　　)间建立直接的数据通道。

A. CPU 与外设　　B. 主存与外设　　　C. 外设与外设　　　D. CPU 与主存

(8)在异步控制的总线传送中(　　　)。

A. 所需时间固定不变　　　　　　　　　B. 所需时钟周期数一定

C. 所需时间随实际需要可变　　　　　　D. 时钟周期长度视实际需要而定

(9)下列对 USB 接口特点的描述中,(　　)是 USB 接口的特点。

A. 支持即插即用　　　　　　　　　B. 不支持热插拔

C. 提供电源为 12 V　　　　　　　　D. 6 芯电缆

(10)在关中断的状态下,不能响应(　　)。

A. 软件中断　　　　　　　　　　　B. CPU 内部产生的中断

C. 非屏蔽中断　　　　　　　　　　D. 可屏蔽中断

**2. 简答题**

(1)计算机由哪五大部件组成? 其功能是什么?

(2)存储程序控制的基本思想主要体现在哪些方面?

(3)微机系统由哪些部分组成?

(4)什么是微机的系统总线? 三类总线有何作用?

(5)8086 CPU 的总线接口部件有什么功能? 其执行部件又有什么功能?

(6)8086 CPU 的数据总线和地址总线各是多少位? 最大的内存空间是多少? 最大的 I/O 寻址空间是多少?

(7)什么是逻辑地址,它由哪两部分组成? 8086 的物理地址是怎样形成的?

(8)有一个由 10 个字组成的数据区,其起始地址为 1200H:9120H,试写出该数据区的首末存储单元的实际地址。

(9)若一个程序段开始执行之前,(CS)=33A0H,(IP)=0130H,该程序段的实际起始地址是多少?

(10)什么是 8086 CPU 的总线周期? 至少包括多少个时钟周期?

(11)什么是指令和指令系统? 指令通常由哪两部分组成? 8086 指令系统中有哪四类操作数?

(12)什么是寻址方式? 指令的寻址方式有哪两种? 操作数的寻址方式有哪四种? 8086 CPU 的指令系统按功能分为哪六类指令?

(13)总线的功能是什么? 它的性能主要由哪些因素决定? 关系如何?

(14)目前微机常用的扩展总线有哪两种? 哪种是并行总线? 哪种是串行总线?

(15)什么是接口? I/O 接口与外设传送的信息通常包含哪三类?

(16)串行接口有哪三种传送模式? 有哪两种数据格式?

(17)输入/输出的传送控制方式有哪几种?

(18)USB 是什么? 最新主板配备哪两种版本的 USB 接口?

(19)什么是中断? 什么是矢量中断? 简述中断处理过程。

(20)8086 的中断分为哪两大类? 共有多少个中断?

(21)什么是中断类型码? 什么是中断向量? 什么是中断向量表? 它们之间有什么联系?

(22)某中断类型码为 08H,它的中断服务程序入口地址为 0020H:0040H,写出此中断向量存放在向量表中的地址和内容。

# 第3章

# CPU与主板

## ● 本章学习目标

- 掌握 CPU 的主要技术参数
- 了解当前流行的 CPU
- 掌握主板的主要技术参数及其组成结构
- 了解当前流行的主板

# 3.1 CPU 概述

CPU(Central Processing Unit)是现代计算机的核心部件,又称为微处理器(Microprocessor)。对于微机而言,CPU 的规格与频率常被用来作为衡量一台微机性能强弱的最重要指标,人们常以它来判定微机的档次。作为微机中最重要的部件,CPU 一直扮演着核心角色,CPU 技术的发展无时不带动着 PC 的整体发展,甚至影响着业界的发展方向。

## 3.1.1 CPU 的分类与结构

### 1. CPU 的分类

CPU 有多种分类方法,主要按以下标准来分类。

(1)按 CPU 的生产厂家分类

按 CPU 的生产厂家,可分为 Intel CPU、AMD CPU、IBM CPU、SUN CPU、中国科学院计算机研究所龙芯 CPU 等,现 PC 机市场的主流 CPU 是 Intel 和 AMD 的 CPU。

(2)按 CPU 的字长分类

按 CPU 字长的位数,可分为 4 位、8 位、16 位、32 位和 64 位,现 PC 机市场的主流 CPU 是 64 位 CPU。

(3)按 CPU 的核心数量分类

按 CPU 的核心(内核)数量,可分为单核、双核、三核、四核、六核、八核等,未来 CPU 的核心数量还将增加,现 PC 机市场的主流 CPU 是多核 CPU。

(4)按 CPU 的系列分类

按 CPU 的系列,可分为多种。不同系列的 CPU 其性能和价格亦有所差异,以适应不同应用和不同档次的消费群体。现 PC 机市场的主流 CPU 有 Intel CPU:Core(酷睿)i7/i5/i3(一代～四代),AMD CPU:APU A10/A8/A6/A4、FX、Phenom(羿龙)II、Athlon(速龙)II 等系列。

（5）按 CPU 的功能分类

按 CPU 的功能，可分为是否集成显卡功能、是否支持睿频技术等。例如，Intel Core i 系列中部分 CPU 和 AMD APU 系列 CPU 内均集成了显卡功能，一般使用者不需再配独立显卡。

（6）按 CPU 的接口分类

按 CPU 的接口，可分为触点式、针脚式、引脚式、卡式等，现 PC 机市场的主流 CPU 接口为：触点式 Intel LGA1155、LGA2011、LGA1150，针脚式 AMD Socket AM3/AM3＋、Socket FM1、Socket FM2 等。

（7）按应用场合（适用类型）分类

按应用场合（适用类型），可分为桌面（台式）版、移动版、服务器版。

①桌面版：它主要应用于台式个人微机，是本书主要介绍的内容。

②移动版：它主要应用于笔记本电脑，其特点是发热量小且节电，在外观尺寸、功耗方面都有很高要求。

③服务器版：它主要应用于服务器和工作站，其特点是高可靠性和高性能，在稳定性、处理速度、多任务等方面都有很高要求。

**2. CPU 的外部结构**

各个公司生产的 CPU，其外观和结构都是非常相似的。如图 3-1 所示是 AMD Phenom II X4 四核 CPU 的外部结构。

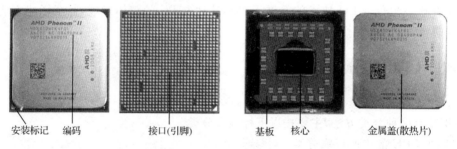

安装标记　编码　　　　接口（引脚）　　　基板　核心　　　金属盖（散热片）

图 3-1　CPU 的外部结构

（1）CPU 的基板

CPU 基板就是承载 CPU 核心用的电路板，它负责核心芯片和外界的数据传输。在它上面常焊有电容和电阻，有决定 CPU 时钟频率的桥接电路等。

早期的 CPU 基板都是采用陶瓷制成的，而现在的 CPU 基板大多已改用有机物制造，它能提供更好的电气和散热性能。

（2）CPU 的核心

核心（也称内核）是 CPU 最重要的组成部分。CPU 中间凸起部分就是核心（Die），是 CPU 的硅晶片部分。

由于 CPU 的核心功耗很大，发热量就大，而且 CPU 的核心非常脆弱，为了核心的安全，同时也为了帮助核心散热，现在的 CPU 一般在核心上加装一个金属盖。金属盖不仅可以避免核心受到外部的意外损坏，同时也增加了核心的散热面积。

(3)CPU 的编码

在 CPU 编码中,用数字或符号注明了 CPU 的名称、型号、时钟频率、缓存、总线频率、核心电压、封装方式、产地、生产日期等信息。各公司的各个系列 CPU 的标识方法有所不同。如图 3-2 所示是 Intel Core i3 2100 和 AMD Athlon II X4 620 上刻印的标识。

图 3-2   CPU 的编码标识

(4)CPU 的接口

CPU 需要通过接口与主板连接。目前 CPU 的接口主要是触点式和针脚式,不同类型的 CPU 有不同的 CPU 接口,对应到主板上也有相应的接口,因此选择 CPU 时,就必须配套选择装有与 CPU 对应接口的主板。目前主流 CPU 的接口类型有:

①Intel LGA775、LGA1366、LGA1156、LGA1155、LGA2011、LGA1150 接口

目前市售的 Intel 系列处理器,按推出的时间顺序,先后采用了 LGA775、LGA1366、LGA1156、LGA1155、LGA2011、LGA1150 接口。此 LGA 封装的 CPU 分别有 775、1366、1156、1155、2011、1150 个有弹性的接触点(其实是非常纤细的弯曲的弹性金属丝)。它们外观相似,但触点数量不同,互不兼容。LGA 接口的处理器样式如图 3-3 所示。

图 3-3   Intel LGA 接口的 CPU 样式

②AMD Socket AM3/AM3+、Socket FM1、Socket FM2 接口

目前市售的 AMD 系列处理器,按推出的时间顺序,先后采用了 Socket AM3/AM3+、Socket FM1、Socket FM2 接口,此 Socket 封装的 CPU 分别有 938/942、905、904 个针脚。AM3 和 AM3+外观相似,FM1 和 FM2 外观相似,AM3+兼容 AM3,Socket AM、FM1、FM2 互不兼容。Socket AM、FM 接口的处理器样式如图 3-4 所示。

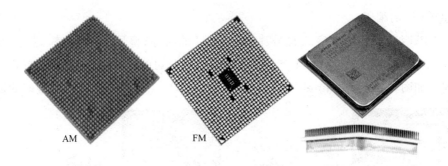

图 3-4　AMD Socket 接口的 CPU 样式

## 3.1.2　CPU 的主要技术参数

**1. 字长**

字长是 CPU 能一次同时处理的二进制数的位数。它由 CPU 内部寄存器、ALU 和数据总线的位数决定。现 PC 机市场的主流 CPU 都是 64 位字长的,64 位的 CPU 在同一时间一次能处理 64 位的二进制数据。

**2. 核心类型与数量**

为了便于对 CPU 设计、生产、销售的管理,CPU 制造商会对各种 CPU 核心给出相应的代号,这也就是所谓的 CPU 核心类型。不同的 CPU(不同系列或同一系列)会有不同的核心类型,甚至同一种核心类型也会有不同的版本。每一种核心类型都有其相应的制造工艺、核心面积、核心电压、电流大小、晶体管数量、各级缓存的大小、主频范围、流水线架构和支持的指令集、功耗和发热量的大小、封装方式、接口类型、总线频率等,核心类型在某种程度上决定了 CPU 的工作性能。例如,Intel Core i(四代)系列 CPU 的核心类型为 Haswell,AMD FX(二代)系列 CPU 的核心类型为 Piledriver。

多核心处理器,就是在一颗 CPU 上集成多个核心。经过多年的发展,现在台式机 CPU 的核心数已上升到 6～8 核,多核 CPU 的优势主要体现在支持并行指令、多线程软件和多任务处理上。

**3. 主频**

CPU 的主频也称为 CPU 核心工作的时钟频率(CPU Clock Speed),单位是 MHz、GHz(1 GHz=1000 MHz,1 MHz=1000 kHz,1 kHz=1000 Hz)。CPU 的主频并不是其运算的速度,而是表示在 CPU 内数字脉冲信号振荡的频率。主频与实际的运算速度存在一定的关系,但目前还没有一个确定的公式能够定量两者的数值关系,因为 CPU 的运算速度还要看 CPU 的字长、多核、缓存、指令集等各方面的性能指标。CPU 的主频不代表 CPU 的速度,但提高主频对于提高 CPU 运算速度却是至关重要的。一般来说,CPU 主频越高,在单位时间里所完成的指令数也就越多,其运算速度也就越快。目前,主流 CPU 的主频都在 1.8 GB～3 GB 及以上。

**4. 外频**

CPU 的外频通常为系统总线的工作频率(系统时钟频率),单位是 MHz,是由主板提供的系统总线的基准工作频率,是 CPU 与主板之间同步运行的时钟频率,主要体现了系统的 I/O 性能。它也是整个计算机系统的基准频率。外频的改变，系统很多其他频率也会随之改变，如 CPU 主频、内存频率、PCI 等各种接口频率、硬盘接口的频率等都会改变，由于主板与外围设备的速度限制，外频一般大大低于 CPU 的主频。例如，Intel Core i5 4570 和 AMD FX-8150 的外频分别为 350 MHz 和 200 MHz。

### 5. 倍频

CPU 的倍频，全称是倍频系数，是指 CPU 主频与外频二者的倍数。它的作用是当系统总线工作在相对较低的频率时，CPU 的速度可以通过倍频来提升。倍频以 0.5 为一个间隔单位，现在主流 CPU 的倍频在 20～30 及以上。主频、外频、倍频具有以下关系：

$$CPU 的主频（核心运行的频率）＝外频×倍频（系数）$$

通过提高外频或倍频可以提升 CPU 的主频，即所谓"超频"。但对于锁频的 CPU，则不能改变倍频，且提高倍频对 CPU 性能的提升不如提高外频好。这是因为当外频不变、提高倍频时，CPU 与系统之间数据传输的速度是有限的，即 CPU 从系统中得到数据的极限速度不能够满足 CPU 运算的速度，从而效果欠佳。

### 6. 高速缓存（Cache）

高速缓存（高速缓冲存储器，简称 Cache）是一种速度比主存更快的存储器（SRAM 构成），其功能是减少 CPU 因等待低速主存所导致的延迟，以改进系统的性能。Cache 在 CPU 和主存之间起缓冲作用，可以减少 CPU 等待信息传输的时间。CPU 需要访问主存中的信息时，首先访问速度很快的 Cache，当 Cache 中有 CPU 所需的信息时，CPU 将不用等待，直接从 Cache 中读取，因此，Cache 技术直接关系到 CPU 的整体性能。当然，由于价格和制造工艺的限制，CPU 中集成的 Cache 一般数量有限。

Cache 一般分为 L1 Cache（一级缓存，通常为 32 KB～256 KB，又可分为一级指令缓存和一级数据缓存）、L2 Cache（二级缓存，通常为 512 KB～12 MB）及 L3 Cache（三级缓存，通常为 4 MB～12 MB）。

### 7. 指令集

Intel X86 系列及其兼容 CPU（如 AMD 的 CPU）都使用 X86 指令集，所以就形成了今天庞大的 X86 系列及其兼容 CPU 阵容。随着 CPU 技术的发展，Intel 和 AMD 公司又各自开发和扩展了一些新的指令集，如 MMX（＋）、3DNow!（＋）、SSE（1，2，3，3S，4.1，4.2，4A）、AVX、EM64T、X86-64、VT-x、AMD-V、AES 指令集等，增强了 CPU 在多媒体、图形图像处理、复杂数学运算、Internet 应用、64 位内存扩展、虚拟化、数据加密等方面的处理能力。

### 8. 超线程技术

超线程技术是一个 CPU 单核模拟成两个物理芯片同时进行线程级并行运算，且共同分享一颗 CPU 内的资源。理论上就像两颗 CPU 一样在同一时间执行两个线程，进而兼容多线程操作系统和软件，减少了 CPU 的闲置时间，提高了 CPU 的运行效率。

虽然采用超线程技术能同时执行两个线程，但它并不像两个真正的 CPU 那样，每个 CPU 都具有独立的资源。当两个线程都同时需要某一个资源时，其中一个要暂时停止，并让出资源，直到这些资源闲置后才能继续处理。因此超线程的性能并不等于两颗 CPU 的性能。

### 9. 虚拟化技术

虚拟化技术(简称 VT 技术)就是单 CPU 模拟多 CPU 并行工作,允许一个物理平台同时运行多个操作系统,并且应用程序都可以在相互独立的空间内运行而互不影响,从而显著提高计算机的工作效率。例如,许多企业专用的、传统的应用环境、与多数企业使用的操作系统不兼容的非标准应用环境都可以整合在一台计算机上,从而使资源使用更加高效。

用于 X86 平台,Intel 的虚拟化技术为 VT-x,AMD 的虚拟化技术为 AMD-V。

### 10. 睿频技术

睿频技术可以理解为自动超频。睿频技术可以根据实际运行的应用程序的需求,动态地增加处理器内核的运行频率来提高处理器的运行性能,同时保持处理器继续运行在技术规范限定的功耗、电流、电压和温度的范围内。

处理器应对复杂应用时,自动提升运行主频可高达 20%,可以轻松应对性能要求很高的多任务处理;当进行工作任务切换时,如果只有内存和硬盘在进行主要的工作,处理器会立刻处于节电状态。这样在重任务时发挥最大的性能,在轻任务时发挥最大节能优势,既保证了程序速度的大幅提升,又使能源得到有效利用。

Intel 的睿频技术为 TB(Turbo Boost),AMD 的睿频技术为 TC(Turbo Core)。

### 11. 工作电压

工作电压是指 CPU 核心正常工作所需的电压。CPU 的工作电压是根据 CPU 的制造工艺而定的。一般制造工艺数值越小,核心工作电压越低,目前主流 CPU 的工作电压一般在 0.65 V～1.5 V 之间。提高 CPU 的工作电压可以提高 CPU 的工作频率,但是过高的工作电压会带来 CPU 过热,甚至烧毁,而降低 CPU 电压不会对 CPU 造成物理损坏,但是会影响 CPU 工作的稳定性。

### 12. 制造工艺

制造工艺也称为制程宽度或制程,是指制造 CPU 时内部各元器件的连接线宽度,一般用 $\mu m$ 或 nm 表示。电路连接线宽度值越小,制造工艺就越先进,单位面积内集成的晶体管就越多,CPU 可以达到的频率就越高,CPU 的体积会更小。在 1971 年推出了 10 $\mu m$ 处理器后,经历了 6 $\mu m$、3 $\mu m$、1 $\mu m$、0.5 $\mu m$、0.35 $\mu m$、0.25 $\mu m$、0.18 $\mu m$、0.13 $\mu m$、0.09 $\mu m$、0.065 $\mu m$、0.045 $\mu m$、0.032 $\mu m$、0.022 $\mu m$,0.022 $\mu m$ 的制造工艺是目前 CPU 的最高工艺。目前主流 CPU 都采用 32 nm 或 22 nm 的制造工艺。

### 13. 封装技术

封装是指将集成电路用绝缘的塑料或陶瓷材料打包的技术。以 CPU 为例,看到的体积和外观并不是真正的 CPU 核心的大小和面貌,而是 CPU 核心等器件经过封装后的产品。封装不仅起到安放、固定、密封、保护芯片和增强散热效果的作用,封装后的芯片也更便于安装和运输。芯片的封装技术已经历了好几代的变迁,技术指标一代比一代先进。目前 CPU 应用最广的是 LGA(金属触点式)和 PGA(针状插脚式)封装技术,适用的芯片频率越来越高,散热性能越来越好,引脚数增多,引脚间距减小,重量减少,可靠性也越来越高。

# 3.2　主流 CPU 介绍

## 3.2.1　Intel 公司 CPU

Intel 公司是 X86 体系 CPU 最大的生产厂家,目前,Intel 产品线主要包括:

- 高端市场为 Core i7 系列。
- 中端市场为 Core i5、Core i3 系列。
- 低端市场为 Pentium G 系列。

**1. Intel Core i(一代～四代) 系列**

Core i 系列 CPU,第一代采用 Nehalem 或 Westmere(改进的 Nehalem)微架构,第二代采用 Sandy Bridge 微架构,第三代采用 Ivy Bridge(高端 i7 为 Sandy Bridge-E)微架构,第四代采用 Haswell(高端 i7 为 Ivy Bridge-E)微架构,其性能不断提高,制造工艺也由 32 nm(45 nm)提升到 22 nm。其主要性能为:采用 64 位多核心设计,CPU 内部集成了双或三(四)通道 DDR3 内存控制器,集成了 PCI-E 控制器(一代 i7 除外),采用三级全内含式 Cache 设计(L1 每核心指令＋数据缓存,L2 采用超低延迟的设计,L3 采用共享式设计),支持 MMX(＋)、SSE(1,2,3,3S,4.1,4.2)等多媒体指令集,具备 EM64T 64 位扩展运算指令集,支持 Intel VT 虚拟化技术,(部分)支持超线程技术,(部分)支持睿频加速(Turbo Boost)技术,(部分)集成显卡功能,先后使用 LGA1156(一代)、LGA1155(二/三代)、LGA1150(四代)接口,高端 i7 先后使用 LGA1366(一代)、LGA2011(三/四代)接口。

Core i 系列的命名方式:四位型号数字中第一位表示第几代。如 Core i5 4570,"Core"是处理器品牌,"i5"是定位标识,"4570"中的"4"表示第四代,"570"是具体型号。

Core i7/i5/i3 大致的区分方法:八线程及以上的均为 Core i7,四线程且支持 Turbo Boost 技术的为 Core i5,不支持 Turbo Boost 技术的则为 Core i3。

目前热门的主要有 Core i7 4770K(四核八线程 3.5 GHz)、Core i7 3770K(四核八线程 3.5 GHz)、Core i5 4570(四核四线程 3.2 GHz)、Core i5 3470(四核四线程 3.2 GHz)、Core i3 4130(双核四线程 3.4 GHz)、Core i3 3220(双核四线程 3.3 GHz)等。

**2. Intel Pentium G 系列**

Pentium G 系列 CPU,先后采用 Sandy Bridge 和 Ivy Bridge 微架构,制造工艺也由 32 nm 提升到 22 nm。其主要性能为:采用 64 位双核心设计,CPU 内部集成了双通道 DDR3 内存控制器和 PCI-E 控制器,采用三级全内含式 Cache 设计(L1 每核心指令＋数据缓存,L2 采用超低延迟的设计,L3 采用共享式设计 3 MB),支持 MMX(＋)、SSE(1,2,3,3S,4.1,4.2)等多媒体指令集,具备 EM64T 64 位扩展运算指令集,支持 Intel VT 虚拟化技术,(部分)支持睿频加速(Turbo Boost)技术,(部分)集成显卡功能,使用 LGA1155 接口。

目前热门的主要有 Pentium G2120(双核双线程 3.1 GHz)、Pentium G2020(双核双线程 2.9 GHz)等。

## 3.2.2  AMD 公司 CPU

AMD 公司是全球第二大 CPU 生产厂家,目前,AMD 产品线主要包括:

- 高端市场为 FX 8000、Phenom II X6 系列。
- 中端市场为 FX 6000、APU A10、A8、Phenom II X4 系列。
- 低端市场为 Phenom II X2、Athlon II X2、X3 系列。

**1. AMD APU 系列**

APU(加速处理器)系列 CPU,是 AMD"融聚未来"理念的产品。它综合了 CPU 和 GPU 的优势,单个硅片上把一个可编程 X86 CPU 和一个矢量处理的 GPU"融聚"为一体,同时具有高性能处理器和最新独立显卡的处理性能,支持 DX11 游戏和最新应用的"加速运算",大幅提升了计算机运行效率,实现了 CPU 与 GPU 真正的融合。目前,AMD A 系列主流 APU 已经进化了三代,分别是 Llano、Trinity 和 Richland。

Llano:第一代产品,K10.5 架构 CPU 核心,VILW5 架构 GPU 核心,仅有后续部分型号支持 CPU 睿频加速,GPU 频率则都是固定的,使用 Socket FM1 接口。

Trinity:Piledriver(打桩机)架构 CPU 核心,VILW4 架构 GPU 核心,因此 CPU 频率提高而且都支持睿频加速,GPU 流处理器减少但是性能更强,使用 Socket FM2 接口。

Richland:与 Trinity 相比,CPU 部分依旧基于 Piledriver、32 nm 制造工艺,GPU 部分则升级至 HD 8000 系列,可与外部独立显卡组成混合交火,使用 Socket FM2 接口。

目前热门的主要有 A10-6800K(四核 4.1 GHz、HD 8670D)、A10-5800K(四核 3.8 GHz、HD 7660D)、A8-5600K(四核 3.6 GHz、HD 7560D)、A8-3870K(四核 3.0 GHz、HD 6550D)等。

**2. AMD FX 系列**

FX 系列 CPU,采用全新的第一代 Bulldozer(推土机)和第二代 Piledriver(打桩机)微架构,在核心架构、功能与效能上都有很大改进,以全面取代羿龙 II 系列处理器。

(1)全新模块化设计,更高效,核心扩展更容易。

(2)32nm SOI 制作工艺,功耗控制更出色。

(3)集群的多线程架构,多线程运算更高效。

(4)指令 4 发射(以前 K10 只有 3 发射)及 AVX 指令,整数/浮点运算更强,单核心性能提升。

(5)第二代 Turbo Core 技术,更好地适应各种应用环境。

AMD FX 全系列均不集成显卡功能,使用 Socket AM3+接口。

目前热门的主要有 FX-8350(八核 4.0 GHz)、FX-8150(八核 3.6 GHz)、FX-6300(六核 3.5 GHz)等。

**3. AMD Phenom II 系列**

Phenom II 系列 CPU,采用 K10.5 微架构,相比第一代的 Phenom,Phenom II 最大的改进是采用了 45 nm 制作工艺,核心频率最高可达 3.4 GHz,三级缓存从 2 MB 增加到 6 MB。其主要性能为:采用 64 位多核心设计,CPU 内部集成了双通道 DDR3/DDR2 内存控制器,采用 HT 3.0 总线技术,采用三级全内含式 Cache 设计(L1 指令+数据,L2 采用超低延迟的设计,L3 采用共享式设计 6 MB),支持 MMX(+)、3DNow!(+)、SSE(1,2,

3,4A)多媒体指令集,具备 X86-64 64 位扩展运算指令集,支持 AMD-VT 虚拟化技术,(部分)支持睿频加速(Turbo Core)技术,使用 Socket AM3 接口。

目前热门的主要有 Phenom II X6 1100T(六核 3.3 GHz)、Phenom II X4 955(四核 3.2 GHz)、Phenom II X2 560(双核 3.3 GHz)等。

**4. AMD Athlon II 系列**

Athlon II 系列 CPU,采用 K10.5 微架构,与 Phenom II 系列不同的是:Athlon II 处理器均不设 L3 缓存,但把双核的每核心 512 KB L2 缓存增至每核心 1 MB(三、四核的 L2 仍为每核心 512 KB),制造成本较低,主打低端市场。

目前热门的主要有 Athlon II X3 450(三核 3.2 GHz)、Athlon II X2 255(双核 3.1 GHz)等。

## 3.2.3　CPU 性能比较

目前市售的 Intel 公司和 AMD 公司的 CPU 性能天梯图如图 3-5 所示,CPU 内集成了 GPU(显卡功能)的性能天梯图如图 3-6 所示。

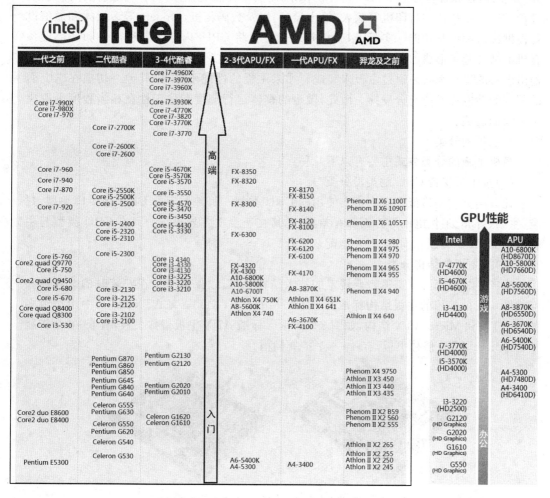

图 3-5　CPU 性能天梯图　　　　图 3-6　集成 GPU 性能天梯图

总的来说,在 CPU 的性能方面,Intel 要优于 AMD;在 CPU 内集成的 GPU 性能方面,AMD 略优于 Intel。

# 3.3 主板概述

主板(Mainboard,又称 Motherboard)是微机系统的重要部件之一,微机的所有部件都是通过主板直接或间接地连接组成了一个工作平台。主板在整个微机系统中扮演着举足轻重的角色,其性能影响着整个微机系统的性能。

## 3.3.1 主板的功能与分类

### 1. 主板的功能

主板是微机系统中最大的一块电路板,其上布满了各种电子元器件、线路、插槽和接口等。这些器件各司其职,并将各种微机部件紧密地联系在一起。主板采用开放式结构,为 CPU、内存和各种功能卡(如声卡、显卡等)提供安装插座(槽);为各种磁、光存储设备,键盘、鼠标、扫描仪和打印机等输入/输出设备,以及数码相机、Modem 等多媒体和通信设备提供接口和控制功能。实际上,微机是通过主板将 CPU、内存等各种部件和外部设备有机地结合起来形成的一套系统。微机运行时,CPU 对系统内存、存储设备和其他输入/输出设备的操控都必须通过主板来完成。如果主板的性能不好,则其他一切插在它上面的部件的性能都不能充分发挥。因此,微机的整体运行速度和稳定性在相当程度上取决于主板的性能。

### 2. 主板的分类

微机主板的分类方式主要有以下几种:

(1)按主板支持 CPU 的类型分类

此分类方式是指能在该主板上使用的 CPU 类型。每种类型的 CPU 在接口类型、封装、主频、外频、工作电压等方面都有差异,尤其在速度上差异很大。只有 CPU 类型与主板支持的 CPU 类型相同,二者才能配套工作。

(2)按主板的结构分类

生产主板时都必须遵循行业规定的技术结构标准,以保证主板在安装时的兼容性和互换性。目前使用的主板结构标准有 ATX、Micro ATX、ITX、EATX 等,其中用得最多的是 ATX 和 Micro ATX 结构,如图 3-7 所示。标准 ATX 主板俗称大板,有 6~8 个扩展插槽;Micro ATX 俗称小板,有 3~4 个扩展插槽。

图 3-7 ATX 结构主板(左)和 Micro ATX 结构主板(右)

（3）按逻辑控制芯片组分类

芯片组（Chipset）是主板上最重要的部件，是主板的灵魂，主板的功能主要取决于芯片组。每出现一种新型的 CPU，就会有厂商推出与其配套的主板控制芯片组。目前，生产主板芯片组的厂家主要是 Intel 和 AMD。针对某个 CPU 系列，控制芯片组可分为不同型号，如 Intel 7 系列芯片组包括 X79、Z77、Z75、H77、Q77、Q75、B75 等。

（4）按是否为整合型分类

整合（All In One）主板，即主板上集成了音视频处理和网卡等功能。通俗地解释，就是显卡、声卡、网卡等扩展卡都被做到了主板上。这类主板的后部 I/O 背板上都安装有视频、音频及网络接口等。

（5）按生产厂家分类

生产主板芯片组的厂家主要是 Intel 和 AMD，但生产主板的厂家却很多，市场上常见的主板品牌有华硕（ASUS）、技嘉（GIGABYTE）、微星（MSI）、映泰（BIOSTAR）、七彩虹（COLORFUL）、华擎（ASROCK）等。

## 3.3.2　主板的主要技术参数

### 1. 主板芯片

主要是指主板上芯片组的型号和性能，以及是否集成了显卡/声卡/网卡及其性能等。例如，华硕 P8B75-V 主板，采用 Intel B75 主芯片组，集成 Realtek ALC887 8 声道音效芯片/Realtek RTL8111E 千兆网卡。

### 2. CPU 规格

主要是指主板支持 CPU 的类型、数量、接口等。例如，华硕 P8B75-V 主板，支持二/三代 Intel Core i7/Core i5/Core i3/Pentium/Celeron，一个 LGA 1155 接口。

### 3. 内存规格

主要是指主板支持内存条的类型、速度及最大容量，内存插槽的数量，以及支持多通道内存技术等。例如，华硕 P8B75-V 主板，提供 4 条 DDR3 内存插槽，支持双通道 DDR3 2200（超频）/2133（超频）/2000（超频）/1866（超频）/1600/1333/1066 MHz 内存，最大支持 32 GB。

### 4. 扩展插槽

主要是指主板上扩展插槽的类型及数量等。例如，华硕 P8B75-V 主板，有 1 条 PCI-E 3.0 16X、1 条 PCI-E 2.0 16X、2 条 PCI-E 1X、3 条 PCI 插槽。

### 5. I/O 接口

主要是指主板上内外部的 I/O 接口类型及数量等。例如，华硕 P8B75-V 主板，内部有 5 个 SATA II 接口、1 个 SATA III 接口，外部有 1 个 PS/2 键盘接口、1 个 PS/2 鼠标接口、8 个 USB 2.0 接口（4 内置＋4 背板）、4 个 USB 3.0 接口（2 内置＋2 背板）、1 个 VGA 接口、1 个 DVI 接口、1 个 RJ-45 网络接口、1 组 6 声道音频接口。

### 6. 供电及板型

主要是指主板的供电回路及主板的结构和尺寸。例如，华硕 P8B75-V 主板是采用六相供电的 ATX 结构主板，尺寸为 30.5 cm×21.9 cm。

# 3.4　主板的组成结构

虽然主板的品牌很多，布局不同，但其组成的结构和使用的技术基本一致，大同小异。下面以如图 3-8 所示的 ATX 结构主板为例，介绍主板上的主要部件。

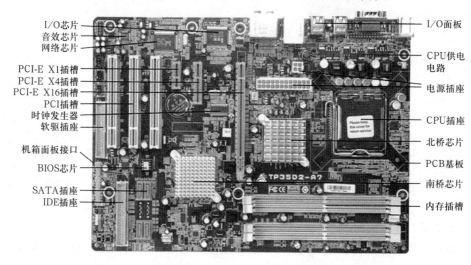

图 3-8　ATX 主板的组成结构

## 3.4.1　PCB 基板

PCB(Printed Circuit Board，印刷电路板)是电子元器件的支撑体，是电子元器件电气连接的提供者。由于它采用电子印刷术制作，故被称为"印刷"电路板。PCB 由树脂材料黏合在一起，分为单面板、双面板和多层板。微机主板的 PCB 基板一般有 4 层，在每一层上都密布有电子线路(铜箔线)，最上和最下的两层是信号层，中间两层是接地层和电源层。将信号层放在外面，这样便可以很容易地对信号线做出修正。而一些高档主板的 PCB 可达到 6～8 层或更多。4 层和 6 层 PCB 的结构如图 3-9 所示。

图 3-9　4 层和 6 层 PCB 的结构

PCB 的表面刷有阻焊剂(也称阻焊漆)，其颜色是阻焊剂的颜色。阻焊剂是绝缘的防护层，可以保护铜线，也可以防止元器件被焊到不正确的地方。在阻焊层上还会印刷上一层丝网印刷面(Silk Screen)，在这上面会印上文字与符号(大多是白色的)，以标示出各元器件在板子上的位置。

## 3.4.2　CPU 插座

目前主流的 CPU 插座有两类：一类是 Intel 的 LGA 插座，一类是 AMD 的 Socket AM 和 FM 插座。如图 3-10 所示。

Intel LGA

AMD AM　　　　　　　　　　AMD FM

图 3-10　CPU 插座样式

## 3.4.3　主板芯片组

芯片组（Chipset）是主板的核心部件，是保证系统正常工作的重要控制模块，起着协调和控制数据在 CPU、内存和各部件之间传输的作用。一块主板的功能、性能和技术特性在很大程度上是由主板芯片组的特性决定的。

芯片组有单片和两片结构，如图 3-11 所示。由于芯片组发热量较大，通常在其上覆盖着散热片或加风扇辅助散热。

两片结构的芯片组，靠近 CPU 插座的芯片通常称为北桥芯片，它主要承担高速数据传输部件的连接与管理工作，负责与 CPU、内存、PCI-E X16 插槽（显卡）的数据传输与管理工作（CPU 内没有集成内存控制器和 PCI-E 控制器）。靠近 PCI 插槽的芯片通常称为南桥芯片，它主要承担低速数据传输部件（系统 I/O 部件）的连接与管理工作，负责与 PCI、USB、LAN、ATA、SATA、音频控制器、键盘控制器、实时时钟控制器等的数据传输与管理工作。芯片组的型号通常参照北桥芯片的型号来命名。现在 AMD FX、Phenom、Athlon 系列等 AM 接口的 CPU，内部集成了内存控制器，而没有集成 PCI-E 控制器，所以这类 CPU 的配套主板都采用南北桥芯片组架构。如图 3-12 所示。

图 3-11　单芯片和南北桥芯片组

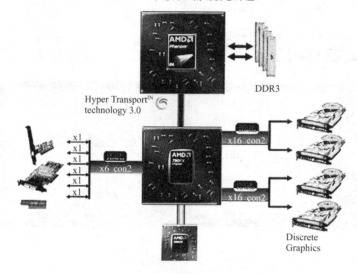

图 3-12　南北桥芯片组架构

　　单片结构的芯片组,由于 CPU 内部不但集成了内存控制器,还集成了 PCI-E 控制器,即把北桥芯片的大部分功能都集成到 CPU 里,因而取消了北桥芯片,故主板芯片组只是一块单芯片 PCH(平台控制器中枢,类似南桥),CPU 与 PCH 采用 DMI(直接媒体接口总线,链接南北桥使用的)进行通信。现在的 Intel CPU(一代 i7 除外)和 AMD APU 系列 CPU,内部集成了内存控制器和 PCI-E 控制器,所以这类 CPU 的配套主板都采用单芯片组架构。如图 3-13 所示。

图 3-13　单芯片组架构

到目前为止,生产芯片组的厂家主要是 Intel 和 AMD。就目前台式机而言,最流行的芯片组有:

**1. Intel 7 系列芯片组**

Intel 7 系列芯片组为单芯片组,包括 X79、Z77、Z75、H77、Q77、Q75、B75 七种型号。X79 用于支持三/四代高端 Core i7 系列 CPU,其他用于支持二/三代 Core i7/i5/i3、Pentium、Celeron 系列 CPU。由于 Z75 和 Z77 定位相近,很多主板厂商放弃了 Z75,Q77 和 Q75 定位商务领域,市场难觅。其他 4 款 7 系列主流芯片组的规格如表 3-1 所示。

表 3-1　　　　　　　　　　　Intel 7 系列主流芯片组规格对比

| 芯片组名称 | X79 | Z77 | H77 | B75 |
|---|---|---|---|---|
| 接口类型 | LGA2011 | LGA1155 | LGA1155 | LGA1155 |
| 处理器 | 三/四代<br>高端<br>Core i7 | 二/三代<br>Core i7/i5/i3<br>Pentium<br>Celeron | 二/三代<br>Core i7/i5/i3<br>Pentium<br>Celeron | 二/三代<br>Core i7/i5/i3<br>Pentium<br>Celeron |
| 内存类型 | DDR3 | DDR3 | DDR3 | DDR3 |
| 内存模式 | 四通道<br>(CPU 内支持) | 双通道<br>(CPU 内支持) | 双通道<br>(CPU 内支持) | 双通道<br>(CPU 内支持) |
| CPU/内存超频 | 支持 | 支持 | 不支持 | 不支持 |
| PCI-E 3.0 | Yes<br>(CPU 内支持) | Yes<br>(CPU 内支持) | Yes<br>(CPU 内支持) | Yes<br>(CPU 内支持) |
| 显卡交火支持 | 16+16+8<br>(配合 CPU) | 8+8/8+4+4<br>(配合 CPU) | No | No |
| 快速存储 | 支持 | 支持 | 支持 | 不支持 |
| 智能响应 | 支持 | 支持 | 支持 | 不支持 |
| 快速启动 | 支持 | 支持 | 支持 | 支持 |
| USB 2.0/3.0 | 14/0 | 10/4 | 10/4 | 8/4 |
| SATA 2.0/3.0 | 4/2 | 4/2 | 4/2 | 5/1 |

B75 是 7 系列芯片组中定位最低端的一款。它不支持处理器超频、SRT 固态硬盘加速、双路显卡等高级技术,因此成本得以大大降低,而基本功能还是一应俱全的。

H77 稍强于 B75,支持 SRT 固态硬盘加速、Intel RST 快速存储技术,接口数目也稍多。

Z77 则完整提供超频功能、SRT 硬盘加速等,PCI-E 通道也可支持 8+4+4 三卡交火。

X79 是发烧友的独享产品,支持的是三/四代高端的 i7 处理器,接口为 LGA2011,是 Intel 的旗舰类产品,功能强大,价格昂贵。

**2. Intel 8 系列芯片组**

Intel 8 系列芯片组为单芯片组,包括 Z87、H87、H81、Q87、Q85、B85 六种型号,用于支持第四代 Core i7/i5/i3 系列 CPU。Q87 和 Q85 定位商务领域,市场难觅。其他 4 款 8 系列主流芯片组的规格如表 3-2 所示。

**表 3-2　　　　　　　　　　　　Intel 8 系列主流芯片组规格对比**

| 芯片组名称 | Z87 | H87 | H81 | B85 |
|---|---|---|---|---|
| 接口类型 | LGA1150 | LGA1150 | LGA1150 | LGA1150 |
| 处理器 | 四代<br>Core i7/i5/i3 | 四代<br>Core i7/i5/i3 | 四代<br>Core i7/i5/i3 | 四代<br>Core i7/i5/i3 |
| 内存类型 | DDR3 | DDR3 | DDR3 | DDR3 |
| 内存模式 | 双通道<br>(CPU 内支持) | 双通道<br>(CPU 内支持) | 双通道<br>(CPU 内支持) | 双通道<br>(CPU 内支持) |
| 内存条数 | 4 | 4 | 2 | 4 |
| CPU/内存超频 | 支持 | 不支持 | 不支持 | 不支持 |
| PCI-E 3.0 | Yes<br>(CPU 内支持) | Yes<br>(CPU 内支持) | Yes<br>(CPU 内支持) | Yes<br>(CPU 内支持) |
| 显卡交火支持 | 8+8/8+4+4<br>(配合 CPU) | 8+8<br>(配合 CPU) | No | No |
| 快速存储 | 支持 | 支持 | 不支持 | 支持 |
| 智能响应 | 支持 | 支持 | 不支持 | 不支持 |
| 快速启动 | 支持 | 支持 | 不支持 | 支持 |
| USB 2.0/3.0 | 14/6 | 14/6 | 8/2 | 12/4 |
| SATA 2.0/3.0 | 0/6 | 0/6 | 2/2 | 2/4 |

H81 是 8 系列芯片组中定位最低端的一款,规格删减得很厉害。例如,仅支持两个 USB 3.0 和两个 SATA 6 Gbps(还有 8 个 USB 2.0 和两个 SATA 3 Gbps),每通道内存也只能有一条(最多只能用两条内存)。

B85 稍强于 H81,支持 Intel RST 快速存储技术,接口数目也稍多。

H87 支持 SRT 硬盘加速、Intel RST 快速存储技术,PCI-E 通道也可支持 8+8 两卡交火。

Z87 则完整提供超频功能、SRT 硬盘加速等,PCI-E 通道也可支持 8+4+4 三卡交火。

**3. AMD A 系列芯片组**

AMD A 系列芯片组为单芯片组,包括 A55、A75、A85X 三种型号。A55 和 A75 原用于支持接口为 Socket FM1 的第一代 APU 系列 CPU,现在也用于支持接口为 Socket FM2 的第二/三代 APU 系列 CPU,A85X 只用于支持接口为 Socket FM2 的第二/三代 APU 系列 CPU。A 系列芯片组的规格如表 3-3 所示。

表 3-3 **AMD A 系列主流芯片组规格对比**

| 芯片组名称 | A55 | A75 | A85X |
| --- | --- | --- | --- |
| 接口类型 | Socket FM1/FM2 | Socket FM1/FM2 | Socket FM2 |
| 处理器 | 一代/二、三代 APU | 一代/二、三代 APU | 二、三代 APU |
| 内存类型 | DDR3 | DDR3 | DDR3 |
| 内存模式 | 双通道(CPU 内支持) | 双通道(CPU 内支持) | 双通道(CPU 内支持) |
| CPU/内存超频 | 支持 | 支持 | 支持 |
| PCI-E 规格 | 2.0(CPU 内支持) | 2.0(CPU 内支持) | 3.0(CPU 内支持) |
| 显示输出 | 最高 DP1.2@4096×2160 | 最高 DP1.2@4096×2160 | 最高 DP1.2@4096×2160 |
| 双显卡加速 | 支持 | 支持 | 支持 |
| 多卡支持 | No | No | 8+8 |
| USB 2.0/3.0 | 14/0 | 10/4 | 10/4 |
| SATA 2.0/3.0 | 6/0 | 0/6 | 0/8 |
| RAID | RAID 0/1/10 | RAID 0/1/10 | RAID 0/1/5/10 |

A55 是最低端的入门级产品,不支持 SATA 3.0 和 USB 3.0。

A75 是值得推荐的产品,支持 SATA 3.0 和 USB 3.0,性价比较高。

A85X 相对 A75 主要增加了 SATA 接口数量,并添加了 8+8 双卡支持。

**4. AMD 9 系列芯片组**

AMD 9 系列芯片组为南北桥芯片组,包括 970、980G、990X、990FX 四种型号,用于支持 FX、Phenom II、Athlon II、Sempron 100 系列 CPU。980G 与上一代 880G 没多少区别,都是北桥内部集成显卡功能的芯片组,现已淘汰。其他 3 款 9 系列主流芯片组的规格如表 3-4 所示。

表 3-4 **AMD 9 系列主流芯片组规格对比**

| 芯片组名称<br>(北桥芯片) | 970 | 990X | 990FX |
| --- | --- | --- | --- |
| 接口类型 | Socket AM3+ | Socket AM3+ | Socket AM3+ |
| 处理器 | FX、Phenom II、Athlon II<br>Sempron 100 | FX、Phenom II、Athlon II<br>Sempron 100 | FX、Phenom II、Athlon II<br>Sempron 100 |
| 内存类型 | DDR3 | DDR3 | DDR3 |
| 内存模式 | 双通道(CPU 内支持) | 双通道(CPU 内支持) | 双通道(CPU 内支持) |
| CPU/内存超频 | 支持 | 支持 | 支持 |
| HT 总线规格 | 3.0 | 3.0 | 3.0 |
| PCI-E 规格 | 2.0 | 2.0 | 2.0 |
| 显卡交火支持 | No | 8+8 | 16+16/8×4 |
| 南桥芯片 | SB920 | SB950 | SB950 |
| SATA 3.0 | 6 | 6 | 6 |
| USB 2.0 | 14 | 14 | 14 |

970 只能够支持 1 条 16 通道的显卡插槽,主要针对那些对显示性能没有太高要求,同时也不会组建交火的用户。

990X 则显得更加的大众化,与 990FX 的区别主要还是在显卡的通道数量方面。990X 支持双卡 8 通道的显卡交火模式,这主要是针对次高端的用户。

990FX 定位于高端,能够支持双卡 16 通道或者四卡 8 通道模式的交火,主要是为高端发烧友准备,在拥有多块显卡的情况下 990FX 无疑更加具有性能优势,扩展性方面也最强大。

## 3.4.4　内存插槽

内存插槽的作用是安装内存条。内存条正反两面都带有金手指(Connecting Finger),金手指由众多金黄色的导电触片组成,因其表面镀金(目前较多的采用镀锡来代替)而且导电触片排列如手指状,所以称为"金手指"。内存的所有信号都是通过金手指进行传送的,内存条通过金手指与主板的内存插槽连接。目前台式机中的内存插槽称为 DIMM(Dual-Inline-Memory-Modules,双列直插式存储模块)插槽,具体分为 DDR、DDR2 和 DDR3 三种规格,如图 3-14 所示,分别与 DDR、DDR2 和 DDR3 内存条配套。而最新主板上主要配置的是 DDR3 内存条插槽。

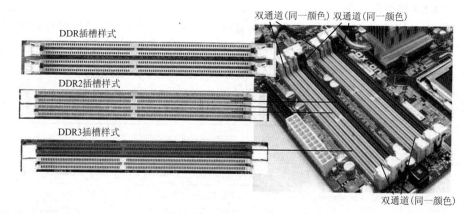

图 3-14　内存插槽

DDR 有 184 个接触点,DDR2 和 DDR3 都有 240 个接触点。虽然这 3 种内存插槽的长度相同,但它们与内存条接触点的数量和防插错隔板的位置有所不同。

多通道内存技术是一种内存控制和管理技术,它依赖于 CPU 或芯片组中的内存控制器发生作用,在理论上能够使多条同等规格内存所提供的总带宽比单条增长到多倍。对于支持双通道或三(四)通道内存技术的主板,要实现双通道或三(四)通道,则必须成对或成三(成四)地配备内存,即需要将两条或三条(四条)完全一样的内存条插入同一颜色的内存插槽中。

## 3.4.5　扩展插槽

扩展插槽(Slot)是主板上用于固定扩展卡并将其连接到系统总线上的插槽,也叫扩展槽、扩充插槽、I/O 插槽,主板上一般有 1～8 个扩展槽。通过插入扩展卡可以添加或增强系统的特性及功能。例如,若主板没集成或不满意集成显卡的性能,就可以添加独立显卡以增加或增强显示性能;若不满意集成声卡的音质,就可以添加独立声卡以增强音效。在选购主板时,扩展插槽的种类和数量的多少是一个重要指标。有多种类型和足够数量的扩展插槽,就意味着今后有足够的可升级性和设备扩展性。目前新出的主板上只有 PCI 插槽和 PCI-E 插槽,如图 3-15 所示。其中 PCI-E X16 插槽为显卡使用,其余插槽为 I/O 接口板连接较慢速的外设使用。具体规格请参考 2.4.2 节常用系统总线介绍。

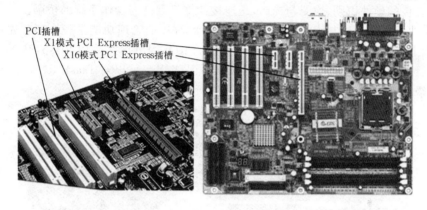

PCI插槽
X1模式 PCI Express插槽
X16模式 PCI Express插槽

图 3-15　PCI 和 PCI-E 扩展插槽

## 3.4.6　SATA 和 IDE 接口

### 1. SATA 接口

Serial ATA(串行高级技术附件,简称 SATA)接口用于连接 SATA 接口的硬盘和光驱等设备。Serial ATA 1.0 定义的数据传输率为 150 MB/s(1.5 Gb/s),Serial ATA 2.0 的数据传输率为 300 MB/s(3 Gb/s),Serial ATA 3.0 能实现 600 MB/s(6 Gb/s)的数据传输率。目前使用较多的是 SATA 2.0 和 SATA 3.0。

SATA 接口带有防插反设计,可以很方便地拔、插。连接 SATA 接口的设备没有主、从之分,可插接到任何一个 SATA 接口上。主板 SATA 接口插座如图 3-16 所示。

SATA 2.0接口插座
SATA 3.0接口插座
IDE接口插座

图 3-16　SATA 和 IDE 接口

**2. IDE 接口**

随着 SATA 接口硬盘、光驱的普及,大部分新主板取消了 IDE 接口,极少数新主板还保留了一个 IDE 接口。IDE 接口为 40 针双排针插座,为了方便用户正确插入电缆插头,取消了未使用的第 20 针,形成了不对称的 39 针 IDE 接口插座,以区分连接方向。通常在 IDE 接口插座中留有一个定位小缺口,以方便用户正确插入。主板 IDE 接口插座如图 3-16 所示。

## 3.4.7  BIOS 与 CMOS

BIOS(Basic Input Output System,基本输入输出系统)的全称是 ROM BIOS,即只读存储器基本输入输出系统。BIOS 程序是微机最基础、最重要的程序,它为计算机提供最底层、最直接的硬件识别、检测与控制,是连接计算机硬件与操作系统的桥梁。

一块主板性能优越与否,一定程度上与 BIOS 程序的管理功能是否合理和先进有关。每块主板上至少有一块 BIOS 芯片。目前微机的 ROM BIOS 多采用 Flash ROM(闪速可擦编程只读存储器)存储程序,通过利用 BIOS 升级程序可以对 Flash ROM 重写,实现 BIOS 升级。常见 BIOS 芯片的外观如图 3-17 所示。

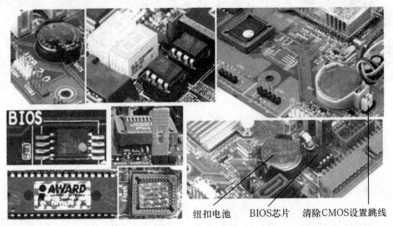

纽扣电池    BIOS芯片    清除CMOS设置跳线

图 3-17  BIOS 芯片

BIOS 程序检测到的系统的硬件配置和用户对某些参数的设置都保存在 CMOS 中(一小块特殊的 RAM,由主板上的电池来供电),现 CMOS RAM 已集成在南桥/PCH 芯片中。关机后,为了维持 CMOS RAM 中的数据和系统时钟的运行,主板上都安装有一块纽扣电池供电,纽扣电池的寿命一般为 3~5 年,失效后应注意更换,以免电池漏液损坏主板。如果用户忘记了 BIOS 密码,可通过清除 CMOS 设置跳线/按钮或取下纽扣电池来放电,以便重新设置。

目前,新型的 UEFI BIOS(Unified Extensible Firmware Interface,统一可扩展固件接口)已逐步取代了传统的 BIOS,UEFI BIOS 拥有更多的功能、更快的速度、更优的图形界面以及更佳的操作体验。

### 3.4.8　电源插座及主板供电单元

　　主板电源插座是机箱的电源向主板上的所有硬件电路(包括 CPU、内存、键盘和所有接口卡等)供电的接口,机箱的电源通过电源线插入主板电源插座向主板供电。在 ATX主板上,电源插座的形状为长方形两排 20 针或 24 针插口(24 针向下兼容 20 针插口),具有防插错结构。在软件的配合下,ATX 电源可以实现软件开/关机和键盘开/关机、远程唤醒等电源管理功能。目前微机市场的主流主板基本上都采用 24 针插座供电。

　　由于新型 CPU 的耗用功率逐渐增大,在主板上另新增加了一个 4 针或 8 针辅助电源插座,去连接机箱的电源,专门辅助为处理器供电。安装主板时,这条电源线一定要插好,否则有可能损坏处理器。

　　此外,主板上还有由主板向 CPU 风扇供电的电源插座。

　　以上这些电源插座如图 3-18 所示。

(a) 20 和 24 针主板电源插座　　　　　(b) 4 和 8 针辅助电源插座　　　　(c) CPU 风扇电源插座

图 3-18　电源插座

　　主板供电单元是主板上的一个重要组成部分,是指主板向 CPU、内存和显卡(PCI-E X16 插槽)等的供电回路。其作用是机箱的电源输送到主板上后,对其进行电压的转换,并整形和过滤,分别为 CPU 和其他部件提供规定的和稳定的工作电压和电流,以保证微机的正常工作。其中最重要的是 CPU 供电单元,其位于主板 CPU 插座附近。

　　利用 PWM(脉冲宽度调制)控制芯片或其他数字技术,一个单相供电电路由"N 个电容＋1 个电感线圈＋N 个场效应管"组成,而多相电路是将多个单相电路并联起来交替地工作,这样能够提供更加纯净稳定和多倍的电流,还可以非常精确地平衡各相供电电路输出的电流,以维持各功率组件的热平衡,在器件发热上亦具优势。现主流主板都采用多相供电回路,一般为五相左右,高的达到了 32 相。识别相数的一般方法是看电感线圈的数量,因为每相供电电路中只有一个电感线圈。例如,有 4 个电感线圈说明是四相供电。主板供电单元如图 3-19 所示。

图 3-19　主板供电单元

### 3.4.9　音频转换芯片

音频转换芯片又称为声卡芯片。目前集成声卡已成为主板的标准配置,几乎所有新出的主板都集成了符合 AC'97 REV2.3 或 HD Audio 规范的音频编解码芯片 Audio Codec(数字模拟信号转换芯片),而对数字音频的许多处理运算主要由集成到南桥/PCH芯片的 DSP(数字信号处理器)完成,对 CPU 的占用相当小。

常见的音频转换芯片 Audio Codec 有 ALC650/655/850/861/883/888/889、AD1888/1980/1981B/1985、CMI8738、CMI9739A、ALC202A、VT1616 等。对于集成了这种软声卡的主板,一般在主板 PCI 插槽上端能看到一块小小的 Audio Codec 芯片,如图3-20 所示。

图 3-20　集成声卡芯片

### 3.4.10　网络控制芯片

网络控制芯片又称为网卡(控制)芯片。目前主板上几乎都集成了具备网卡功能的芯片(1000 Mbps Fast Ethernet 以太网控制器),在主板上常见的网络芯片主要由 3 个厂家生产,它们是 Realtek 台湾瑞昱半导体公司、Marvell 迈威科技公司和 BROADCOM 公司。

网卡芯片一般在主板后部的 RJ-45 网络接口附近,网卡芯片较大,如图 3-21 所示。

图 3-21　集成网络芯片

### 3.4.11 IEEE 1394 控制芯片

IEEE 1394 是苹果公司开发的高性能串行总线,俗称火线(FireWire 是苹果公司的商标)。采用同步传输和异步传输模式,具有高传输速率(1.6 Gbps),支持即插即用和热插拔。IEEE 1394 接口广泛应用于图像和视频产品,如数码相机、MP4、数码摄像机、手机等。

为了有效地支持当前大量涌现的数码产品,有些主板集成了 IEEE 1394 控制芯片,并在主板上提供了 IEEE 1394 接口。常见的 IEEE 1394 控制芯片有德州仪器的 TSB43AB22A 和 TSB43AB23、VIA 的 VT6306 和 VT6307、Agere 的 FW323-06 等,如图 3-22 所示。

IEEE 1394芯片————

图 3-22 IEEE 1394 控制芯片

### 3.4.12 I/O 及硬件监控芯片

I/O(Input/Output,输入与输出)芯片的功能主要是提供一系列输入输出的接口,如鼠标口、键盘口、COM 口(串行接口)、打印机口(并行接口)等,都统一由 I/O 芯片控制。目前的 I/O 芯片还能提供系统监控功能,可为主板提供 CPU 电压侦测、风扇线性转速控制、硬件温度监控等功能。对温度的监控,需与温度传感元件配合使用;对风扇电机转速的监控,则需与 CPU 或显卡的散热风扇配合使用。

主板上的 I/O 芯片又称 Super I/O 芯片。目前流行的 I/O 芯片有 ITE 公司的 IT8712F-A,华邦(Winbond)公司的 W83627THF、WPCD376IAUFG,SMSC 公司的 LPC47M172 等,它一般位于主板的边缘,如图 3-23 所示。

### 3.4.13 时钟发生器

微机在正常工作时,对时序都有着严格的要求,就需要有时钟信号作为基准,而用晶振与时钟发生器芯片(PPL-IC)组合,就构成了系统时钟发生器。晶振负责产生非常稳定

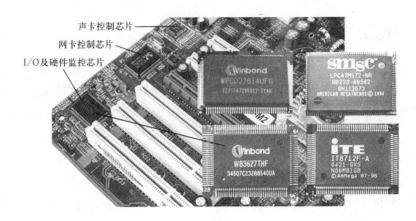

声卡控制芯片

网卡控制芯片

I/O及硬件监控芯片

图 3-23　I/O 及硬件监控芯片

的脉冲信号,经时钟发送器整形和分频,把多种时钟信号分别传输给各个部件,使其能够正常工作。如 CPU 的外频、PCI 总线频率等都是由它提供的。现在很多主板具有线性超频(提高外频)功能,其实也是由时钟芯片实现的。

时钟芯片位于 PCI 槽的附近。常见的时钟发生器有 RTM862-488、RTM360-110R、ICS9LPRS914EKLF、 ICS950405AF、 ICS952607EF、 ICS950910AF、 W83194BR-SD、W312-02 等。如图 3-24 所示为主板上的晶振和时钟发生器。

图 3-24　晶振和时钟发生器

## 3.4.14　机箱前置面板接口

机箱前置面板接口是主板用来连接机箱前置面板上的电源开关(PWR SW)、复位按钮(RESET SW)、电源指示灯(POWER LED)、硬盘指示灯(HDD LED)、PC 喇叭(SPEAKER)等的插针。如图 3-25 所示。

## 3.4.15　其他外设接口

随着主板技术的发展,主板上集成的 I/O 接口越来越多。ATX 主板的后侧 I/O 背

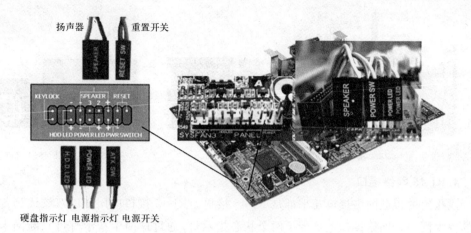

扬声器　　重置开关

硬盘指示灯　电源指示灯　电源开关

图 3-25　机箱前置面板接口

板上的外部设备接口有键盘接口、鼠标接口、USB 接口、IEEE 1394 接口、RJ-45 网络接口、eSATA 接口、音频接口等。一般来说,主板自带的 I/O 接口品种越多,表示该主板的功能越强。主板 I/O 接口背板如图 3-26 所示。

图 3-26　ATX 主板上 I/O 背板的外设接口

**1. PS/2 接口**

现在的主板一般都配有键盘和鼠标的 PS/2 接口,下面的靠近主板的紫色口接键盘,上面的绿色口接鼠标,其接口插座如图 3-27 所示。有的主板配置的是一个紫绿各半颜色的 PS/2 键鼠通用接口。

**2. USB 接口**

USB 版本经历了多年的发展,到现在已经发展到 3.0 版本,各 USB 版本间能很好地兼容,现已成为微机的标准扩展接口。目前的主板中主要是采用 USB 2.0(480 Mbps)和 USB 3.0(5 Gbps)。其接口插座如图 3-28 所示。主板后面的 I/O 面板一般提供 2~4 个 USB 接口,主板上还提供几个可扩展的 USB 接口,可以连接到机箱的前面板上,被称为前置 USB(Front USB)接口。

**3. IEEE 1394 接口**

IEEE 1394 是由苹果公司开发的一种与平台无关的串行通信总线。IEEE 1394 接口有两种标准,一种是标准接口,一种是小型(Mini)接口,Mini 接口主要用于笔记本电脑和消费类数码产品上。其接口插座如图 3-29 所示。

图 3-27  键盘、鼠标 PS/2 接口　　　　图 3-28  USB 接口　　　　图 3-29  IEEE 1394 接口

**4. RJ-45 网络接口**

主板上的板载网络接口几乎都是 RJ-45 接口。RJ-45 接口应用于以双绞线为传输介质的以太网中。网络接口上自带了两个状态指示灯,通过这两个指示灯可判断网卡的工作状态。其接口插座如图 3-30 所示。

**5. eSATA 接口**

External SATA 简称 eSATA 或 E-SATA,是外置的 SATA 规范,是业界标准接口 Serial ATA(SATA)的延伸。它把主板的 SATA 连接到外部的 eSATA 接口上,用来连接外部而不是内部的 SATA 设备。其接口插座如图 3-31 所示。

图 3-30  RJ-45 网络接口　　　　　　图 3-31  eSATA 接口

**6. 音频接口**

目前主板上的音频接口主要有两种:8 声道(6 个 3.5 mm 插孔)和 6 声道(3 个 3.5 mm 插孔)。其接口插座如图 3-32 所示。

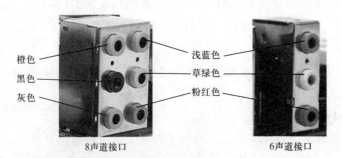

8声道接口　　　　　　　　　　　6声道接口

图 3-32  音频接口

(1)6 声道接口的连接方法

①浅蓝色:音频输入/后置左右声道输出。

②草绿色:前置左右声道输出。

③粉红色：MIC 话筒输入/中置和重低音输出。

（2）8 声道接口的连接方法

①浅蓝色：音频输入。

②草绿色：前置左右声道输出。

③粉红色：MIC 话筒输入。

④橙色：中置和重低音输出。

⑤黑色：后置左右声道输出。

⑥灰色：侧置左右声道（环绕）输出。

**7. 光纤音频接口**

光纤音频接口（TosLink，全名 Toshiba Link）的标准是日本东芝（TOSHIBA）公司开发并制定的。在视听器材的背板上有 Optical 标识。TosLink 光纤接口曾大量应用在视频播放机和组合音响上。光纤连接可以实现电气隔离，阻止数字噪音通过地线传输，有利于提高 DAC 的信噪比。但光纤连接的信号要经过发射器和接收器的两次转换，产生影响音质的时基抖动误差也不可忽视。现在某些型号的主板也配备了光纤音频接口，其接口插座如图 3-33 所示。

**8. 同轴音频接口**

同轴音频接口（Coaxial）的标准为 S/PDIF（Sony/Philips Digital InterFace），是由索尼公司与飞利浦公司联合制定的。在视听器材的背板上有 Coaxial 标识。数字同轴接口采用阻抗为 75 Ω 的同轴电缆为传输媒介，主要提供数字音频信号的传输。目前，有些主板配备了单个输出的接口（黄色），而有些主板则提供完整的输出（黄色）、输入（红色）接口，其接口插座如图 3-34 所示。

图 3-33　光纤音频接口　　　　　　　　图 3-34　同轴音频接口

**9. VGA 接口**

VGA 接口是最常见的视频模拟信号输出接口，主要用于连接显示器，一般为蓝色，有 15 个针脚插孔，也称为 D-sub 接口。整合显卡的主板上一般都有 VGA 接口，其接口插座如图 3-35 所示。

**10. DVI 接口**

DVI 接口主要连接 LCD 等数字显示设备。DVI 接口有两种：一种是 DVI-D 接口，只能传送数字视频信号；另外一种是 DVI-I 接口，可同时兼容模拟和数字视频信号，通过转换接头可转换为 VGA 接口。目前多数整合显卡的主板上配备的是 DVI-I 接口，其接口插座如图 3-36 所示。

DVI-D

DVI-I

图 3-35　VGA 接口　　　　　　　　　　图 3-36　DVI 接口

### 11. HDMI 接口

HDMI(High Definition Multimedia InterFace)即高清晰多媒体接口。通过一根 HDMI 传输线,可以同时传送影音信号。HDMI 接口可以提供 5 Gbps 以上的数据传输率,用于传送无压缩的音频信号和高分辨率视频信号。目前,整合显卡的主板上已经配备 HDMI 接口,其接口插座如图 3-37 所示。

### 12. DisplayPort 接口

DisplayPort 接口在传输高清视频信号的同时加入了对高清音频信号传输的支持,对比 HDMI 接口,它支持更高的分辨率和刷新率,提供更大的 10.8 Gbps 以上的数据带宽。DisplayPort 接口有两种标准,一种是标准接口,一种是小型(Mini)接口,如图 3-38 所示。

目前,速度高达 10 Gbps 的 Thunderbolt(雷电)高速传输接口在物理规格上使用的就是 Mini DisplayPort 接口,在信息传输上融合了 DisplayPort 和 PCI Express 的数据传输。一些高端整合主板上配备了 DisplayPort 接口和 Thunderbolt 接口。

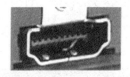

图 3-37　HDMI 接口　　　　　　　图 3-38　DisplayPort 接口

# 3.5　主板产品介绍

### 1. 华硕 P8Z77-V LX

华硕 P8Z77-V LX 主板的外观如图 3-39 所示,采用标准 ATX 大板型制造,基于 Intel Z77 单芯片组设计,支持接口为 LGA1155 的第二/三代 Intel Core i7/Core i5/Core i3/ Pentium/Celeron 系列 CPU;提供 4 条 DIMM 内存插槽,支持双通道 DDR3 2400(超频)/ 2200(超频)/2133(超频)/2000(超频)/1866(超频)/1800(超频)/1600/1333 MHz 内存, 最大支持 32 GB;集成 Realtek ALC887 8 声道音效芯片,板载 Realtek RTL8111E 千兆网络芯片;提供 1 条 PCI-E 3.0 16X 显卡插槽,1 条 PCI-E 2.0 16X 显卡插槽,2 条PCI-E 1X 插槽,3 条 PCI 插槽;内部有 4 个 SATA II 接口,2 个 SATA III 接口,外部有 1 个 PS/2 键鼠通用接口,10 个 USB 2.0 接口(6 内置+4 背板),4 个 USB 3.0 接口(2 内置+2 背

板),1 个 VGA 接口,1 个 DVI 接口,1 个 HDMI 接口,1 个 RJ-45 网络接口,1 个光纤接口,1 组 6 声道音频接口;采用 6 相供电回路设计,搭配高品质固态电容以及全封闭式电感,保证了处理器供电的稳定。

图 3-39　华硕 P8Z77-V LX 主板

### 2. 技嘉 GA-F2A85XM-HD3

技嘉 GA-F2A85XM-HD3 主板的外观如图 3-40 所示,采用 Micro ATX 板型制造,基于 AMD A85X 单芯片组设计,支持接口为 Socket FM2 的第二/三代 AMD APU 系列 CPU;提供 2 条 DIMM 内存插槽,支持双通道 DDR3 1866/1600/1333/1066 MHz 内存,最大支持 64 GB;集成 Realtek ALC887 8 声道音效芯片,板载 Realtek RTL8111F 千兆网络芯片;提供 2 条 PCI-E 2.0 16X 显卡插槽,1 条 PCI-E 1X 插槽,1 条 PCI 插槽;内部有 8 个 SATA III 接口,外部有 1 个 PS/2 键鼠通用接口,8 个 USB 2.0 接口(4 内置+4 背板),4 个 USB 3.0 接口(2 内置+2 背板),1 个 VGA 接口,1 个 DVI 接口,1 个 HDMI 接口,1 个 RJ-45 网络接口,1 组 6 声道音频接口;采用 5 相供电设计,配以高品质全固态电容和全封闭式电感,完全满足处理器的供电需要。

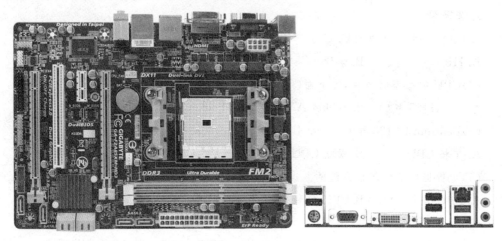

图 3-40　技嘉 GA-F2A85XM-HD3 主板

# 本章小结

本章主要介绍了 CPU 的主要技术参数及主流 CPU 技术,主板的主要技术参数和组成结构等。

CPU 是整个计算机的核心,是计算机硬件系统中最重要的组成部分。CPU 的发展非常迅速,CPU 技术的发展引领着个人计算机(PC)的发展方向。

CPU 的性能高低直接影响整个微机系统的数据处理速度和运行快慢,而 CPU 的主要技术参数可以综合地反映出 CPU 的性能。这些主要技术参数包括:字长、核心类型与数量、主频、外频、倍频、高速缓存、指令集、超线程技术、虚拟化技术、睿频技术、工作电压、制造工艺、封装技术等。目前 PC 市场主流的 CPU 都是 Intel 公司和 AMD 公司的 64 位多核 CPU。

主板是微机系统的重要部件之一,微机的所有部件都是通过主板直接或间接地连接组成了一个工作平台。主板在整个微机系统中扮演着举足轻重的角色,其性能影响着整个微机系统的性能。主板的主要技术参数有:主板的主芯片组及整合芯片,支持的 CPU 规格、内存规格、扩展插槽及 I/O 接口,主板的供电及板型等。

主板是微机系统中最大的一块电路板,包括了 PCB 基板、CPU 插座、主板芯片组、内存插槽、扩展插槽、磁盘和光盘接口、BIOS 与 CMOS 芯片、电源插座及主板供电单元、I/O 及硬件监控芯片、时钟发生器、机箱前置面板接口、其他外设接口等。目前几乎所有主板还集成了音频转换芯片和网络控制芯片,有的还集成了 IEEE 1394 控制芯片。

# 思考与习题

**1. 选择题**

(1)目前世界上有两大 CPU 生产商,分别是 Intel 和(　　)。

A. HP　　　　　　　　B. 华硕　　　　　　　　C. AMD　　　　　　　　D. VIA

(2)CPU 的插座有多种,但下面(　　)是并不存在的。

A. LGA1155　　　　　B. Socket AM3＋　　　　C. Socket 937　　　　　D. LGA2011

(3)Pentium G2120 和 Phenom II X2 属于(　　)。

A. 单核 CPU　　　　　B. 双核 CPU　　　　　　C. 三核 CPU　　　　　　D. 四核 CPU

(4)主板提供的计算机系统的基准频率是(　　)。

A. CPU 外频　　　　　B. CPU 倍频　　　　　　C. CPU 主频　　　　　　D. CPU 总线频率

(5)负责 I/O 接口及 USB、SATA 设备控制的主板芯片是(　　)。

A. 南桥芯片　　　　　B. 北桥芯片　　　　　　C. BIOS　　　　　　　　D. 中央处理器

**2. 简答题**

(1)CPU 的主要技术参数有哪些?

(2)什么是 CPU 的主频、外频和倍频? 它们之间的关系怎样?

(3)主板的主要技术参数有哪些?

(4)什么是南北桥芯片组? 什么是单芯片组?

(5)什么是多通道内存技术?

(6)主板包括哪些主要部件?

(7)市场调研或上网查询,写出一款主流 CPU 和一款主流主板的主要技术参数,注意两者要配套。参考网站如下:

中关村在线 http://www.zol.com.cn/

太平洋电脑网 http://www.pconline.com.cn/

泡泡网 http://www.pcpop.com/

天极网 http://www.yesky.com/

# 第4章

# 存储器

## ● 本章学习目标

- 掌握存储器的分类
- 掌握存储系统的层次结构
- 理解各种存储器的结构和工作原理
- 掌握各种存储器的主要技术参数

## 4.1 存储器概述

存储器是计算机中用来存储信息的部件,它能把计算机要执行的程序、数据及处理的中间结果和最终结果存储在计算机中,使计算机能自动连续的工作。因此,存储器是微机系统不可缺少的组成部分,是计算机中各种信息的存储和交流中心。

能够存储一位二进制信息的最小物理基体称为存储基元(Cell),若干个存储基元可组成一个存储单元,许多存储单元可构成一个存储体,存储体与存储器控制电路相配合就可构成存储器。

### 4.1.1 存储器的分类

存储器有多种分类方法,主要按以下来分类:

**1. 按存储介质分类**

存储介质是指存储二进制信息的物理载体,这种载体具有表现两种相反物理状态的能力。目前使用的存储介质主要有半导体器件、磁性材料和光学材料。

(1)半导体存储器:它是用半导体器件做成的存储器,从制造工艺的角度又可分为双极型和 MOS 型等,如各种存储芯片。

(2)磁表面存储器:它是用磁性材料做成的存储器,如磁盘存储器和磁带存储器。

(3)光表面存储器:它是用光学材料做成的存储器,如光盘存储器。

**2. 按在微机系统中的作用分类**

根据存储器在微机系统中所起的作用,存储器可分为主存储器、辅助存储器和高速缓冲存储器等。

(1)主存储器

主存储器又称为内存储器,简称内存。主存储器在主机内部,用来存放当前正在运行的程序和数据。主存储器与 CPU 及各种总线和接口电路(主板)一起构成微机主机,CPU 通过指令可以直接访问主存储器。现代微机采用半导体存储器作为内存,其特点是速度较快,但容量较小,价格较高。

（2）辅助存储器

辅助存储器又称为外存储器,简称外存。辅助存储器属于计算机的外部设备,通常用来存储 CPU 当前操作暂时用不到的程序和数据。辅助存储器主要有磁带、磁盘和光盘等。现代微机通常用软盘、硬盘和光盘作为辅助存储器,其中大容量硬盘（500 GB 以上）和 DVD-ROM 更是现代微机必不可少的外部存储器,用来存放各种程序和数据文件。其特点是存储容量极大,价格便宜,它所存储的大量信息在断电后也不会丢失,但速度较慢。

（3）高速缓冲存储器

高速缓冲存储器（Cache）是现代计算机系统中的一个高速小容量存储器,位于 CPU 和内存之间。在现代微机中,为了提高计算机的处理速度,利用高速缓存来暂存 CPU 正要使用的指令和数据,这样可以加快信息传递的速度。目前,高速缓存主要由高速静态存储器（SRAM）构成,大多集成在 CPU 内部,也可以集成在主板上。

## 4.1.2　存储系统的层次结构

微机系统对存储器的基本要求是容量大、速度快和成本低,但要想在一个存储器中同时兼顾这三个方面是很困难的。为了解决存储器的容量、速度、价格三者之间的矛盾,人们除了不断研制新的存储器件,改进存储性能外,还从存储系统结构上研究更加合理的结构模式,形成存储系统的多级层次结构。

存储系统的层次结构就是把不同存储容量、存取速度和价格的存储器按层次结构组成多层次存储器,并通过辅助硬件和管理软件有机组合成统一的整体,使所存放的程序和数据按层次分布在各种存储器中。目前,在计算机系统中通常采用三级层次结构来构成存储系统,主要由高速缓冲存储器 Cache、主存储器和辅助存储器组成,如图 4-1 所示。

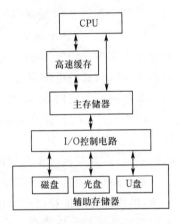

图 4-1　存储器系统的层次结构

对于容量要求很大的存储系统,仅仅采用单一结构的存储器是行不通的。它至少需要两种存储器:主存储器和辅助存储器。使用速度较快、容量不大的半导体存储器作为主存储器,而用容量大、价格较便宜的磁盘和光盘作为辅助存储器。把 CPU 当前正在运行的程序和数据放在主存中,把暂时不用的程序和数据放在辅存中。在程序执行过程中,不断地把位于辅存中的即将处理的信息调入主存,处理完毕的信息不断地调出主存,这个工作由计算机自动完成。在采用虚拟存储器技术的系统中,程序员面对的是一个既有主存速度、又有辅存容量的存储器整体,编程时可直接使用辅存容量的地址空间,而不必考虑主存的容量限制。虚拟存储技术较好地解决了存储系统的容量问题。

由于 CPU 处理指令和数据的速度比从主存储器存取指令和数据的速度快,因此主存储器存取速度成为系统"瓶颈"。为了解决存取速度问题,在系统结构上主要采用了下列措施。

（1）在 CPU 内部设置多个通用寄存器,以便存放中间数据,减少访问主存的次数,从而减少主存对 CPU 速度的影响。这种通用寄存器直接在 CPU 内部参与运算,其速度与 CPU 一样,是最快的。但在 CPU 内数量有限且只能用来存放中间数据,不属于存储系统。

(2)采用高速缓冲存储器(Cache)。Cache 的存取速度与 CPU 工作速度相当,容量较小,位于 CPU 和主存之间。它所存放的内容是当前机器运行中最活跃的一部分信息,是主存中部分信息的副本。它是根据程序的局部性原理而设计的,由于 CPU 执行的指令和访问的数据往往在集中的某一块,所以如果将当前执行指令的后续一部分调入 Cache 后,CPU 就直接访问 Cache 而不用再访问内存,只有当 CPU 所需信息不在 Cache 时才去访问主存。这样不断地用新的信息更新 Cache 的内容,就可使 CPU 的大部分信息访问操作在 Cache 中进行,以减少对慢速主存的访问次数。

目前 PC 市场的主流 CPU 内通常集成了 L1 Cache(一级缓存,通常为 32 KB～256 KB,又可分为一级指令缓存和一级数据缓存)、L2 Cache(二级缓存,通常为 512 KB～12 MB),有的还集成了 L3 Cache(三级缓存,通常为 4 MB～12 MB)。例如,Intel Core i5 750 CPU 内集成有每核心一级指令缓存和一级数据缓存各 128 KB、二级缓存超低延迟多核心共享 1 MB、三级缓存多核心共享 8 MB。

(3)采用多存储模块交叉存取。可以把主存分成多个模块,按顺序把信息交叉地存放到各个模块中。CPU 访问主存时,连续的信息可以从不同的存储模块中同时存取,从而提高了存取信息的平均速度。现代微机的多通道内存技术,可以从多个内存通道并行地访问多条内存条的内容,有效地提高了存储器的访问速度。

图 4-1 所示的存储系统多级层次结构由上向下分为 3 级,其容量逐渐增大,速度逐级降低,成本则逐次减少。整个结构又可以看成两个层次:它们分别是主存——辅存层次和 Cache——主存层次。整个层次结构中的每一种存储器都不再是孤立的存储器,而是一个有机的整体。它们在辅助硬件和操作系统的管理下,可把主存——辅存层次作为一个整体,形成的可寻址存储空间比主存存储空间大得多;由于辅存容量大、价格低,使得存储系统的整体平均价格降低。由于 Cache 的存取速度可以和 CPU 的工作速度相媲美,故 Cache——主存层次可以缩小主存和 CPU 之间的速度差距,从整体上提高存储器系统的存取速度;尽管 Cache 成本高,但由于容量较小,故不会使存储系统的整体价格增加很多。

综上所述,一个较大的存储系统由各种不同类型的存储器构成,这样的系统是一个具有多级层次结构的存储系统。该系统既有与 CPU 相近的速度,又有极大的容量,而价格又是较低的。采用多级层次结构的存储器系统可以有效解决存储器的速度、容量和价格之间的矛盾。

# 4.2　半导体存储器

大规模集成电路技术的发展使得半导体存储器的价格大大降低。现代微机的主存储器普遍采用半导体存储器,与以往相比,其特点是容量大、存取速度快、体积小、功耗低、集成度高、价格便宜。

半导体存储器按存取方式可分为两大类：随机存取存储器（RAM）和只读存储器（ROM）。其中 RAM 按采用器件可分为双极型存储器和 MOS 型存储器，而 MOS 型存储器按存储原理又可分为静态存储器（SRAM）和动态存储器（DRAM）；ROM 按存储原理可分为掩膜 ROM、可编程 PROM、光可擦除 EPROM、电可擦除 EEPROM 和闪速存储器 FlashROM 等，如图 4-2 所示。

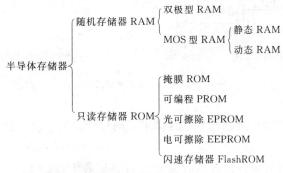

图 4-2　半导体存储器的分类

## 4.2.1　半导体存储器的基本结构

半导体存储器一般由地址译码器、存储矩阵、读/写控制逻辑和输入/输出电路等部分组成，其结构框图如图 4-3 所示。

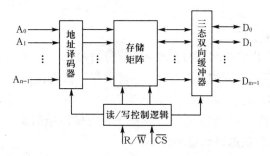

图 4-3　半导体存储器的结构框图

**1. 地址译码器**

地址译码器的功能为接收 CPU 发出的地址信号，产生地址译码信号，以便选中存储矩阵中的某个存储单元。存储矩阵中存储单元的编址方式有两种：单译码与双译码。

单译码方式适用于小容量的存储器，存储器中的存储单元呈线性排列。例如，在图 4-4(a) 所示的单译码结构图中，当地址信号线 $A_5 \sim A_0$ 输入为 000101 时便选择了第 5 个存储单元。

双译码方式适用于容量较大的存储器，将地址线分为行线和列线两组分别译码。例如，在图 4-4(b) 所示的双译码结构图中，当地址信号线 $A_5 \sim A_0$ 输入为 001010 时，行译码产生为 2，列译码产生为 1，则选中第 2 行第 1 列的存储单元。

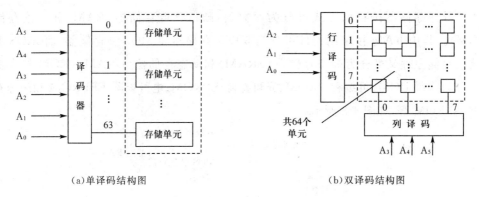

(a)单译码结构图　　　　　　　　　(b)双译码结构图

图 4-4　译码结构图

**2.存储矩阵**

存储体是能够存储二进制信息的存储单元的集合。为了便于信息的读/写,这些存储单元配置成一定的阵列并进行编址,所以也称存储体为存储矩阵。

存储体中每个具有唯一地址的存储单元可存储若干位(1 位、4 位、8 位等)二进制数据,所以一块芯片的存储容量为芯片的存储单元数与每个单元存储位数之积。例如,SRAM 2114 芯片有 10 根地址线和 4 根数据线,即存储单元数为 $2^{10}$,每个单元中的存储位数为 4,所以 2114 芯片的存储容量为 $2^{10} \times 4$ 位。

如果用只有 4 位数据线的存储芯片要构成一个字节(8 位)数据线,就需要 2 片 4 位的存储芯片,将地址线和控制线并联起来,而数据线各接高和低各 4 位,这样,一个唯一地址就驱动 2 片存储芯片,从而可以形成一个字节(8 位)数据。

**3.读/写控制逻辑**

CPU 发往存储芯片的控制信号主要有读/写信号($R/\overline{W}$)和片选信号 $\overline{CS}$ 等。只有当片选信号有效时,才可以对存储芯片进行读/写操作。值得注意的是:不同类型的半导体存储器其外围电路部分也各有不同,如在动态 RAM 中还要有预充、刷新等方面的控制电路,而对于一般的 ROM 芯片在正常工作状态下只有输出控制逻辑等。

**4.输入/输出电路(三态双向缓冲器)**

半导体存储器的数据输入/输出电路多为三态双向缓冲器结构,以便使系统中各存储器芯片的数据输入/输出端能方便地挂接到系统数据总线上。当对存储器芯片进行写入操作时,片选信号及写信号有效,数据从系统总线经三态双向缓冲器传送至存储器中相应的存储单元。当对存储芯片进行读出操作时,片选信号及读信号有效,数据从存储器中相应存储单元读出,经三态双向缓冲器传送至系统总线上。

## 4.2.2　半导体存储器的主要技术参数

**1.存储容量**

存储容量是指存储器芯片上能存储的二进制数的位数或字节数。如果一块芯片上有 N 个存储单元,每个可存放 M 位二进制数,则该芯片的容量用 $N \times M$ 位(b)表示,也可以表示为 $N \times M/8$ 字节(B)。

**2. 存取速度**

存取速度一般可以用存取时间和存取周期来衡量。

(1)存取时间:是指从启动一次存储器操作到完成该操作所经历的时间。例如,读出时间是指从 CPU 向存储器发出有效地址和读命令开始,直到将被选单元的内容读出为止所用的时间。显然,存取时间越小,存取速度越快。

(2)存取周期:是指连续启动两次读或写操作所需间隔的最短时间。一般情况下,存取周期略大于存取时间。

对于内存而言,现在的微机多用内存频率(内存数据传输频率)来体现内存储器的速度。例如,DDR3 1333 内存,是指内存条的数据传输频率为 1333 MHz,即数据传输率(数据带宽)为数据传输频率×内存总线位数/8=1333×64/8=10.6 GB/s。

此外,对存取速度有影响的还有内存时序参数,它用一串数字序列来标识,如"5-5-5-15"。4 个数字的含义依次为:

CAS Latency(CL、tCL):内存列地址选通到存取数据所需的延迟时间。

RAS-to-CAS Delay(tRCD):内存行地址传输到列地址的延迟时间。

Row-precharge Delay(tRP):内存行地址控制器预充电时间。

Row-active Delay(tRAS):内存行有效至预充电的延迟时间。

这些参数设置越小,内存处理数据越快,但是越不稳定;反之较慢,但是稳定性提高。一般情况下,在 BIOS 中设置自动获取内存时序参数,即把"DRAM Timing Selectable"设置为"By SPD"(如果超频,需要设置为"Manual"才可以修改时序参数)。

**3. 工作电压**

工作电压是指芯片工作时所需的电源电压。有的芯片只要单一电压,而有的要多种电压才能工作。

内存所需要的工作电压值,不同类型的内存,电压也不同,但各自均有自己的规格,超出其规格,容易造成内存损坏。DDR2 内存的工作电压一般在 1.8 V 左右,而 DDR3 内存则在 1.6 V 左右。电压一般允许在一定范围内浮动,略微提高内存电压,有利于内存超频,但是同时发热量大大增加,因此有损坏硬件的风险。

**4. 功耗**

功耗是指每个存储单元所消耗的功率,单位为 $\mu$W/单元,也可以用每块芯片总功率来表示功耗,单位为 mW/芯片。

## 4.2.3　随机存储器 RAM

所谓随机存取是指通过指令可以随机地对每个存储单元进行访问,这种存储器称为随机存取存储器,简称为随机存储器。

随机存储器 RAM 在掉电情况下,信息将全部丢失。RAM 根据原理又可分为静态 RAM 和动态 RAM。静态 RAM 存放的信息在不停电的情况下能长时间保留,状态稳定,只要不掉电,保存信息就不会丢失。动态 RAM 电路简单,集成度高,但其中保存的内容即使在不掉电的情况下,隔一定时间之后也会自动消失,因此要定时进行动态刷新,这就是"动态"名字的由来。

### 1. 静态 RAM(SRAM)

静态 RAM 的基本存储电路通常由 6 个 MOS 管组成,如图 4-5 所示。

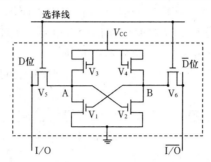

图 4-5  六管静态 RAM 存储电路

电路中 $V_1$、$V_2$ 为工作管,$V_3$、$V_4$ 为负载管,$V_5$、$V_6$ 为控制管。其中,由 $V_1$、$V_2$、$V_3$、$V_4$ 管组成了双稳态触发器电路,$V_1$ 和 $V_2$ 的工作状态始终为一个导通,另一个截止。$V_1$ 截止、$V_2$ 导通时,A 点为高电平,B 点为低电平;$V_1$ 导通、$V_2$ 截止时,A 点为低电平,B 点为高电平。所以,可用 A 点电平的高低来表示"1"和"0"两种信息。

写操作时,如果要写入"1",则在 I/O 线上加上高电平,在 $\overline{\text{I/O}}$ 线上加上低电平,并通过地址选择线使 $V_5$、$V_6$ 管导通,把高、低电平分别加在 A、B 点,即 A = "1",B = "0",使 $V_1$ 管截止,$V_2$ 管导通。当输入信号和地址选择信号撤销以后,$V_5$、$V_6$ 管都截止,$V_1$ 和 $V_2$ 管仍保持被写入时的状态不变,从而将"1"保持在存储电路中。此时,各种干扰信号不能进入 $V_1$ 和 $V_2$ 管。所以,只要不掉电,写入的信息不会丢失。写入"0"的操作与其类似,只是在 I/O 线上加上低电平,在 $\overline{\text{I/O}}$ 线上加上高电平而已。

读操作时,若该基本存储电路被选中,则 $V_5$、$V_6$ 导通,于是 A、B 两点分别与位线 I/O 和 $\overline{\text{I/O}}$ 接通,存储的信息被送到 I/O 与 $\overline{\text{I/O}}$ 上。读出信息后,原存储的信息不变。

由于静态 RAM 的基本存储电路中管子数目较多,故集成度较低,此外,$V_1$ 和 $V_2$ 管始终有一个处于导通状态,使得静态 RAM 的功耗比较大。但是静态 RAM 不需要刷新电路,所以简化了外围电路,而且读写速度很快。目前微机使用的 Cache 就属于静态 RAM。

### 2. 动态 RAM(DRAM)

动态 RAM 与静态 RAM 不同,动态 RAM 的基本存储电路是利用电容存储电荷的原理来保存信息,由于电容上的电荷会逐渐泄漏,因而对动态 RAM 必须定时进行动态刷新,使泄漏的电荷得到补充。单管动态 RAM 的基本存储电路如图 4-6 所示。

单管动态 RAM 的基本存储电路只有一个电容和一个 MOS 管,是最简单的存储结构。在这样一个基本存储电路中,存放的信息到底是"1"还是"0",取决于电容中有没有电荷。在保持状态下,行选择线为低电平,V 管截止,使电容 $C$ 基本没有放电回路(当然还有一定的泄漏),

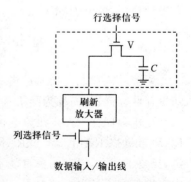

图 4-6  单管动态 RAM 存储电路

其上的电荷可暂存数毫秒或者维持无电荷的“0”状态。

在对其读操作时,行选择线为高电平,则位于同一行的所有基本存储电路中的 V 管都导通,于是刷新放大器读取对应电容 $C$ 上的电压值,但只有列选择信号有效的基本存储电路才可以输出信息。刷新放大器的灵敏度很高,放大倍数很大,并且能将读到的电容上的电压值转换为逻辑“0”或者逻辑“1”。在读出过程中,选中行上所有基本存储电路中的电容都受到了影响,为了在读出信息之后仍能保持原有的信息,刷新放大器在读取这些电容上的电压值之后又立即进行重写。

在对其写操作时,行选择信号使 V 管处于导通状态,如果列选择信号也为“1”,则此基本存储电路被选中,于是由数据输入/输出线送来的信息通过刷新放大器和 V 管送到电容 $C$。

动态 RAM 的集成度很高,价格较便宜,但需要刷新电路,且读写速度较慢。目前微机使用的内存条都属于动态 RAM。

## 4.2.4　只读存储器 ROM

ROM 芯片与 RAM 芯片的内部结构类似,与 RAM 的最大不同是掉电后信息不丢失,能长久地保存信息。目前很多种 ROM 不仅是只读,而且能重复写入。按存储原理及生产工艺的不同,可分为以下几类 ROM。

### 1. 掩膜 ROM

掩膜 ROM 中存储的信息是在制造过程中写入的。生产芯片的厂家制造这种只读存储器时,采用光刻掩膜技术,将信息置入其中。即将单管电极按需要光刻在存储单元中,未置入单管的位存的是“1”,置入单管的位存的是“0”。掩膜 ROM 制成后,存储的信息就不能再改写,用户使用时,不能写入,只能进行读出操作。

### 2. 可编程 PROM

可编程 PROM 允许用户自己编程一次。这种芯片在出厂时各单元内容全为“0”,用户可用专门的 PROM 写入器(或称编程器)将信息写入,这种写入是破坏性的,即某个存储位一旦写入“1”,就不能再变为“0”,因此对这种存储器只能进行一次编程,信息一次写入后,只能读出,不能修改。PROM 芯片的外观如图 4-7 所示。

### 3. 光可擦除 EPROM

光可擦除 EPROM 芯片的外观与一般集成电路不同,中间有一个能通过紫外线的石英窗口,如图 4-8 所示。对其写入时,要用 EPROM 写入器(或称编程器)将信息写入到 EPROM 芯片中。擦除时,将芯片放入擦除器的小盒中,用紫外灯照射约 15 分钟,使各单元内容均为 FFH,说明原信息已被全部擦除,恢复到出厂状态。写好信息的 EPROM 为了防止因光线长期照射而引起的信息破坏,常用遮光胶纸贴于石英窗口上。

EPROM 的擦除是对整个芯片进行的,不能只擦除个别单元或个别位,擦除时间较长,且擦写均需离线操作,使用起来不方便。过去的 286、386、486 微机的 BIOS 常采用这种芯片。

　　图 4-7　PROM 芯片

　　图 4-8　EPROM 芯片

### 4. 电可擦除 EEPROM

　　电可擦除 EEPROM(或称 E$^2$PROM)是一种采用 SAMOS 、MNOS 或 FLOTOX 工艺生产的可擦除可编程的只读存储器。擦写时只需加编程电压对指定单元(1 个字节)产生电流,形成"电子隧道",对该单元信息进行擦写,其他未通电流的单元内容保持不变。EEPROM 具有对单个存储单元在线擦除与编程的能力,而且芯片封装简单,对硬件线路没有特殊要求,操作简便,信息存储时间长。因此,EEPROM 给需要经常修改程序和参数的应用领域带来了极大的方便。但 EEPROM 集成度低、存取速度较慢、价格较高。

　　Pentium 级微机系统的 BIOS 就常使用这种芯片。需要升级 BIOS 时,把升级跳线开关打至"ON"的位置,即给芯片加上相应的编程电压,就可以方便地利用 BIOS 升级程序刷新 BIOS 中的信息,以实现升级;平时使用时,则把跳线开关打至"OFF"的位置,防止 CIH 类的病毒对 BIOS 芯片的非法修改。其外观如图 4-9 所示。

### 5. 闪速存储器 FlashROM

　　闪速存储器 FlashROM(或称 Flash Memory)是一种新型的半导体存储器,是 EEPROM 的改进产品。这种存储器对数据的擦除不是以单个的字节为单位而是以固定的区块为单位进行的,区块大小一般为 256 KB～20 MB(不同的 FlashROM 大小不同),并且其组成存储单元的电路不同,使其具有可靠的非易失性、电擦除性、大容量、高速度及低成本等优点,因此成为用于程序代码和数据存储的理想载体。

　　目前的微机大都采用此类芯片存放 BIOS,使 BIOS 升级非常方便。此外 FlashROM 还普遍应用于 MP3 播放器、数码相机、手机、U 盘等数码产品,且随着其集成度不断提高,价格逐步降低,应用也越来越广泛。主板上的 BIOS 和 USB 闪存盘的 FlashROM 芯片如图 4-10 所示。

　　图 4-9　EEPROM 芯片

　　图 4-10　FlashROM 芯片

## 4.2.5　微机的内存条

　　微机的内存储器包括随机存储器 RAM(内存条)和只读存储器 ROM(BIOS)。而平常说的内存主要指随机存储器(内存条),目前微机使用的内存条都属于动态 RAM。

### 1. 内存条的结构

　　下面以如图 4-11 所示的 DDR3 SDRAM 为例,介绍内存条的结构。

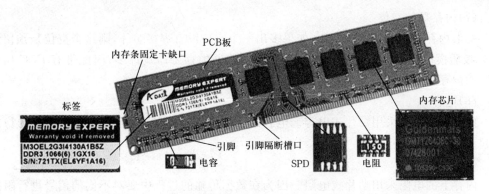

图 4-11　DDR3 SDRAM 内存条的结构

（1）PCB 板

内存的 PCB 板多数是绿色的，也有红色的，电路板都采用多层设计，有 4 层或 6 层的。理论上 6 层 PCB 板比 4 层 PCB 板的电气性能要好，性能也更稳定，所以名牌内存多采用 6 层 PCB 板制造。因为 PCB 板制造严密，所以从肉眼上较难分辨 PCB 板是 4 层或 6 层，只能借助一些印在 PCB 板上的符号或标识来判断。

（2）引脚

金色的引脚是内存与主板内存槽接触的部分，通常称为金手指。金手指是铜质导体（高档的镀金），使用时间长就可能被氧化，影响内存的正常工作，以致发生无法开机的故障。每隔一年左右的时间，用橡皮擦擦一遍被氧化的金手指就可以解决这个问题了。

（3）内存条固定卡缺口

主板的内存插槽上有两个卡子，用来牢固地扣住内存，内存上的缺口便是用于固定内存的。

（4）金手指缺口（引脚隔断槽口）

金手指缺口的作用，一是用来防止内存插反（靠近一侧），二是用来区分不同类型的内存。

（5）内存芯片（内存颗粒）

内存上的内存芯片也称为内存颗粒，内存的性能、速度、容量都是由内存芯片决定的。内存芯片上都印刷着标识，这是了解内存性能参数的重要依据。

内存上焊接的内存芯片有单面和双面之分。单面内存条只有一面焊接有一组（Bank）内存芯片；双面内存条则两面都焊接有内存芯片。单、双面内存条区别很小，但同等容量的内存条，单面的比双面的集成度要高，工作起来更稳定，所以应尽量购买单面内存条。

（6）SPD 芯片

SPD（Serial Presence Detect，串行存在检测）是一颗 8 脚、容量为 256 B 的 EEPROM 芯片。SPD 芯片内记录了该内存的许多重要参数，如芯片厂商、内存厂商、工作频率、容量、电压、行地址/列地址数量、是否具备 ECC 校验、各种操作时序参数（如 CL、tRCD、tRP、tRAS）等，用于供主板的 BIOS 读取。

（7）内存颗粒空位

一般内存每面焊接 8 片芯片，如果多出一个空位没有焊接芯片，则这个空位是预留给 ECC 校验模块的。带 ECC 校验的内存价格比普通内存要昂贵许多，因此带有 ECC 校验功能的内存绝大多数都是服务器内存。

（8）电容

内存上的电容采用贴片式电容。电容的作用是滤除高频干扰，它为提高内存的稳定性起了很大作用。

（9）电阻

内存上的电阻采用贴片式电阻。因为在数据传输的过程中要对不同的信号进行阻抗匹配和信号衰减，所以许多地方都要用到电阻。在内存的 PCB 板设计中，使用什么样阻值的电阻往往会对内存的稳定性产生很大影响。

（10）标签

内存上一般贴有一张标签，上面印有厂商名称、容量、内存类型、生产日期等内容，其中还可能有运行频率、时序参数、工作电压和一些厂商的特殊标识。内存标签是了解内存性能参数的重要依据。

（11）散热器

对于 DDR2、DDR3 内存条，由于发热量较大，有些会外加散热片，以提高散热效果。带有散热片的内存条如图 4-12 所示。

图 4-12    带有散热片的内存条

**2. 内存条介绍**

（1）SDRAM 内存条

SDRAM（Synchronous DRAM，同步动态随机存储器）内存条共有 168（84×2 面）个引脚，因此又称为 168 线内存。SDRAM 是 Pentium II/III 档次微机使用的一种内存类型，常见容量有 32 MB、64 MB、128 MB 和 256 MB 等，其外观如图 4-13 所示。

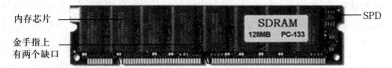

图 4-13    SDRAM 内存条

在 SDRAM 中，其 DRAM 核心频率与内存 I/O 时钟频率以及数据传输频率是一样的，数据在内存 I/O 时钟每个脉冲的上升沿期传输一次。以 PC100 SDRAM 为例，它的核心频率、内存 I/O 时钟频率、数据传输频率分别是 100 MHz、100 MHz、100 MHz。PC100 SDRAM 的工作原理如图 4-14 所示。

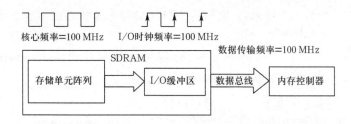

图 4-14　PC100 SDRAM 的工作原理

(2)DDR SDRAM 内存条

DDR SDRAM(Dual Date Rate SDRAM,双倍速率 SDRAM)内存条用在 Pentium 4 等级别的微机上。DDR SDRAM 有 184 个引脚,常见容量有 128 MB、256 MB、512 MB 等,其外观如图 4-15 所示。

图 4-15　DDR SDRAM 内存条

DDR SDRAM 采用 2 bit 数据预读取技术,数据通过两条线路同步传输到内存 I/O 缓存区(I/O Buffers),在内存 I/O 时钟每个脉冲的上升沿期和下降沿期各传输一次 (DDR 技术)。其内存 I/O 时钟频率等于核心频率,数据传输频率为内存 I/O 时钟频率的 2 倍。以 DDR200 为例,它的核心频率、内存 I/O 时钟频率、数据传输频率分别是 100 MHz、100 MHz、200 MHz。DDR200 的工作原理如图 4-16 所示。

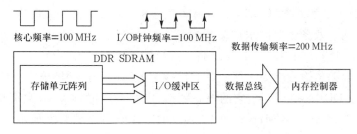

图 4-16　DDR200 的工作原理

(3)DDR2 SDRAM 内存条

DDR2 SDRAM 内存条用在 Intel LGA775 接口的 Pentium 4/D、Core 2 和 AMD Athlon 64 X2、Phenom 等级别的微机上。DDR2 SDRAM 有 240 个引脚,内存条的 SPD 芯片与 DDR 内存不同,其常见容量有 512 MB、1 GB、2 GB 等,其外观如图 4-17 所示。

图 4-17　DDR2 SDRAM 内存条

DDR2 与 DDR 的基本原理类似。DDR2 采用 4 bit 数据预读取技术,数据通过四条 线路同步传输到内存 I/O 缓存区(I/O Buffers),在内存 I/O 时钟每个脉冲的上升沿期和下降沿期各传输一次(DDR 技术)。其内存 I/O 时钟频率为核心频率的 2 倍,数据传输频率为内存 I/O 时钟频率的 2 倍,则数据传输频率实际上是核心频率的 4 倍。以 DDR2-400 为例,它的核心频率、内存 I/O 时钟频率、数据传输频率分别是 100 MHz、200 MHz、400 MHz。DDR2-400 的工作原理如图 4-18 所示。

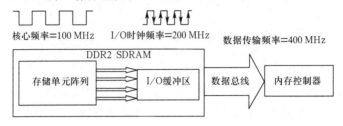

图 4-18    DDR2-400 的工作原理

(4)DDR3 SDRAM 内存条

DDR3 SDRAM 内存条用在 Intel Core i、Core 2 和 AMD APU、FX 等级别的微机上。DDR3 与 DDR2 一样,也有 240 个引脚,但 DDR3 引脚隔断槽口与 DDR2 不同,DDR3 内存左右两侧固定卡口也与 DDR2 不同,其常见容量有 1 GB、2 GB、4 GB 等。DDR3 的外观如图 4-19 所示。

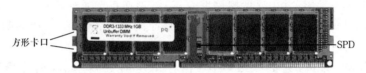

图 4-19    DDR3 SDRAM 内存条

DDR3 与 DDR2 的基本原理类似,没有本质区别。DDR3 进一步改进为 8 bit 数据预读取技术,数据通过八条线路同步传输到内存 I/O 缓存区(I/O Buffers),在内存 I/O 时钟每个脉冲的上升沿期和下降沿期各传输一次(DDR 技术)。其内存 I/O 时钟频率为核心频率的 4 倍,数据传输频率为内存 I/O 时钟频率的 2 倍,则数据传输频率实际上是核心频率的 8 倍。以 DDR3-800 为例,它的核心频率、内存 I/O 时钟频率、数据传输频率分别是 100 MHz、400 MHz、800 MHz。DDR3-800 的工作原理如图 4-20 所示。

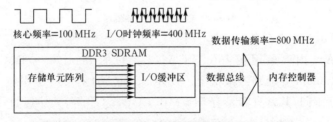

图 4-20    DDR3-800 的工作原理

# 4.3    硬盘存储器

硬盘存储器是外存储设备的主要类型,用于存储大量的程序和数据。通常计算机将所有程序和数据都存储在硬盘或光盘上,并根据需要将要运行的程序和数据调入主存储器中。硬盘存储器读写速度较慢,但存储容量较大,价格较低。现在的硬盘存储器容量一般从几百 GB 到几 TB(1 TB＝1024 GB)。随着计算机技术的发展,硬盘存储器的存储容量每年都在增加。

## 4.3.1　硬盘技术的发展

说到硬盘的发展历程,不得不提 IBM 公司。世界上第一块硬盘就是由 IBM 公司发明并制造的。在整个硬盘技术发展的过程中,几乎每一项革命性的硬盘技术都与 IBM 公司有着联系。

1956 年 9 月,IBM 公司的一个工程小组向世界展示了第一台磁盘存储系统 IBM 305 RAMAC(Random Access Method of Accounting and Control),如图 4-21 所示,它的磁头可以直接移动到盘片上的任何一块存储区域,从而成功地实现了随机存储。由于受到技术的限制,当时这套系统的总容量只有 5 MB,共使用了 50 个直径为 24 in 的磁盘。这些盘片表面涂有一层磁性物质,它们被叠起来固定在一起,绕着同一个轴旋转。RAMAC 在当时主要用于机票预约、自动银行、医学诊断及太空领域,普通用户根本没有机会用到。

图 4-21　IBM 305 RAMAC

由于 RAMAC 庞大的体积和低效的性能,1968 年 IBM 公司又提出了"温彻斯特/Winchester"技术,即所谓"温盘"技术。"温彻斯特"技术的精髓是:磁盘盘片被固定在一个密封的空间内,并以主轴为中心高速旋转;磁头沿盘片径向移动,并悬浮在高速转动的盘片上方不与盘片直接接触进行存取。这就是现代硬盘的原型。在此项技术提出后的5 年,即 1973 年,IBM 公司制造出了第一块采用"温彻斯特"技术的硬盘,从此硬盘技术的发展有了大致的结构基础,现在所用的机械硬盘大多都是此技术的延伸。

最近几年新推出了一种固态硬盘(SSD)的存储器,它代表了未来硬盘发展的方向。固态硬盘是一种以闪存或 DRAM 作为存储介质的新型存储设备。相比传统的机械硬盘,它具有读写速度快、发热量低、无噪音、抗震、体积小等特点。但是由于其制造成本高、容量小以及使用寿命短等缺点,导致固态硬盘在现阶段还无法取代机械硬盘的地位。

## 4.3.2　硬盘的结构和工作原理

目前 PC 市场的主流硬盘产品的尺寸是 3.5 in 和 2.5 in。3.5 in 硬盘主要用在台式机中,绝大多数是 SATA 接口硬盘,IDE 接口硬盘还有较少的保有量,SCSI 接口硬盘主要用于服务器上,一般用户很少使用;2.5 in 硬盘主要用于笔记本电脑和移动硬盘。

**1.硬盘的外部结构**

从外观上看,硬盘由电源接口、数据接口、跳线、控制电路板、固定盖板等组成,如图 4-22 所示。

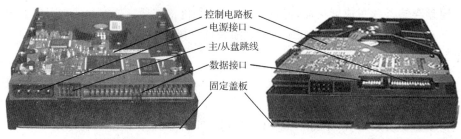

(a)IDE接口硬盘外部结构    (b)SATA接口硬盘外部结构

图 4-22    硬盘外部结构

（1）电源接口

电源接口与机箱电源相连，为硬盘工作提供电源。IDE 硬盘的电源接口为 4 针接口，而 SATA 硬盘的电源接口为 15 针接口。

（2）数据接口

数据接口是硬盘和主板之间进行数据传输的通道。根据连接方式的差异，分为 IDE、SATA 等接口。IDE 接口为 40 根针，数据线分 40 线和 80 线两种（80 线支持 Ultra ATA/66 或 Ultra ATA/100 的功能）；SATA 使用 7 针接口。

（3）跳线

IDE 接口硬盘上的跳线是设置主从硬盘时使用的，如果一根数据线上挂两个 IDE 硬盘时，则一个跳成主硬盘，另一个跳成从硬盘。

（4）控制电路板

控制电路板采用贴片式元器件焊接，包括主轴调速电路、磁头驱动与伺服定位电路、读写电路、控制与接口电路等。在电路板上还有一块高效的 ROM 芯片，其固化的软件可以进行硬盘的初始化、加电和启动主轴电动机、加电初始寻道、定位及故障检测等。此外，在电路板上还安装有高速缓存芯片，通常容量为 16 MB 或 32 MB，而目前最新产品为了获得更高的传输效率，其缓存容量也逐步增大。

（5）固定盖板

硬盘的固定盖板面板上标注有产品的型号、产地、设置数据等，它与底板结合成一个密封的整体，以保证硬盘的稳定运行。

**2. 硬盘的内部结构**

硬盘内部由头盘组件和前置读写控制电路组成，如图 4-23 所示。它们被密封在一个非常洁净的腔体内工作，万万不可随意开启外壳。

图 4-23    硬盘的内部结构

（1）头盘组件

头盘组件是硬盘的核心部分，包括盘体、主轴组件、读写磁头组件与磁头驱动机构等主要部件，每一个组成部分都是由高度精密的机械零件组装而成。

①盘体由单个或多个盘片重叠在一起组成，这些盘片是一些表面极为平整光滑的合金（或玻璃）圆片，并涂有记录数据的磁性物质，是数据存储的载体，即保存文件的地方。

②主轴组件（主轴电机）是专门带动盘体做高速旋转的装置，能够带动硬盘达到相当高的转速。目前主流硬盘的转速在每分钟 7200 转以上。

③读写磁头组件与磁头驱动机构两者由驱动臂连接在一起，构成一个整体装置。读写磁头组件负责读取及写入数据时与盘片表面的磁性物质发生作用；磁头驱动机构（寻道电机）负责带动磁头寻道。

（2）前置读写控制电路

前置读写控制电路也称为前置放大电路。其主要作用是：当数据信息需要写入时，负责将二进制码转换为能够改变电流大小的模拟信号，并传向磁头；当读取数据时，负责将磁头读到的模拟信号转换成二进制码并加以放大。

**3. 硬盘的工作原理**

硬盘的盘片在逻辑上被划分为盘面（Side）、磁道（Track）、柱面（Cylinder）以及扇区（Sector），如图 4-24 所示。它由生产厂家设计定型生产及出厂前低级格式化完成，使用者无须再进行低级格式化操作。因为低级格式化对硬盘有损耗，不到万不得已，应尽量不低级格式化硬盘。

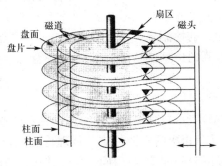

图 4-24　硬盘的逻辑结构

（1）盘面（磁面）是组成盘体各盘片的上下两个盘面，第一个盘片的第一面为 0 盘面，下一面为 1 盘面；第二个盘片的第一面为 2 盘面，依此类推。由于每个盘面对应一个读写磁头，因此在对盘面进行读写操作时，也可称为磁头 0、1、2……

（2）磁道是在盘片上划分出来的若干同心圆。最外层的磁道为 0 道，并向着盘面中心增长。其中，在最靠近中心的部分不记录数据，称为着陆区（Landing Zone），是硬盘每次启动或关闭时，磁头起飞和停止的位置。

（3）柱面是所有盘片上半径相同的磁道构成的一个圆柱。柱面和磁道的编号是一样的。数据的读/写按柱面进行，而不按盘面进行。即磁头读/写数据时，首先在同一柱面内从 0 磁头开始进行操作，依次向下在同一柱面不同盘面上的磁头进行操作，只有当同一柱面的所有磁头全部读/写完毕后，磁头组件才转移到下一柱面。这样可以提高硬盘的读/写效率。

（4）扇区是磁盘存取数据的最基本单位，是将每个磁道若干等分后的一个弧段（扇形区域）。每个磁道包含的扇区数目相等。扇区的起始处包含了扇区的唯一地址标识 ID，扇区与扇区之间以空隙隔开，便于操作系统识别。扇区的编号从 1 计起。每个扇区一般为 512 B。

硬盘作为一种磁表面存储器，是在合金（或玻璃）基片表面涂上一层很薄的磁性材料，通过表面磁层的磁化来存储信息。硬盘不工作时，磁头停留在着陆区。当需要从硬盘读写数据时，主轴电机带动盘片开始旋转。旋转速度达到额定的高速时，盘片在高速旋转下产生的气流浮力迫使磁头离开盘面悬浮在盘片上方，浮力与磁头座架弹簧的反向弹力使得磁头保持平衡，这时磁头才向盘片存放数据的区域移动。根据系统给出的存取数据的地址，首先按磁道号由寻道伺服电机驱动磁头径向移动进行定位，然后再通过盘片的转动找到具体的扇区，最后由磁头存取指定位置的信息。

## 4.3.3　硬盘的主要技术参数

### 1. 容量

硬盘的容量是衡量一块硬盘最重要的技术参数，也是用户购买时最为关心的参数。硬盘的容量是由盘面数（磁头数）、柱面数（磁道数）和扇区数决定的，其计算公式为：

$$硬盘容量＝盘面数×柱面数×扇区数×512\ Byte$$

硬盘往往由多个盘片叠加而成，因此，硬盘容量还可以这样计算：

$$硬盘容量＝单碟容量×碟片数（单个盘片容量×盘片数）$$

硬盘的单碟容量对硬盘的性能有一定的影响。单碟容量越大，硬盘的密度就越高，磁头在相同时间内可以存取到的信息就越多。因此，在硬盘总容量相同的情况下，应尽量优先选购碟片少的硬盘。

### 2. 转速

硬盘转速单位为 RPM，表示每分钟能转多少转。硬盘转速对硬盘数据的内部传输率有直接的影响，也是决定硬盘档次的重要标志。从理论上说，转速越快越好，因为较高的转速可缩短硬盘的平均寻区时间和读/写时间。但在转速提高的同时，硬盘的发热量会增加，稳定性会有一定程度的降低。如今主流硬盘的转速为 7200 rpm。

### 3. 平均访问时间

平均访问时间是指磁头从起始位置到达目标磁道位置，并且从目标磁道上找到要读写的数据扇区所需的时间。平均访问时间体现了硬盘的读写速度，它包括了硬盘的寻道时间和等待时间。即：平均访问时间＝平均寻道时间＋平均等待时间。

平均寻道时间是指硬盘的磁头移动到盘面指定磁道所需的时间。这个时间当然越小越好，目前主流硬盘的平均寻道时间一般都在 9 ms 以内。

等待时间又称为潜伏期，是指磁头已处于要访问的磁道，等待所要访问的扇区旋转至磁头下方的时间。平均等待时间为盘片旋转一周所需时间的一半，一般应在 4 ms 以下。

### 4. 缓存容量

缓存（Cache）是硬盘控制器上的一块存储芯片，具有极快的存取速度。它是硬盘内部存储和外界接口之间的缓冲器,是硬盘与外部总线之间交换数据的场所。硬盘通过磁头在盘片上来回移动读写数据,速度比较慢;硬盘缓存提供这样一个缓冲区域,把从硬盘读取的数据暂时保存,然后一次性传输出去,或者把从总线传输来的数据暂时保存,然后逐渐写入硬盘。目的是解决硬盘与计算机其他部件速度不匹配的问题。

理论上缓存的容量越大越好,大容量的缓存能明显提高硬盘性能,目前主流硬盘的缓存容量都在 32 MB 以上。

### 5. 接口

由于接口技术的不同,硬盘接口类型决定了硬盘外部的传输速度。目前常见的硬盘接口类型有 3 种:

(1)IDE

IDE(Integrated Drive Electronics,电子集成驱动器)接口是并口硬盘的标准接口。IDE 的发展过程一共经历了 ATA、Ultra ATA、Ultra DMA 等几个阶段。但由于其受到传输率的限制,目前已经逐渐淡出市场。

(2)SATA

SATA(Serial ATA,串行高级技术附件)接口是串口硬盘的标准接口,支持热插拔。

SATA 接口分为 3 个标准,它们是 SATA 1.0,定义的数据传输率可达 150 MB/s,这比以前的 IDE 接口硬盘所能达到 133 MB/s 最高数据传输率还高;SATA 2.0,定义的数据传输率可达 300 MB/s;SATA 3.0,定义的数据传输率可达 600 MB/s。目前主流的硬盘接口为 SATA 3.0。

(3)SCSI

SCSI(Small Computer System Interface,小型计算机系统接口),最早研制于 20 世纪 70 年代末。SCSI 的发展经历了 SCSI-1、SCSI-2(Fast SCSI)、SCSI-3(Ultra SCSI)以及目前的 SAS(串行 SCSI)等几个阶段。SCSI 接口的硬盘具有转速快(一般在 10000 rpm 以上)、缓存容量大、CPU 占用率低、支持热插拔等特点,一般应用于服务器上,在普通家用计算机上使用很少。

### 6. 传输速率

传输速率包括硬盘的内部数据传输率和外部数据传输率。

内部数据传输率也称为持续数据传输率,单位为 MB/s。它是指磁头至硬盘缓存间的最大数据传输率,一般取决于硬盘的盘片转速和盘片线性密度。

外部数据传输率也称为突发数据传输率或接口传输率,单位为 MB/s。它是指系统总线与硬盘缓冲区之间的数据传输率,外部数据传输率与硬盘接口类型和硬盘缓存的大小密切相关。

### 7. NCQ 技术

NCQ(Native Command Queuing,全速命令队列)是被设计用于改进在日益增加负荷情况下硬盘的性能和稳定性的技术。当应用程序发送多条读/写命令到硬盘时,支持 NCQ 技术的硬盘可以优化这些读/写命令的顺序,按照它们访问硬盘地址的距离进行重新排列以实现智能数据管理,减少了磁头臂来回移动的时间和次数,从而降低机械负荷达到提升性能和稳定性的目的。目前的主流硬盘都支持 NCQ 技术。

**8. 连续无故障时间**

连续无故障时间(Mean Time Between Failure,MTBF)是指硬盘从开始运行到出现故障的最长时间。一般硬盘的 MTBF 至少在 30 000 或 40 000 小时。

## 4.3.4　硬盘的数据结构

硬盘上的数据按照其不同的特点和作用大致可分为 5 个部分:主引导扇区、操作系统引导扇区(OBR)、文件分配表(FAT)、目录区(DIR)和数据区(DATA)等。

**1. 主引导扇区**

主引导扇区位于整个硬盘的 0 磁头 0 柱面 1 扇区,它由主引导程序 MBR(Master Boot Record)、硬盘分区表 DPT(Disk Partition Table)和结束标识(55AA)三部分组成。硬盘主引导扇区占据一个扇区,共 512 个字节。其中,MBR 占 446 个字节,DPT 占 64 个字节,结束标识占 2 个字节。

主引导扇区包含了硬盘的一系列参数和一段引导程序。其中硬盘主引导程序的主要作用是:检查分区表是否正确,以及确定哪个分区为活动分区,并在程序结束时将控制权交给活动分区的引导程序。主引导程序是由硬盘分区软件(如 Fdisk)产生的,它不依赖于任何操作系统。

**2. 操作系统引导扇区**

操作系统引导扇区(又称分区引导扇区)简称 OBR(OS Boot Record),位于硬盘的每个逻辑盘(主分区和逻辑分区)的 1 扇区,由高级格式化命令产生。硬盘中每个主分区和逻辑分区都有一个 OBR,其参数视分区的大小、操作系统的类别而有所不同。

OBR 主要包括一个引导程序和一个本分区参数记录表即 BPB(BIOS Parameter Block)。其中,引导程序的任务是:当 MBR 将系统控制权交给它时,判断本分区根目录前两个文件是不是操作系统的引导文件。如果确定是操作系统的引导文件,就将其读入内存,并把控制权交给该文件。活动分区的引导扇区就属于此类。

在操作系统引导扇区中,BPB 分区表参数块记录着本分区的起始扇区、结束扇区、文件存储格式、硬盘介质描述符、根目录大小、FAT 个数、分配单元(Allocation Unit)的大小等重要参数。

**3. 文件分配表**

文件分配表简称 FAT(File Allocation Table),是系统的文件寻址系统,顾名思义,就是用来表示磁盘文件的空间分配信息的。

磁盘文件在硬盘中存取是以簇为单位的。磁盘是由一个一个扇区组成的,若干个扇区合为一个簇,文件占用磁盘空间,基本单位不是字节而是簇(即使文件只有一个字节,也要占用一个簇)。每个簇在文件分配表中都有对应的表项,簇号即为表项号。同一个文件的数据并不一定完整地存放在磁盘的一个连续的区域内,而往往会分成若干段,像一条链子一样存放,这种存储方式称为文件的链式存储。同文件的各个文件段之间的连接信息就保存在 FAT 表中。正是由于 FAT 表保存着文件段与段之间的连接信息,所以操作系统在读取文件时,总是能够准确地找到文件各段的位置并正确读出。由于 FAT 对于文件管理的重要性,所以 FAT 有一个备份,即在原 FAT 的后面再建一个同样的 FAT。

#### 4.目录区

目录区简称为 DIR(Directory),它紧接在第二 FAT 表之后,记录着根目录下每个文件(目录)的起始单元、文件的属性等。定位文件位置时,操作系统根据 DIR 中的起始单元,结合 FAT 表就可以知道文件在硬盘中的具体位置和大小。

#### 5.数据区

数据区简称为 DATA,是真正意义上的数据存储的地方,位于 DIR 区之后,占据硬盘上的大部分数据空间。当将数据复制到硬盘时,数据就存放在 DATA 区。

### 4.3.5　固态硬盘

固态硬盘(Solid State Disk)简称 SSD。相对机械硬盘的主轴旋转工作模式,SSD 并无机械部分,所以被称为固态硬盘。固态硬盘的接口规范、定义、功能及使用方法与机械硬盘完全相同。

SSD 的结构十分简单,主要由 PCB 板、控制单元和存储单元组成,如图 4-25 所示。

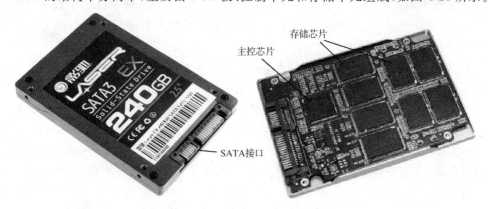

图 4-25　固态硬盘外观与内部结构图

(1)控制单元:主控芯片是固态硬盘的中枢,其作用一是合理调配数据在各个闪存芯片上的负荷,二是承担整个数据的中转,连接闪存芯片和外部 SATA 接口。不同的控制单元在数据处理能力和算法方面有较大区别,因此在闪存芯片的读/写控制上也会有非常大的区别。目前控制单元大多使用的是由 SandForce、Marvell、Samsung 等公司生产的控制芯片。

(2)存储单元:分为基于闪存(FlashROM)和基于动态 RAM(DRAM)的两种存储介质,由于基于 DRAM 的固态硬盘需要独立电源供电来保持数据,极不方便,因此基于DRAM 的固态硬盘使用量很少。目前市面上大多是使用 NAND 闪存芯片的固态硬盘。

由于 SSD 采用存储芯片来保存数据,相比机械硬盘,其速度有极大的提升,且在功耗、静音、抗震和便携方面也是机械硬盘望尘莫及的。但是其也有制造成本高、容量小及使用寿命短等缺点。

# 4.4　光盘存储器

光盘存储器是一种采用光存储技术存储信息的存储器,它采用聚焦激光束在盘式介质上非接触地记录高密度信息,以介质材料的光学性质(如反射率、偏振方向)的变化来表示所存储信息的"1"或"0"。由于光盘存储器容量大、价格低、携带方便及交换性好等特点,已成为计算机中一种非常重要的辅助存储器。

## 4.4.1　光盘技术的发展

光存储技术源于 20 世纪 70 年代。1972 年,Philips 公司设计出世界上第一个能播放模拟电视信号的光盘系统。1978 年,世界上第一台商品化的激光视盘机(Laser Vision,LV)由 Philips 推出,其原理是仿效声音唱片的形式,把图像和伴音信号记录在圆盘上,用激光束检测盘上记录的信息,将其转换成电信号,经处理后还原成视频和音频信号,由电视机显示图像和发出声音。1981 年,Philips 公司和 Sony 公司携手推出了数字激光唱盘(Compact Disc-Digital Audio,CD-DA),并为此制定了光盘技术领域非常重要的基础性技术文件——《红皮书标准》。

1985 年,Philips 和 Sony 的研究人员在经过几年的努力后终于解决了光盘上只能记录数字音乐信息,而不能记录计算机文件信息的问题。具体来说就是解决如何在光盘上划分地址,以便计算机系统可以根据地址编号随时存取数据的问题以及降低光盘数据存取误码率的问题。为此他们公布了在光盘上记录计算数据的《黄皮书标准》。后来国际标准化组织 ISO 又对该标准进行了完善,发布了 ISO 9660 标准。这样,CD-ROM 便进入了计算机领域,并很快得到了广泛的应用。随后,研究人员一方面努力提高 CD-ROM 的读取速度;另一方面又进一步推出了用于计算机中可读写的光盘和 DVD 等,巩固和确立了光盘存储器在计算机辅助存储器中的重要地位。目前随着蓝光 DVD 等新技术的诞生,光盘技术又有了突飞猛进的发展。

光盘存储器具有存储密度高、容量大、保存时间长、工作稳定、携带方便等一系列其他记录媒体无可比拟的优点,特别适合于大数据量信息的存储和交换。光盘存储技术不仅能满足信息化社会海量信息存储的需要,而且能够同时存储声音、文字、图形、图像等多种媒体的信息,从而使传统的信息存储、传输、管理和使用方式发生了根本性的变化。纵观光盘技术的发展历程,基本可以归纳为以下三个突出方面:

(1)记录次数的增多

起初光盘都是只读型的,用户不能更改其内容,后来出现了可一次写入性光盘,用户可以自己将需要的信息记录在光盘上,但只能写入一次。直到可擦写光盘的问世,才允许用户对光盘进行多次的记录。

(2)存储密度的提高

从早期的 CD 系列发展到 DVD,再到蓝光 DVD,光盘存储介质的存储密度有了很大提高。

(3)数据传输率的提升

目前的 DVD 刻录机和蓝光 DVD 刻录机都可以采用随机方式进行写入和读出,但速度较慢。正在研究中的 HVD 由于使用纳米级的光存储,可将写入速度提升到 120 MB/s。

## 4.4.2　光盘存储器的分类

光盘存储器包括光盘驱动器和光盘。

**1. 光盘驱动器的分类**

(1)按光盘的存储技术分类

根据光盘的存储技术,光驱可分为 CD 系列:CD 只读光驱(CD-ROM)、CD 刻录机(CD-RW);DVD 系列:DVD 只读光驱(DVD-ROM)、Combo 光驱(DVD-ROM/CD-RW)、DVD 刻录机(DVD±R/RW/RAM);蓝光 DVD 系列:蓝光只读光驱(BD-ROM)、蓝光 Combo 光驱(BD-ROM/DVD±R/RW/RAM)、蓝光刻录机(BD-RW)等。其外观如图 4-26所示,从左到右依次为 CD-ROM、CD-RW、Combo、DVD 刻录机和蓝光刻录机。

图 4-26　光驱的外观

(2)按光驱的安放位置分类

根据光盘驱动器安放在机箱内部或外部,光驱可分为内置式光驱和外置式光驱。如图 4-27 所示为常见的外置式光驱的外观。

图 4-27　外置光驱的外观

(3)按光驱的接口分类

根据接口标准,光驱接口可分为 IDE 接口、SATA 接口、SCSI 接口、IEEE 1394 接口和 USB 接口等。如图 4-28 所示,从左到右依次为 IDE 接口、SATA 接口、IEEE 1394 接口和 USB 接口。目前内置光驱绝大多数采用 SATA 接口,外置光驱绝大多数采用 USB 接口。

图 4-28　光驱的接口

随着技术的发展和价格的下降,DVD 刻录机和蓝光 DVD 已逐步成为微机的标准配置。

**2. 光盘的分类**

光盘作为光驱使用的存储介质,按性能不同可分为三类:

(1)只读型光盘

只读型光盘可分为 CD-ROM、DVD-ROM 和 BD-ROM。只读型光盘由生产厂家压制,存储容量大,制造成本低。大量的文献资料、视听材料、教育节目、影视节目、游戏、图书、计算机软件等都可以存储在此类光盘上用于传播,是多媒体节目发行物的优选载体。

(2)一次性写入型光盘

一次性写入型光盘可分为 CD-R、DVD-R、DVD+R 和 BD-R。它们都只允许用户写入一次,写入后,记录在盘片上的信息无法被改写。一次性写入型光盘相比只读型光盘,主要差别在于一次性写入型光盘上是一层有机染料作为记录层,并且反射层采用了金或银,而不是只读型光盘中的铝。当写入激光束按数据格式聚焦到记录层上时,部分染料被加热后烧熔,形成一系列用来表示信息的凹坑。这些凹坑与只读型光盘上的凹坑类似,但只读型光盘上的凹坑是用金属压模压出的。

(3)可擦写型光盘

可擦写型光盘可分为 CD-RW、DVD-RW、DVD+RW、DVD-RAM 和 BD-RE,它们都允许用户对其进行多次重复的写入。可擦写型光盘采用由银、铟、锑和碲等组成的相变合金材料作为记录层。由于相变材料的晶态和非晶态两种结构的光学反射率差异很大,具有与普通光盘上的平面和凹坑类似的光学反射特性,因此在刻录数据时使用高功率的激光按数据格式将相变材料加热,致使部分晶体融化成非晶态——冷却后无法像原来那样拥有良好的反射性,从而保存数据。而擦除数据是利用中等功率的激光将相变材料恢复成原来的可反射晶体状态。读取光盘则利用低功率的激光照射相变记录层的晶态和非晶态结构,通过检测反射光强的大小变化就可以实现数据的读取。

## 4.4.3　光盘存储器的结构和工作原理

**1. 光盘驱动器的外部结构**

各种光盘驱动器的外部结构几乎一样。现在的光驱取消了一些不必要的接口。如图4-29 所示。

(1)光驱的控制面板

①光盘托架:又称托盘,用于放置光盘。

②打开/关闭/停止键:用于控制光盘托架的进、出,以及停止播放光盘。

③工作指示灯:灯亮时,表示正在读取数据。

④强制弹出孔:当断电时,插入小针之类,可将光盘托架强制弹出。

⑤播放/向后搜索键:用于直接使用此键控制播放 Audio CD。

⑥耳机插孔:用于连接耳机或音箱,可输出 Audio CD。

⑦音量调节旋钮:用于调节 Audio CD 音量输出的大小。

(2)光驱的后部接口

①电源插座:IDE 光驱的电源接口为 4 针,SATA 光驱的电源接口为 15 针。

②数据线插座:IDE 接口为 40 根针,SATA 使用 7 针接口。

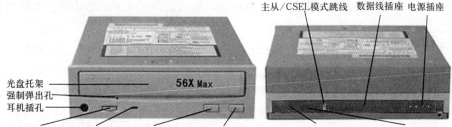

光盘托架
强制弹出孔
耳机插孔

主从/CSEL模式跳线 数据线插座 电源插座

音量调节旋钮 工作指示灯 播放/向后搜索键 打开/关闭/停止键 数字音频输出连接口 模拟音频输出连接口

(a) IDE接口光驱

光盘托架

强制弹出孔

工作指示灯

打开/关闭/停止键

电源插座 数据线插座

(b) SATA接口光驱

图 4-29 光盘驱动器的外部结构

③跳线:用来设置主/从 IDE 设备时使用。

④模拟音频输出连接口:用于直接与声卡的连接,实现 Audio CD 的直接播放。

⑤数字音频输出连接口:用于连接数字音频设备,一般不使用。

**2. 光盘驱动器的内部结构**

光盘驱动器集光、电、机械于一体,内部结构非常复杂。从总体上来看,主要由控制电路板和机芯组成。如图 4-30 所示。

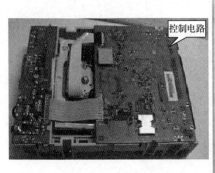
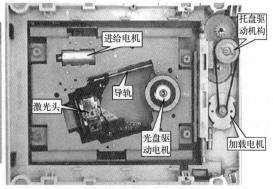

控制电路

进给电机

托盘驱动机构

导轨

激光头

光盘驱动电机

加载电机

图 4-30 光盘驱动器的内部结构

(1)控制电路板:包括各种电机的控制电路、激光头读(写)控制电路、数据处理及接口电路,还有光驱的 ROM BIOS 芯片、高速缓存芯片等。

(2)托盘驱动机构:它是完成托盘装入和弹出的机构。它由加载电机通过传动机构驱动,进行托盘的进仓和出仓。

(3)光盘驱动电机(主轴电机):它带动光盘飞速旋转,如今 40~50 倍速的光驱中,这个电机的转速可以达到每分钟 7 000 转,而且该电机为伺服式电机,可以随着工作的模式变换转速。

(4)激光头驱动组件:包括进给电机与齿轮直接驱动装置,使激光头组件沿着导轨做径向运动。

(5)激光头组件:包括激光头、光电管、聚焦透镜等组成部分。它根据系统信号读取(刻录)光盘数据,并通过数据电缆与控制电路板进行数据传输。

### 3. 光盘的结构

(1)光盘的外部结构

光盘盘片直径一般为 120 mm,数据被记录在凹凸不平的记录槽上,可写入光盘的预留槽是引导激光束对光盘光道进行跟踪和聚焦刻录时使用的。光盘盘片中心有一个直径为 15 mm 的孔,其外有一个 13.5 mm 宽的环状区是不保存任何数据的,再向外的 38 mm 宽的环状区才是真正存放数据的地方,盘片的最外侧还有一圈 1 mm 的无数据区。光盘的厚度一般为 1.2 mm,重量约为 14～18 g。CD、DVD、蓝光 DVD 的光盘结构大致相同,只是光道的宽度和整个光盘的密度不同而已。如图 4-31 所示是 CD-ROM、CD-R、CD-RW 光盘的外部结构。

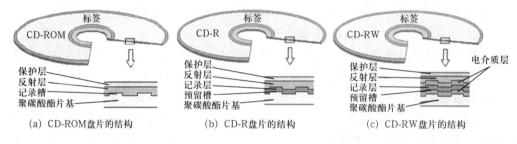

图 4-31  光盘的外部结构

(2)光盘的数据结构

光盘盘片上采用的是自内向外的螺旋形光道。为了适合于光盘存储,刻录到螺旋形光道上的数据还要组成一个个扇区(Sector)。在刻录光盘时,刻录软件首先要将计算机中需要被复制的数据按用户指定的 CD、DVD、蓝光 DVD 的格式进行转换,再进行相应的纠错编码处理,并对其进行相应的调制,形成一个个的扇区,最后才刻录到光盘上。显然,光盘所刻录的数据结构要比硬盘和软盘的圆形磁道加扇区复杂得多。如图 4-32 所示。

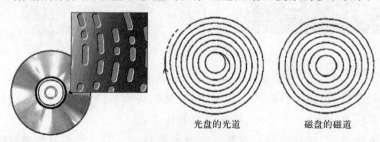

图 4-32  光盘的数据结构

#### 4. 光盘存储器的工作原理

当光驱中放入光盘,光驱启动,激光发射管亮,此时光驱面板指示灯将闪亮,同时激光头组件复位到主轴电机附近,并由内向外顺着导轨步进移动,主轴电机顺时针带动光盘高速旋转,激光头的聚焦物镜将上下移动聚焦搜索到光盘。

当激光头读取盘上的数据时,从激光发生器发出的激光透过半反射棱镜,经过物镜将激光汇聚成极其细小的光点,透过光盘的表面透明基片照射到记录层的凹凸面上。此时,光盘上的反射层会将光线反射回来,透过物镜再到半反射棱镜上,由于棱镜是半反射结构的,因此不会让光束穿过它并回到激光发生器上,而是经过反射照到光敏元件(光电二极管)上。由于光盘原平面部分将激光全部反射,而凹面部分将激光发散,因此反射光的强度有高有低,均会被光敏元件检测出来。其中,光强度由高到低或由低到高的变化表示为数据“1”,而光强度不变化时表示为数据“0”,从而光盘上的数据得以读取。而刻录时,激光头的光束按照数据格式聚焦到记录层上即可。如图 4-33 所示。

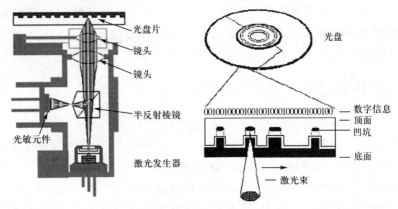

图 4-33　光盘存储器的工作原理

### 4.4.4　光盘存储器的主要技术参数

#### 1. 速度

光盘驱动器的速度指的是标称速度。最初的单倍速相当于 Audio CD 的标准速度——150 KB/s,光盘驱动器的倍速是指以此标准速度为基准的倍数,例如,2X(2 倍速)、4X(4 倍速)、8X(8 倍速)、24X(24 倍速)、32X(32 倍速)、56X(56 倍速)等。

只读光驱只有读取速度一项指标;刻录机有刻录速度、擦写速度和读取速度三项指标,其中前两项速度指标是衡量刻录机的主要指标。

此外,刻录用光盘片有容量和速度指标,如果盘片速度不能达到刻录机的速度,则刻录机只能参照盘片的速度进行工作。

#### 2. 数据传输速率

此指标与标称速度密切相关。数据传输速率由标称速度换算而来,光盘驱动器标称速度与数据传输速率的换算关系为:数据传输速率＝标称速度(倍速)×150 KB/s。

#### 3. 平均访问时间

平均访问时间是指光盘驱动器从接到命令到实际读取数据的平均延迟时间,单位为

ms。访问时间只是一个平均值,实际访问时间的长短与数据在光盘上存储的位置,以及激光头移动到目的地所用的时间有关。数据越靠近光盘中心,访问时间就越短。

**4. 缓存容量**

缓存的作用是提供一个缓冲区域,将读取的数据暂时保存起来,然后一次性进行传输;或在刻录时数据先要写入缓存中,再刻录到光盘上。目的是解决光盘驱动器与计算机其他部件速度不匹配的问题。现在的只读光驱缓存一般为 256 KB～512 KB,刻录机缓存一般为 2 MB～4 MB。当然,缓存容量越大越好。

**5. 接口**

目前内置光驱绝大多数采用 SATA 接口,外置光驱绝大多数采用 USB 接口。IDE接口的内置光驱由于速度慢将被淘汰,SCSI 接口的内置光驱价格高,很少使用。而 IEEE 1394 接口的外置光驱市场占有率低,也即将被淘汰。

**6. 纠错能力与兼容性**

纠错能力是指光盘驱动器读"烂"盘的能力。而兼容性反映了刻录机对写入格式(CD、DVD、BD 的所有格式)、写入方式(整盘刻录和增量追加刻录)、写入盘片(金盘、绿盘、蓝盘等)的兼容支持。

## 4.4.5　DVD 刻录机

DVD 刻录机的外观与其他光驱的外观相同。

DVD 使用频率较高、波长较短的 635 nm～650 nm 红外激光对光盘进行读写,而普通 CD 使用的红外激光波长为 780 nm。这就使得 DVD 光盘的记录凹坑(最小 $0.4\ \mu m$)比 CD 光盘的记录凹坑(最小 $0.83\ \mu m$)更小,且螺旋存储凹坑之间的距离(只有 $0.74\ \mu m$)也更短,光盘密度也更高。一张 DVD 盘片上存放的数据信息量(最大单面 4.7 GB)远远大于一张 CD 盘片上存放的数据信息量(最大 700 MB)。其对比如图 4-34 所示。

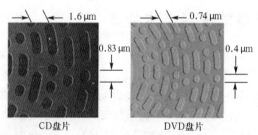

图 4-34　CD 与 DVD 光盘的凹坑记录对比

到现在为止,由于 DVD 在国际上没有一个统一的强制性标准,使得 DVD 光盘格式可谓是五花八门。除了最初的 DVD-ROM 格式(只读格式,厂家压制,国内主要是DVD-5、DVD-9)外,DVD 刻录的格式可以分为三大类,分别是 DVD-RAM、DVD-R/RW和 DVD+R/RW。

(1)DVD-RAM 是最早出现的 DVD 刻录格式,它由松下、日立和东芝推出,并且被DVD 论坛确定为官方推荐的 DVD 刻录格式。DVD-RAM 有一个比较大的缺点,就是它的不兼容性。DVD-RAM 光盘当时只能在 DVD-RAM 专用的驱动器上才能进行读写操作,在其他任何类型的光驱上都不能读写。

(2)DVD-R/RW 是由 DVD 论坛发布的刻录格式,DVD 论坛由苹果、日立、NEC、先锋、三星和夏普等组成。DVD-R/RW 是最先在市场占有明显优势的刻录标准,占有较大的市场份额。其技术不断成熟,如缺乏必要的编辑、追加、实时 VR 功能等不足也逐渐得到弥补,但是在兼容性方面还相对欠缺。

(3)DVD+R/RW 是由索尼、飞利浦、惠普、理光和雅马哈等公司提出的 DVD 格式,不过这一格式并没有被 DVD 论坛所承认,因此索尼、飞利浦和惠普成立了 DVD 联盟。由于 DVD+R/RW 规格出现较晚,技术成熟度相对较高,刻录速度比 DVD-R/RW 要快,因此在较短时间内得到了主流厂商的全面支持。

虽然到目前为止还没有出现统一的 DVD 刻录格式,但为了适应用户的实际需要,众多厂商推出了刻录规格兼容。目前的兼容规格主要分为 DVD-Dual、DVD-Multi 和 DVD-Super-Multi。

(1)DVD-Dual 刻录机同时支持 DVD+R/RW 和 DVD-R/RW 两种格式。

(2)DVD-Multi 刻录机除了支持 DVD-R/RW 之外,还支持 DVD-RAM 格式。

(3)DVD-SuperMulti 应该说是真正的 DVD 全能刻录机,它支持目前所有 DVD+R/RW、DVD-R/RW 和 DVD-RAM 三种格式。

目前 PC 市场的主流 DVD 刻录机都是 DVD-SuperMulti 全能刻录机,用户要刻录何种 DVD 格式,只需选择相应格式的可写入光盘进行刻录即可。并且目前 PC 市场的主流 DVD 只读光驱也支持对所有格式 DVD 光盘的读取。

此外,目前有些 DVD 刻录机还支持光雕技术。LightScribe(光雕)是由美国惠普公司开发的一种光盘标签制作技术,通过激光蚀刻直接将标签图案刻录在专用光雕盘的标签面上。但光雕盘价格稍高。

## 4.4.6　蓝光 DVD

随着高清视频产品的出现,存储 2 小时 MPEG2 压缩的高画质电影或电视节目记录容量必须超过 20 GB,而容量一般只有 4.7 GB 的 DVD 已无法满足此要求。

2002 年 2 月 19 日,以索尼、飞利浦和松下为核心,联合日立、先锋、三星、汤姆逊、LG 和夏普共同发布了 0.9 版 Blu-ray Disc(简称 BD)技术标准,标志着 DVD 光盘的下一代接班人蓝光光盘的正式诞生。蓝光 DVD 机因利用波长较短(405 nm)的蓝色激光来读取和写入数据而得名。由于蓝色激光的波长短于红光波长,因此在单位面积上能记录更多的信息,所以蓝光光盘比传统 DVD 光盘容量更大。一个单层的蓝光光盘容量为 25 GB,而双层的蓝光光盘容量可达到 50 GB,完全能够满足目前高清视频的需要。蓝光产品的标识如图 4-35 所示。虽然稍后不久,东芝和 NEC 提出了 HD-DVD 规格与之对抗,但 HD-DVD 最终由于市场原因而宣布放弃,从而出现了蓝光 DVD 一统市场的局面。目前市场上已经有不少家用型蓝光播

图 4-35　蓝光产品标识

放机销售,PC 使用的各种蓝光机也有许多品牌推出。

蓝光 DVD 机目前有 3 种类型:蓝光只读光驱(BD-ROM)、蓝光 Combo 光驱(BD-ROM/DVD ±R/RW/RAM)和蓝光刻录机(BD-RW)。

蓝光 DVD 机为了实现与 CD 和 DVD 格式的兼容,采用了不同波长的双光头设计,红光与蓝光各自使用独立的光学反射系统来实现全兼容的目的,如图 4-36 所示。蓝光 DVD 机支持所有 CD 和 DVD 格式。

图 4-36　蓝光 DVD 的双光头

蓝光光盘的直径为 12 cm,虽然与 CD 光盘和普通 DVD 光盘的尺寸一样,但其存储容量是 CD 光盘和普通 DVD 光盘不能企及的。蓝光光盘单层容量为 25 GB,双层容量可达到 50 GB。蓝光光盘可分为只读型蓝光光盘(BD-ROM)、一次性写入型蓝光光盘(BD-R)和可擦写型蓝光光盘(BD-RE)3 种类型。目前 BD-R 和 BD-RE 格式的写入和读取的速度有 2X~6X。如图4-37 所示。

图 4-37　BD-R 和 BD-RE 光盘

# 4.5　移动存储器

移动存储器是一种便于随身携带的辅助存储设备。目前主要有 U 盘、存储卡、移动硬盘、移动光驱等,其应用非常广泛。

## 4.5.1　U　盘

U 盘由于使用 USB 接口而得名,其内部采用闪存芯片(FlashROM,即 Flash Memory)存储信息。闪存具有掉电后信息不丢失、存取速度快、集成度高、价格低等特点,因此使得 U 盘成了理想的移动存储设备。

目前的 U 盘大多使用 USB 2.0 或 3.0 串行总线接口,由 USB 接口直接供电,不需外接电源,可热插拔,即插即用,存储容量在数 GB 以上,而体积只有大拇指大小,重量只有数十克,便于携带,使用非常方便。U 盘特别适用于微机间较大容量文件的转移存储,是一种理想的移动存储器。常见 U 盘的外观如图 4-38 所示。

图 4-38    常见 U 盘的外观

U 盘内部主要由 I/O 控制芯片、闪存芯片、PCB 基板和其他电子元器件组成,如图 4-39 所示。

图 4-39    U 盘的内部结构

(1)I/O 控制芯片:它负责 USB 接口数据传输与管理以及对闪存芯片的存取工作。目前主要有 ALi、Phison、u-Pen、Animeta、OTi、Prolific、VIA 等公司生产此类芯片。

(2)闪存芯片:它负责数据的保存工作。目前,生产闪存芯片的厂家主要有三星(Samsung)、东芝(TOSHIBA)、SanDisk、Fugitsu、Infineon、Hynix 等少数几家公司,其中三星和东芝的产品价格适中、性能较好,在 U 盘中多使用它们的闪存芯片。

现在许多 U 盘的 I/O 控制芯片和闪存芯片等都已集成在一块芯片内。

U 盘的性能由 USB 接口版本以及 I/O 控制芯片和闪存芯片的性能决定。

## 4.5.2    移动硬盘

移动硬盘盒+硬盘组成的移动硬盘是目前广泛使用的移动存储设备。

移动硬盘包括硬盘、接口转换电路、连接面板及外壳等部分,如图 4-40 所示。移动硬盘其实就是将普通硬盘的接口(SATA、IDE)转换成通用外部接口(USB、IEEE 1394、eSATA),以便可以不用打开机箱,直接连接到计算机的外部接口上使用。

(1)硬盘:它是移动硬盘的存储介质。目前移动硬盘所采用的硬盘规格主要有 3 种:3.5 in 台式机硬盘、2.5 in 笔记本电脑硬盘和 1.8 in 微型硬盘,如图 4-41 所示。其中2.5 in 笔记本电脑硬盘的抗震性能较好,尺寸、重量都较小,最适合用在移动硬盘中,现使用最多。

(2)接口转换电路:它是实现硬盘的 IDE 或 SATA 接口到 USB、IEEE 1394、eSATA接口转换的电路。目前的移动硬盘绝大多数都是采用 USB 的接口。IDE、SATA——USB 接口转换电路如图 4-42 所示。

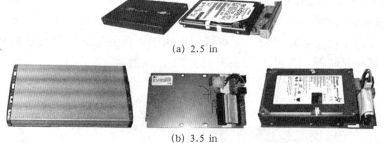

(a) 2.5 in

(b) 3.5 in

图 4-40 移动硬盘的结构

图 4-41 1.8 in、2.5 in、3.5 in 硬盘尺寸

图 4-42 IDE、SATA——USB 接口转换电路

(3)连接面板：它包括 USB、IEEE 1394、eSATA 接口，电源插口和电源开关等，如图4-43 所示。目前应用最多的是 Mini USB 接口；如果移动硬盘内部使用的是 2.5 in 硬盘，则由 USB 接口直接供电(一般是从微机的两个 USB 口取电)；如果移动硬盘内部使用的是 3.5 in 硬盘，则需要外接电源(12 V)通过电源插口来供电。

图 4-43 移动硬盘的连接面板

移动硬盘的性能由外部接口版本以及接口转换芯片和内部硬盘的性能决定。

### 4.5.3 存储卡和读卡器

随着数码设备的普及,越来越多的用户开始使用存储卡。区别于以往的数据记录产品,存储卡具有体积小巧、携带方便、使用简单的特点。近年来,随着数码产品的不断发展,存储卡的存储容量不断得到提升,应用也快速普及。

**1. 存储卡**

市场上存储卡的种类繁多,其存储介质都是使用闪速存储器芯片。目前存储卡按厂家的生产规格可分为 CF 卡、SM 卡、MMC 卡、SD 卡、MS 卡(记忆棒)、xD 卡等,如图 4-44 所示。它们都为生产厂家的数码相机、手机、MP3 和其他数码产品配套使用。

CF卡　　　　SM卡　　　　MMC卡　　SD卡　　　　MS卡　　　　xD卡

图 4-44　各种存储卡

**2. 读卡器**

读卡器是能读写存储卡的设备。现在主流的读卡器大部分都采用 USB 接口,如图 4-45 所示。采用 USB 接口的外置读卡器的写入速度可达 10 MB/s 以上,读取速度更是稳定在 15 MB/s 以上。

图 4-45　USB 接口的读卡器

# 本章小结

本章主要介绍了存储器的分类、存储系统的层次结构以及半导体存储器、硬盘存储器、光盘存储器和移动存储器等。

存储器是微机的重要组成部分,主要用来存储指令和各种数据。在计算机系统中通常采用三级层次结构来构成存储系统,主要由高速缓冲存储器 Cache、主存储器和辅助存储器组成。

半导体存储器一般由地址译码器、存储矩阵、读写控制逻辑和输入/输出电路等部分组成,可分为随机存储器(RAM)和只读存储器(ROM)两大类。目前微机使用的内存条都属于动态 RAM。

硬盘作为一种磁表面存储器,是外存储设备的主要类型。其主要技术参数有:容量、转速、平均访问时间、缓存容量、接口、传输速率、NCQ 技术、连续无故障时间等。

　　光盘存储器是一种采用光存储技术存储信息的存储器,包括光盘驱动器和光盘。其主要技术参数有:速度、数据传输速率、平均访问时间、缓存容量、接口、纠错能力与兼容性等。

　　移动存储器是一种便于随身携带的辅助存储设备。目前主要有 U 盘、存储卡、移动硬盘、移动光驱等。

# 思考与习题

**1. 选择题**

(1)CPU 可直接访问的存储器是(　　)。

A. 软盘　　　　　　　B. 光盘　　　　　　　C. 硬盘　　　　　　　D. 内存

(2)存取速度最快的是(　　)。

A. CPU 内部寄存器　　B. 高速缓存 Cache　　C. 计算机的内存　　　D. 大容量磁盘

(3)与外存储器相比,内存储器的特点是(　　)。

A. 容量大、速度快、成本低　　　　　　　B. 容量大、速度慢、成本高

C. 容量小、速度快、成本高　　　　　　　D. 容量小、速度慢、成本低

(4)下列有关存储器读写速度由快到慢排列,正确的是(　　)。

A. DRAM、Cache、硬盘、软盘　　　　　　B. Cache、DRAM、硬盘、软盘

C. Cache、硬盘、ROM、软盘　　　　　　　D. ROM、硬盘、Cache、软盘

(5)磁盘中一个扇区是(　　)字节。

A. 512　　　　　　　B. 256　　　　　　　C. 1024　　　　　　　D. 64

(6)若磁盘的转速提高一倍,则(　　)。

A. 平均存取时间减半　　　　　　　　　　B. 平均寻道时间减半

C. 存储道密度提高一倍　　　　　　　　　D. 平均寻道时间不变

(7)硬盘的主引导扇区位于(　　)。

A. 0 头 0 面 0 扇区　　　　　　　　　　　B. 0 头 0 面 1 扇区

C. 0 头 1 面 1 扇区　　　　　　　　　　　D. 1 头 1 面 1 扇区

(8)CD-R 光盘是指(　　)光盘。

A. 多次读写　　　　　B. 一次写多次读　　　C. 只读　　　　　　　D. 只能写

(9)断电后会使存储数据丢失的存储器是(　　)。

A. ROM　　　　　　　B. RAM　　　　　　　C. 硬盘　　　　　　　D. 光盘

(10)52 倍速 CD-ROM 的数据传输速率为(　　)。

A. 4800 KB/s　　　　B. 6000 KB/s　　　　C. 7500 KB/s　　　　D. 7800 KB/s

**2. 简答题**

(1)存储器是如何分类的?

(2)存储器分成哪几级结构?其中哪一级的工作速度与 CPU 相近?

(3)简述半导体存储器的分类。

(4)静态存储器与动态存储器的最大区别是什么？

(5)设有一个具有 14 位地址和 8 位数据的存储器，问：

①该存储器能存储多少字节的信息？

②如果存储器采用 8 K×4 位 RAM 芯片组成，需要多少片？

(6)简述硬盘的工作原理。

(7)硬盘的主要技术参数有哪些？

(8)简述硬盘的数据结构。

(9)简述光盘存储器的工作原理。

(10)光盘存储器的主要技术参数有哪些？

(11)市场调研或上网查询，了解主流内存条、硬盘、光驱的型号及价格信息。参考网站如下：

中关村在线 http://www.zol.com.cn/

太平洋电脑网 http://www.pconline.com.cn/

泡泡网 http://www.pcpop.com/

天极网 http://www.yesky.com/

# 第5章　人机交互设备

第5章

## ● 本章学习目标

- 了解常用的人机交互设备
- 理解键盘、鼠标、显卡、显示器、打印机、扫描仪的结构和工作原理
- 掌握键盘、鼠标、显卡、显示器、打印机、扫描仪的主要技术参数
- 熟悉键盘、鼠标、显示器、打印机、扫描仪的使用注意事项

## 5.1　人机交互设备概述

人机交互设备是指人和计算机之间建立联系、交流信息的输入/输出设备。这些输入/输出设备直接与人的运动器官（如手、口）或感觉器官（如眼、耳）打交道，通过它们，人们把要执行的命令和数据送给计算机，同时又从计算机获得易于理解的信息。

人机交互设备分为输入设备和输出设备。

**1. 输入设备**

输入设备是计算机与外界进行交互的一种装置，用于把原始数据和处理这些数据的应用程序输入到计算机中。计算机能够接收各种各样的数据，既可以是数值型的数据，也可以是各种非数值型的数据，如图形、图像、声音等都可以通过不同类型的输入设备输入到计算机当中进行存储、处理和输出。常见的输入设备有键盘、鼠标和扫描仪等。

**2. 输出设备**

输出设备与输入设备一样，也是一种计算机与外界交互的装置，用于将各种计算结果的数据或信息以数字、字符、图形、图像、声音等形式表示出来。常见的输出设备有显示器、打印机等。

## 5.2　键　盘

键盘的历史非常悠久，早在 1714 年就出现了各种形式的打字机，而最早的键盘就出现在那个时期的打字机上。直到 1868 年，"打字机之父"——美国人克里斯托夫·拉森·肖尔斯设计出了适合现代打字机的规范键盘，即"QWERTY"键盘。如今，键盘早已成为将各种指令和数据输入到计算机中的主要输入设备之一。

## 5.2.1  键盘的分类

**1. 根据按键的接触方式分类**

（1）机械式键盘

机械式键盘的底部有一块 PCB 板,PCB 板上固定着 100 多颗机械式按键及电路,这些按键的结构类似于金属接触式开关,通过触点导通或断开来判断按键是否被触发。机械式键盘的优点是经久耐用、工艺简单、易维护,而缺点是不防水、敲击费力、噪音大且成本高。

（2）塑料薄膜式键盘

塑料薄膜式键盘由一层按键、三层塑料薄膜及电路板组成。最上层是中心有凸起橡胶垫的按键,三层塑料薄膜中最上层是正级电路,中间是间隔层,下层是负极电路。对应每个按键,上下两层薄膜中都有相应的触点,间隔层有相应的小孔。当按键按下时,上下两层薄膜触点通过小孔而导通。薄膜式键盘具有价格低廉、无机械磨损、低噪音的特点。目前市面上销售的键盘大多数都是塑料薄膜式键盘。

（3）导电橡胶式键盘

导电橡胶式键盘的按键信号通过导电橡胶接通下方印刷线路板上的触点而产生。其结构非常简单,上层是中心有凸起导电橡胶垫的按键,下层是正负极平行交叉的触点,当按键按下时,导电橡胶使其下面触点的正负极接通。这类键盘是由机械键盘向薄膜键盘过渡的产品,目前市面上比较少。

（4）无接点静电电容式键盘

这类键盘是这四类键盘中技术含量最高的,其按键使用了类似电容式开关的原理,通过按键时改变电极间的距离,引起电容容量改变从而获得按键通断信号。其特点是无磨损且密封性较好,但造价较高。

**2. 根据键盘的控制形态分类**

（1）编码式键盘

编码式键盘由内部复杂的硬件电路来提供按键编码。当某个按键被按下时,硬件电路直接按该键所在的位置产生相应的按键编码（ASCII 字符码）。这种键盘响应速度快,但硬件电路复杂且按键编码固定,导致按键编码不易修改和扩充,目前很少使用。

（2）非编码式键盘

非编码式键盘内部只使用较为简单的硬件和软件来对按键进行识别,根据按下按键的位置生成位置状态代码（扫描码）传送给计算机,然后由计算机内的软件把这些位置状态代码转换为相应的按键编码（ASCII 字符码）。这种键盘的响应速度不如编码式键盘快,但它结构简单,且可以通过软件为按键重新定义编码,键盘功能扩充方便,目前计算机大多使用这种键盘。

**3. 根据键盘的接口分类**

早期 AT 主板的键盘接口是一个较大的圆形接口,俗称"大口",已淘汰。后来的ATX 主板改用 PS/2 接口作为键盘和鼠标的专用接口,俗称"小口",但键盘和鼠标的PS/2 口不能互换;目前亦有 PS/2 键鼠通用接口。随着 USB 接口的广泛应用,现在很多厂商推出了 USB 接口的键盘。

## 5.2.2 键盘的结构和工作原理

### 1. 键盘的结构

总的来说,键盘分为外壳、按键和电路板 3 部分。平时只能看到键盘的外壳和所有按键,电路板被安置在键盘内部,用户是看不到的。如图 5-1 所示。

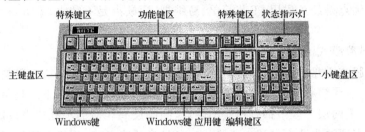

图 5-1　105 键键盘的布局

(1)键盘的外壳

外壳主要用来支撑电路板和为操作者提供一个方便的工作环境。多数键盘外壳上有可以调节键盘与操作者角度的支撑架,通过调节这个支撑架,用户可以改变键盘的角度。键盘的外壳与工作台的接触面上装有防滑减震的橡胶垫。许多键盘外壳上还有一些指示灯,用来指示某些键的工作状态。

(2)按键

对键盘而言,虽然按键数目有所差异,但按键布局基本相同,共分为 5 个区域,即主键盘区、编辑键区、功能键区、小键盘区和特殊键区。

①主键盘区:位于键盘的左部,各键上标有英文字母、数字和符号等,共计 62 个键,其中包括 3 个 Windows 操作用键。主键盘区分为字母键、数字键、符号键和控制键。主键盘区是用户操作计算机时使用频率最高的区域。

②编辑键区:位于主键盘区的右边,由 10 个键组成。在文字的编辑中有着特殊的控制功能。

③功能键区:位于键盘的最上一排,从 F1 到 F12。在不同的软件中,可以对功能键进行定义,或者是配合其他键进行定义,起到不同的作用。

④小键盘区:位于键盘的最右边,又称为数字键区,兼有数字键和编辑键的功能。

⑤特殊键区:位于键盘的最上一排,由屏幕控制键、暂停及退出键等组成。

(3)电路板

电路板是整个键盘的核心,主要由逻辑电路和控制电路组成。逻辑电路排列成矩阵形状,每一个按键都安排在矩阵的交叉点上;而控制电路由按键识别电路、编码电路、接口电路等组成(现大多由单片机电路来实现)。

### 2. 键盘的工作原理

常用的非编码键盘包括线性键盘和矩阵键盘,如图 5-2 所示。

线性键盘是指每一个按键均有一条输出线,若有 N 个键,则需 N 条线进行识别,适用于键少场合。

矩阵键盘的按键按行(M 行)和列(N 列)排列,可排 M×N 个按键,按键识别只需 M+N 条线,适用于键多场合,计算机键盘就采用这种方式。

在计算机键盘中,常采用扫描法和反转法来识别按键。

(1)扫描法

扫描法识别按键的过程是:首先判断是否有键被按下,即先进行全扫描,将所有行线置成低电平,然后读取全部列线;如果读取的列值全是高电平,则说明没有任何一个键被按下;如果读取的列值不是全 1,则说明有键按下,再用逐行扫描的方法确定哪一个键被按下。先扫描第一行,即置该行为低电平,其他行为高电平,然后读取列线,如果某条列线为低电平,则说明第一行与该列相交的位置上的按键被按下;如果所有列线全是高电平,则说明第一行没有键被按下,接着扫描第二行,依此类推,直到找到被按下的键,这样来确定一对唯一的行值和列值。如图 5-3 所示。

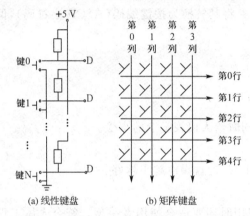

图 5-2 线性键盘和矩阵键盘　　　　　　图 5-3 扫描法原理图

(2)反转法

反转法利用一个可编程的并行接口(如 8255A)来实现。其识别按键的过程是:将行线接到一个并行端口,先让它工作在输出方式,将列线接到另一个并行端口,先让它工作在输入方式;编程使输出端口往各行线全部送低电平,然后读取列线的值,如果有某一个键被按下,则必有一条列线为低电平。然后进行线反转,通过编程对两个并行端口进行方式设置,使连接行线的端口工作在输入方式(原来是输出方式),使连接列线的端口工作在输出方式(原来是输入方式),并将刚才读到的列线值通过所连接的并行端口再输出到列线,然后读取行线的值,那么闭合键所对应的行线必为低电平,这样当一个键被按下时,就可以确定一对唯一的行值和列值。如图 5-4 所示。

PC 系列键盘是由键盘内的单片机程序根据以上的两种方法之一(通常采用扫描法)来识别按键的当前位置的。如果有闭合键就根据其位置(行值和列值)获得对应的扫描码,当闭合键松开时也对应一个扫描码,前者为闭合扫描码,后者为断开扫描码,键盘内部电路里有一个 16 字节的 FIFO 队列缓冲器,用于存放按键的扫描码,然后对扫描码进行并串转换,向键盘接口输出按键的扫描码(加奇偶校验位);主板上的键盘控制器通过键盘接口收到串行扫描码后,完成奇偶校验和串并转换,并向 CPU 发出键盘中断请求,由

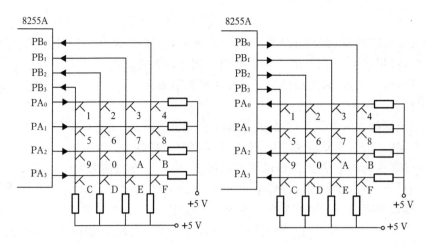

图 5-4　反转法原理图

CPU 响应键盘中断 INT 09 H 而调入扫描码,并将其转换为按键编码(ASCII 字符码),保存到键盘缓冲区中,以便程序使用。

## 5.2.3　键盘的主要技术参数

**1.外观设计**

良好的键盘外观,不仅代表做工的精细,同时给人以视觉上的享受。

**2.工作噪声**

键盘使用时产生的噪声越来越被人们所重视,键盘噪声越小越好。

**3.人体工程学**

一款优秀的键盘不仅按键要舒适,而且使用时还要适合使用者手型。符合人体工程学的键盘是从外形大小、曲线弧度和重量这几方面来设计的。其目的就是最大限度地满足人们在使用时对手感、舒适度和使用习惯方面的要求。尽量减轻疲劳程度,避免肌肉劳损的症状,从而最大限度地提高用户工作效率。

**4.键盘的扩展功能**

好的键盘具有自定义热键、防水、防热等扩展功能,这些扩展功能能为用户带来方便。

## 5.2.4　键盘使用注意事项

正确地使用键盘,不但对计算机稳定地工作十分重要,而且还能延长键盘的使用寿命。在使用键盘过程中主要注意以下几点:

(1)键盘是根据系统设计要求配置的,而且受系统软件的支持和管理,更换 PS/2 键盘必须在关闭计算机电源的情况下进行。

(2)敲击键盘时,要力度适中,不要用力拍打。

(3)定期清洁键盘表面的污垢,一般清洁可以用柔软干净的湿布擦拭键盘,对于顽固的污渍可以用中性的清洁剂擦除,最后再用湿布擦拭一遍。对于缝隙内的污垢,可以用棉签清除,也可以拆开键盘进行清除。

（4）不要让液体流入键盘。大多数键盘没有防水功能，一旦有液体流进，便会使键盘受到损害，造成接触不良、腐蚀电路和短路等故障。当大量液体进入键盘时，应当立即关闭计算机，将键盘接口拔下，打开键盘，用干净、吸水的软布擦干内部的积水，最后放在通风处自然晾干。

# 5.3　鼠　标

鼠标全名为显示系统纵横位置指示器，因为外形酷似老鼠而得名"鼠标"。1968 年 12 月 9 日，世界上第一个鼠标诞生于美国加州斯坦福大学，它的发明者是道格·恩格尔巴特博士。恩格尔巴特博士设计鼠标的初衷就是为了使计算机的操作更加简便，以便快速地屏幕定位。而鼠标发展到今天，已是计算机不可缺少的输入设备之一。

## 5.3.1　鼠标的分类

鼠标分类方法有很多，通常可按照键数、接口形式、有无连线以及内部结构来进行分类。

**1. 按键数分类**

按键数来分类，鼠标可以分为传统双键鼠标、三键鼠标和新型的多键鼠标。与双键鼠标相比，三键鼠标上多了一个中键，中键在某些程序中有特殊定义，能起到事半功倍的作用。后来人们为了方便上网浏览网页，又使用滚轮来代替中键，并将中键的功能融入滚轮中。多键鼠标是鼠标发展的一个新方向，它将更多的应用程序功能键定义到鼠标键上，方便日常操作，大大提高了工作效率。

**2. 按接口分类**

按接口来分类，鼠标可以分为 COM、PS/2、USB 三类。COM 口鼠标需要占用计算机的一个串行接口，已经被淘汰。后来改用 PS/2 接口鼠标，目前还有一定保有量。而 USB 鼠标随着 USB 接口的广泛使用而发展起来，成为目前市场上的主流产品。

**3. 按有无鼠标连线分类**

按有无鼠标连线来分类，鼠标可分为有线鼠标和无线鼠标两类。无线鼠标采用无线技术与计算机通信，从而省掉了电线带来的束缚。无线通信方式通常分为蓝牙、Wi-Fi、红外线等多种无线技术标准。但从目前所使用的主流无线鼠标来看，用得最多的还是采用 2.4 GHz 频率和使用蓝牙的两类无线鼠标。

**4. 按内部结构分类**

按内部结构来分类，鼠标可分为机械式和光电式两类。机械式鼠标的结构简单，灵敏度和精确度不高，已基本被淘汰。而光电式鼠标结构复杂，精确度高，是目前的主流产品。

## 5.3.2　鼠标的结构和工作原理

光电鼠标通常由发光二极管、光学透镜、光学感应及图像分析芯片、接口控制芯片、轻触式按键、滚轮、连接线、PS/2 或 USB 接口、外壳等部分组成，如图 5-5 所示。

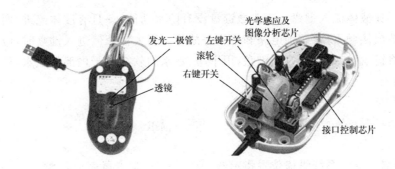

图 5-5 光电鼠标的结构

光电鼠标下部有一个发光二极管,通过该发光二极管发出的光线,照亮光电鼠标底部表面,然后将光电鼠标底部表面反射回的一部分光线经过一组光学透镜传输到一个光学感应器件内成像。这样,当光电鼠标移动时,其移动轨迹便会被记录为一组高速拍摄的连贯图像。然后利用专用图像分析芯片(DSP,即数字微处理器,现一般和光学感应器集成在一块芯片上)对移动轨迹上摄取的一系列图像进行处理,通过对这些图像上特征点位置的变化进行分析,给出鼠标的移动方向和移动距离,最后将这些信息传输给接口控制芯片,接口控制芯片通过接口连接线向主机传送鼠标移动的信息,主机再通过处理使屏幕上的光标与鼠标同步移动。其工作原理图如图 5-6 所示。

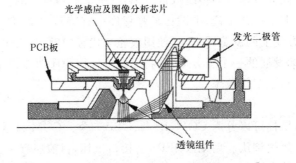

图 5-6 光电鼠标的工作原理图

激光鼠标其实也是一种光电鼠标,只不过是用激光代替了普通的 LED 光。激光鼠标获得影像的过程是通过激光照射物体表面所产生的干涉条纹而形成的光斑点反射到传感器上获得的,而传统的光电鼠标获得影像的过程是通过 LED 光照射物体粗糙的表面所产生的阴影反射到传感器上获得的。因此激光能使物体表面的图像产生更大的反差,从而使得 CMOS 图像传感器得到的图像更容易辨别,提高了鼠标的定位精准性。

## 5.3.3 鼠标的主要技术参数

### 1. 分辨率

鼠标分辨率是鼠标移动距离反映到显示器上的像素多少,单位为 dpi。例如,分辨率为 800 dpi 的鼠标就是指鼠标在鼠标垫上每移动一英寸,相当于鼠标指针在显示器上移动了 800 个像素点的距离,分辨率越大则光标移动距离越精确。一般鼠标的 dpi 在 800 以下,已经足够应付日常的工作需要。而一些高端游戏鼠标的 dpi 都在 1000 以上,有些甚至达到了 6000 以上。

**2. 采样率**

采样率表示一秒钟内鼠标传送信息给计算机的次数,单位为 Hz。例如,采样率为 500 Hz 表示在一秒内鼠标向计算机传送了 500 次的信息。采样率越高则鼠标光标响应时间越快、移动越细腻精准。一般普通 USB 鼠标采样率为 125 Hz,PS/2 鼠标采样率为 100 Hz(可设置为 200 Hz)。而一些高端鼠标的采样率是可调节的。

**3. 鼠标的接口**

目前鼠标接口主要分为 PS/2 和 USB 两种,其中 USB 接口支持热插拔,使用方便。一些高端鼠标为增强鼠标的稳定性将 USB 接口做成镀金,在选购时可以优先考虑。

**4. 鼠标的配重**

配重是在鼠标内部再单独加配一个配重模块,用于增加鼠标的手感和稳定性。因为重量过轻的鼠标在使用时会让人感觉毫无手感和稳定性,一般只有在高端鼠标中才会增加配重模块,选购时应特别注意。

**5. 人体工程学**

一款优秀的鼠标不仅做工要精致,而且使用时也要舒适,要符合使用者手型。符合人体工程学的鼠标在外形、大小、曲线弧度和重量方面都有严格的要求。

**6. 传输方式**

目前市面上的无线鼠标大都采用 2.4 GHz 和蓝牙两种传输模式。蓝牙鼠标相比 2.4 GHz 无线鼠标,在连接配对时要方便很多,而 2.4 GHz 无线鼠标则在价格上要便宜些。蓝牙鼠标按传输距离可分为 CLASS1、CLASS2 和 CLASS3 三种标准,其中 CLASS1 标准可传输 100 m 左右。

**7. 电池续航能力**

有线鼠标通过鼠标线来给鼠标供电,而无线鼠标需要使用电池供电。所以电池的续航能力应该是用户在选购无线鼠标时考虑的一个重要因素。

## 5.3.4　鼠标使用注意事项

现在的计算机操作许多是通过鼠标来实现的。在长时间、高频率使用后,鼠标很容易损坏。要想延长鼠标的工作寿命,在使用鼠标过程中主要注意以下几点:

**1. 配备一个好的鼠标垫**

鼠标垫对鼠标的使用影响很大,优质鼠标垫不但能减少灰尘进入鼠标内部的机会,还能使鼠标底部与鼠标垫之间的摩擦更为顺滑,操作起来得心应手。

**2. 不可用力击键**

用力击键会导致弹性开关损坏而使控制键失效。光电鼠标中的部件都是怕震动的易损元件,用力拍打会使这些元件损坏。

**3. 定期清洁**

鼠标表面的污垢,光电鼠标的反射板及透镜由于长久使用而弄脏,这些都会严重影响鼠标的移动和灵敏度,因此,每隔一定时间就要对鼠标进行一次清洁工作。

# 5.4　显卡与显示器

显卡(独显)又称为显示适配器,工作在主板与显示器之间。其作用是控制图像的输出,负责把 CPU 送来的图像数据处理成显示器可以接收的格式,再送到显示器形成图像。在微机中,显卡和显示器相互连接协同工作。

## 5.4.1　显卡的结构和工作原理

### 1.显卡的结构

尽管目前市面上显卡种类繁多,但基本上都由如图 5-7 所示的几个部分组成。现在的主流显卡由于运算速度快、发热量大,需要在显示芯片上安装散热片及风扇来辅助散热。

图 5-7　显卡的结构

(1)显卡 PCB 板

PCB 板是显卡的基板,用于承载和连接显卡上的各个元器件,所以 PCB 板的好坏直接影响着显卡的质量和稳定性。目前显卡所采用的 PCB 板主要分为黄色、绿色、蓝色、黑色、红色等,颜色的不同并不影响显卡的性能。做工精良的显卡多采用了 6 层 PCB 板,这样有助于提高抗干扰性。

(2)显示芯片

显示芯片又称图形处理器,简称 GPU,是显卡的核心芯片。它对显卡的整体性能影响最大。GPU 的主要任务是对通过总线输入的显示数据进行构建、渲染等运算处理。一般显卡大多采用单显示芯片设计,而专业显卡则往往采用多个显示芯片组合以求达到更好的性能。目前设计、制造显示芯片的厂家主要有 NVIDIA、AMD 两家公司。随着技术的发展和芯片集成度的不断提高,现在已有部分 CPU 内集成了 GPU 功能,这就是所谓的集成显卡,但性能较独立显卡稍差。

（3）显示内存

与微机内存一样，显存同样也是用来存放数据的地方，不过存储的是图像数据，这些数据包括显示芯片已经处理和将要处理的数据。显存的大小和存取速度会直接影响显卡的整体性能。目前显存类型主要为 GDDR3 和 GDDR5，DDR 前加一个 G 代表图形（Graphics）。

（4）显卡 BIOS

显卡 BIOS 是显卡的基本输入输出程序，它的作用是控制和管理显卡上各个部件的基本功能，还保存有显卡的型号、规格、生产厂家和出厂时间等信息。启动微机时，在屏幕上首先会显示显卡 BIOS 的这些信息。早期的显卡 BIOS 是固化在 ROM 中的，不可以修改。而现在的显卡 BIOS 都改用了 FlashROM，可以通过专用的程序进行改写或升级。

（5）随机存储数字模拟转换器（RAMDAC）

RAMDAC 用于将数字图像数据转换成模拟显示器需要的模拟信号。CRT 显示器就只能接收这样的模拟信号。由于制造工艺的提高，现在的 RAMDAC 都已经整合到显示芯片之中，所以在显卡上看不到 RAMDAC 芯片。不过，有些专业级的绘图显卡仍然采用独立的 RAMDAC 芯片。

（6）多显卡连接口

多显卡连接口用于支持两块以上的显卡进行连接，以并行工作来提高显示性能。有的显卡采用后部的专用连接装置进行连接来实现此功能。

（7）显卡总线接口

显卡总线接口是将显卡连接到主板，并与主板进行数据交换的接口，主要有 AGP 和 PCI Express 两类。目前流行的显卡总线接口均为 PCI Express X16 接口。

（8）显卡输出接口

显示输出接口是指显卡与显示器、电视机等图像输出设备连接的接口，主要有 VGA 接口、DVI 接口、HDMI 接口和 DisplayPort 接口等，如图 5-8 所示，具体描述请参考 3.4.15 节其他外设接口。

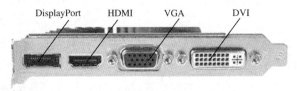

图 5-8　显示输出接口

**2. 显卡的工作原理**

显卡的工作原理极其复杂，大致可以简单地归纳为这样一个过程：首先，由 CPU 将需要处理的数据通过 AGP 或 PCI-E X16 总线传送到显卡的显存中，显示芯片（GPU）提取存储在显存中的数据进行处理。当 GPU 处理完毕后，相关数据又会被送到显存里暂时储存。然后这些数字图像数据会被送入随机存储数字模拟转换器（RAMDAC）转换成显示器需要的模拟数据（数字信号接口不需此转换），由显示输出接口传输给显示器，成为人们所看到的图像。

## 5.4.2 显卡的主要技术参数

**1. 核心频率**

核心频率是指显示芯片的工作频率,其工作频率在一定程度上可以反映出显卡的性能。但显卡的性能是由核心频率、流处理器数量、显存频率、显存位宽等多方面的指标所决定的,因此在显示核心不同的情况下,核心频率高并不代表此显卡性能强劲。在同样级别的芯片中,核心频率高的则性能要强一些,提高核心频率就是显卡超频的方法之一。

**2. 流处理器的数量**

在 DX10 显卡出现以前,并没有"流处理器"这个说法。GPU 内部由"管线"构成,分为顶点管线和像素管线,顶点管线主要负责 3D 建模,像素管线主要负责 3D 渲染。而在 DX10 时代首次提出了"统一渲染架构",显卡取消了传统的"顶点管线"和"像素管线",统一改为流处理器(SP)单元,它既可以进行顶点运算也可以进行像素运算。

流处理器的数量目前已经成为决定显卡性能高低的一个很重要的指标。NVIDIA 和 AMD 都在不断地增加显示芯片的流处理器数量,使显卡的性能达到跳跃式增长。值得一提的是,NVIDIA 显卡和 AMD 显卡的 GPU 架构并不一样,其流处理器数的分配也不一样。

**3. 核心位宽**

核心位宽是指显示芯片内部数据总线的位宽,即显示芯片内部所采用的数据传输位数。目前主流的显示芯片基本都采用了 256 位的位宽,采用更大的位宽意味着在数据传输速度不变的情况下,瞬间所能传输的数据量越大。

**4. 显存频率**

显存频率是指显存在显卡上的工作频率。显存频率由显存的类型来决定。GDDR3 显存能提供较高的显存频率,一般为 2 GHz,主要用于中低端显卡。高端显卡则使用 GDDR5 作为显存,频率可达 6 GHz。

**5. 显存容量**

显存容量是指显卡上显存的空间容量。显存存放着大量的显示数据信息,这些数据随着显示分辨率和色深的提高而剧增。因此显存容量的大小直接影响到显卡的性能。目前主流显卡的显存容量从 1 GB 到 4 GB 不等,高端显卡的显存容量更是达到 6 GB。

**6. 显存的位宽和带宽**

显存位宽是指显存在一个时钟周期内所能传送数据的位数,即显存与其他部件一次可以传输数据的位数。位数越大则瞬间所能传输的数据量越大,这是显存的重要参数之一。目前主流显卡的显存位宽为 256 bit,高端显卡的显存位宽为 384 bit。

显存带宽是指显存每秒钟能提供的最大数据传输量,单位为 B/s。显存带宽是决定显卡性能和速度最重要的因素之一。要得到高分辨率、32 位真彩、流畅的 3D 画面,就必须要求显卡具有足够的显存带宽。显存带宽由显存频率和显存位宽共同决定,计算公式为:显存带宽=显存频率×显存位宽/8(B/s)。

### 7. 最大显示分辨率

最大显示分辨率是指显卡在显示器上所能描绘的像素点的最大数量,分为水平行点数和垂直行点数。例如,1600×1200 表示水平有 1600 个像素点,垂直有 1200 个像素点。这些像素点的所有数据都是由显卡提供的。分辨率越大,所能显示图像的像素点就越多,就能显示更多的细节,当然也就越清晰。目前主流显卡都能达到 2560×1600 的最大分辨率,而最新一代显卡的最大分辨率更是高达 4096×2160。但绝大多数显示器支持不了这么高的分辨率。

### 8. 色深

色深是指在某一分辨率下,每个像素点可以由多少种色彩来描述,单位是"bit"(位)。具体而言:8 位的色深是将所有颜色分为 $2^8=256$ 种;而"增强色",指的是 16 位及以上的色深;在"增强色"的基础上又定义了"真彩色",有 24 位、32 位等。目前的显卡都支持 32 位真彩色。

### 9. 刷新频率

刷新频率是指显卡向显示器传送信息,使其每秒能对整个画面更新的次数。例如,此数为 100 Hz,则表示显卡每秒将送出 100 张画面信号给显示器。一般而言,此数值越高,画面就越柔和,眼睛就越不会觉得屏幕闪烁。画面刷新频率要在 75 Hz 以上才能避免出现闪烁现象,也才不会造成眼睛的疲劳与伤害。

### 10. DX 版本

DirectX(Direct eXtension,简称 DX)是由微软公司创建的多媒体编程接口,它可以让各种适用于 DirectX 的游戏或者多媒体文件在各种型号的硬件上运行或播放。目前显卡所支持的 DirectX 版本已成为评价显卡性能的标准之一,显卡支持 DX 版本越高,则显卡性能越强。目前主流显卡都支持 DX11 版本。

### 11. 总线接口规格

目前主流显卡总线接口类型都为 PCI Express X16,现在的主板均可支持 PCI Express 2.0 或 PCI Express 3.0 总线技术,2.0 版 X16 模式的显卡插槽带宽可达 16 GB/s,3.0 版 X16 模式的显卡插槽更可以达到 31.5 GB/s 的惊人带宽值。

### 12. 输出接口类型

目前主要有 VGA 接口、DVI 接口、HDMI 接口和 DisplayPort 接口。而主流显卡都配置了 VGA 接口、DVI 接口和 HDMI 接口。

### 13. 多显卡技术

多显卡技术是指让两块以上的显卡协同工作,以便提高系统图像处理能力或者满足某些特殊需求的多显卡并行技术。要实现多显卡技术一般需要主板芯片组、显示芯片以及驱动程序三者的支持。目前多显卡技术可分为由 NVIDIA 公司支持的 SLI、Hybrid SLI 和 ATI 公司支持的 CrossFire(交火)、Hybrid CrossFire 两类。其中 SLI 和 CrossFire 都是在一块支持多个 PCI Express X16 接口的主板上插入两块以上同型号的 PCI-E 显卡,并通过一种特殊的接口连接起来,以达到提升显示性能的目的。而 Hybrid SLI 和 Hybrid CrossFire 则是实现板载显示核心和独立显卡之间的互连加速功能。

### 5.4.3　主流显示芯片

目前，显卡的品牌众多，如七彩虹、影驰、索泰、微星、盈通、蓝宝石、华硕等，而设计和制造显示芯片的主流厂家仅有 NVIDIA 和 AMD 两家，因此众多显卡基本都是采用这两家公司的显示芯片而设计制造的。目前主流显卡的显示芯片多为 NVIDIA GT600 系列和 AMD HD7000 系列。各种高、中、低档显卡采用的显示芯片如图 5-9 所示。主流显示芯片的参数如表 5-1 和表 5-2 所示。

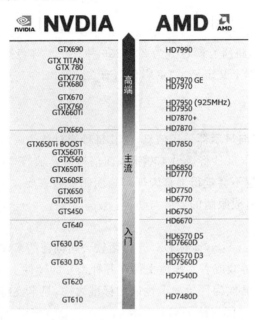

图 5-9　高、中、低档显卡采用的显示芯片

表 5-1　　　　　　　　　　　　　　NVIDIA 主流显示芯片参数表

| GPU 型号 | GTS450 | GTX550 Ti | GTX560 | GTX560 Ti | GT640 | GTX650 | GTX650 Ti | GTX660 | GTX690 | GTX780 |
|---|---|---|---|---|---|---|---|---|---|---|
| 核心代号 | GF106 | GF116 | GF114 | GF114 | GK107 | GK107 | GK106 | GK106 | GK104 | GK110 |
| 制造工艺 | 40 nm | 40 nm | 40 nm | 40 nm | 28 nm | 28 nm | 28 nm | 28 nm | 28 nm | 28 nm |
| 核心频率 | 850 MHz | 950 MHz | 900 MHz | 900 MHz | 1 006 MHz | 1 100 MHz | 1 032 MHz | 1 058 MHz | 1 000 MHz | 1 100 MHz |
| SP 单元 | 192 | 192 | 336 | 384 | 384 | 384 | 768 | 960 | 3072 | 2304 |
| 核心位宽 | 256 bit | 256 bit | 256 bit | 256 bit | 256 bit | 256 bit | 256 bit | 256 Bit | 256 bit | 256 bit |
| 显存频率 | 3.8 GHz | 4.1 GHz | 4.1 GHz | 4.1 GHz | 1.8 GHz | 5.0 GHz | 5.4 GHz | 6.2 GHz | 6.0 GHz | 6.0 GHz |
| 显存位宽 | 128 bit | 192 bit | 256 bit | 256 bit | 128 bit | 128 bit | 128 bit | 192 bit | 512 bit | 384 bit |
| 显存类型 | GDDR5 | GDDR5 | GDDR5 | GDDR5 | GDDR3 | GDDR5 | GDDR5 | GDDR5 | GDDR5 | GDDR5 |
| 接口总线 | PCI-E 2.0 X16 | PCI-E 2.0 X16 | PCI-E 2.0 X16 | PCI-E 2.0 X16 | PCI-E 2.0 X16 | PCI-E 2.0 X16 | PCI-E 3.0 X16 | PCI-E 3.0 X16 | PCI-E 3.0 X16 | PCI-E 3.0 X16 |
| DX 支持 | 11 | 11 | 11 | 11 | 11 | 11 | 11 | 11 | 11 | 11.1 |

| GPU 型号 | HD 6670 | HD 6750 | HD 6850 | HD 6950 | HD 7750 | HD 7770 | HD 7870 | HD 7950 | HD 7970 | HD 7990 |
|---|---|---|---|---|---|---|---|---|---|---|
| 核心代号 | Turks | Juniper LE | Barts | Cayman | Cape Verde Pro | Cape Verde XT | Pitcairn XT | Tahiti Pro | Tahiti XT | Tahiti XT |
| 制造工艺 | 40 nm | 40 nm | 40 nm | 40 nm | 28 nm | 28 nm | 28 nm | 28 nm | 28 nm | 28 nm |
| 核心频率 | 800 MHz | 700 MHz | 775 MHz | 800 MHz | 900 MHz | 1 000 MHz | 1 100 MHz | 880 MHz | 928 MHz | 1 000 MHz |
| SP 单元 | 480 | 720 | 960 | 1408 | 512 | 640 | 1280 | 1792 | 2048 | 4096 |
| 核心位宽 | 256 bit | 256 bit | 256 bit | 256 bit | 256 bit | 256 bit | 256 bit | 256 bit | 256 bit | 256 bit |
| 显存频率 | 4.0 GHz | 4.0 GHz | 4.0 GHz | 5.0 GHz | 4.5 GHz | 5.2 GHz | 4.8 GHz | 5.2 GHz | 5.5 GHz | 6.0 GHz |
| 显存位宽 | 128 bit | 128 bit | 256 bit | 256 bit | 128 bit | 128 bit | 256 bit | 384 bit | 384 bit | 384×2 bit |
| 显存类型 | GDDR5 | GDDR5 | GDDR5 | GDDR5 | GDDR5 | GDDR5 | GDDR5 | GDDR5 | GDDR5 | GDDR5 |
| 接口总线 | PCI-E 2.0 X16 | PCI-E 2.0 X16 | PCI-E 2.1 X16 | PCI-E 2.1 X16 | PCI-E 3.0 X16 | PCI-E 3.0 X16 | PCI-E 3.0 X16 | PCI-E 3.0 X16 | PCI-E 3.0 X16 | PCI-E 3.0 X16 |
| DX 支持 | 11 | 11 | 11 | 11 | 11 | 11 | 11 | 11.1 | 11.1 | 11.1 |

表 5-2　　　　　　　　　　　AMD 主流显示芯片参数表

## 5.4.4　显示器的结构和工作原理

显示器是微机最重要的输出设备。目前微机使用的显示器主要是 LCD(液晶)显示器,CRT(阴极射线管)显示器已基本被淘汰。

**1. LCD 显示器的外部结构**

LCD 显示器的外部结构如图 5-10 所示,主要由外壳、液晶面板、控制面板、电源开关、信号电缆和电源插座组成。

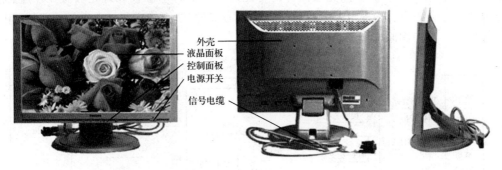

外壳
液晶面板
控制面板
电源开关

信号电缆

图 5-10　LCD 显示器的外部结构

**2. LCD 显示器的工作原理**

液晶作为一种特殊的高分子材料,当受到外界电场影响时,其分子会产生精确的有序排列,而光线只能顺着分子排列的方向传播。无论是笔记本电脑还是桌面系统采用的 LCD 显示屏都是由不同部分组成的分层结构。位于最后面的一层是可以发射光线的背光源,背光源发出的光线在穿过下偏光板后进入包含成千上万个水晶液滴的液晶层。液晶层中的水晶液滴都被包含在细小的单元格中,一个或多个单元格构成屏幕上的一个像素。当 LCD 中的薄膜基板电极产生电场时,液晶分子就会产生扭曲,从而将穿越其中的光线顺着液晶分子进行有规则的扭转(折射),这样光线就可以穿过上偏光板(其偏振方向与下偏光板的偏振方向相差90°)到达屏幕,控制每个单元格的电场电压就可以控制到达屏幕光点的强度,从而产生明暗不同的效果。在彩色 LCD 中,每一个像素都由三个液晶单元格构成,三个单元格前面分别有红色、绿色、蓝色的滤光片;这样,通过分别控制三个单元格的电场电压,就可以在屏幕上组合显示出不同的颜色。如图 5-11 所示。

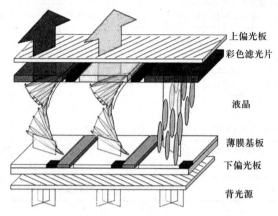

图 5-11  LCD 成像原理图

微机在 LCD 显示器上显示信息时,LCD 显示器中的驱动板(主板)接收从外部输入的模拟(VGA)或数字(DVI)视频信号,都会转换成数字 RGB 信号,由驱动板上的主控芯片处理,并通过 LVDS 发送器经屏蔽线输出,去控制液晶屏(PANEL)正常工作。电源板将 90 V~240 V 的交流电压转变为 12 V、5 V、3 V 的直流电压供给显示器各部件。背光板(高压板)将电源板输出的 12 V 直流电压转变为液晶屏(PANEL)需要的高频高压交流电(1 500 V~1 800 V),去点亮液晶屏的背光灯。有的将电源板和背光板做在一起称为电源背光二合一板。液晶屏是液晶显示器的核心部件,包含矩阵驱动电路和液晶板,用于图像显示。其工作原理如图 5-12 所示。

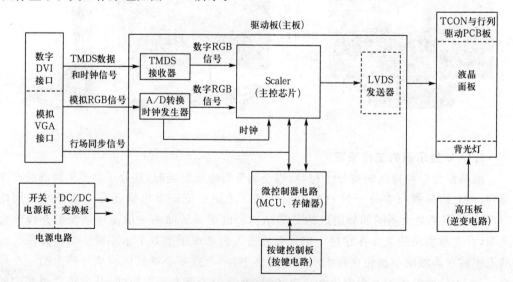

图 5-12  LCD 显示器工作原理图

## 5.4.5 显示器的主要技术参数

### 1. 尺寸

尺寸是指 LCD 面板的对角线尺寸。由于封装时其边框几乎不会遮挡面板,因此面板尺寸接近实际可视尺寸。LCD 显示器的尺寸经历了从 15 in、17 in、19 in、20 in、21 in、22 in、23 in、24 in、26 in、27 in 直到 30 in。伴随屏幕尺寸的大幅度增加,面向更高品质视频娱乐的定位,使得超大屏幕液晶显示器由传统的 5:4、4:3 向 16:10、16:9 的宽屏幕过渡。对于超大屏幕液晶显示器而言,面向视频娱乐的宽屏幕产品是一个非常重要的发展方向。

### 2. 点距

点距是指两个连续的液晶颗粒(光点)中心之间的距离。点距的计算公式是 LCD 面板尺寸(长或宽)除以最大分辨率(行像素数或列像素数)所得的数字。例如,22 in (16:10)宽屏液晶显示器的点距为:LCD 面板的长(47.3 cm)或宽(29.6 cm)÷行的像素数(1680)或列的像素数(1050)=0.282 mm。点距的大小决定显示图像的精细度,相同尺寸下点距越小,显示图像就越精细。

### 3. 最佳分辨率(真实分辨率,最大分辨率)

最佳分辨率是指屏幕上显示的像素的个数(真实分辨率)。由于液晶显示器的液晶像素数量和位置都固定不变,而不能像 CRT 显示器那样在修改分辨率的情况下也能很好地显示图像,液晶显示器只有一个最佳分辨率,而这一分辨率也是液晶显示器的最大分辨率。液晶显示器在最佳分辨率下的像素点与液晶颗粒是对应的。正是由于这种显示原理,液晶显示器只有在最佳分辨率(最大分辨率)下才能达到最佳显示效果。而在其他分辨率下是通过插值算法计算而来的,因此画面会变得模糊不清。常见 LCD 显示器的分辨率和点距如表 5-3 所示。

表 5-3                常见 LCD 显示器的分辨率和点距

| 尺寸 | 19(16:10) | 21.5(16:9) | 22(16:10) | 23(16:9) | 23.6(16:9) |
|---|---|---|---|---|---|
| 分辨率 | 1440×900 | 1920×1080 | 1680×1050 | 1920×1080 | 1920×1080 |
| 点距 | 0.285 mm | 0.248 mm | 0.282 mm | 0.265 mm | 0.276mm |
| 尺寸 | 24(16:10) | 27(16:9) | 27(16:9) | 29(21:9) | 30(16:10) |
| 分辨率 | 1920×1200 | 1920×1080 | 2560×1440 | 2560×1080 | 2560×1600 |
| 点距 | 0.270 mm | 0.311 mm | 0.233 mm | 0.262 mm | 0.251 mm |

### 4. 亮度

亮度是指背光源所能产生的最大亮度,以每平方米烛光($cd/m^2$)为单位。$1\ cd/m^2$ 表示在 1 平方米点燃 1 支蜡烛的亮度。人眼接受的最佳亮度为 $150\ cd/m^2$。液晶显示器通常在规格中都会标明具体的亮度值。目前 LCD 显示器一般都有显示 $200\ cd/m^2$ 以上亮度的能力,亮度越高,适应的使用环境也就越广泛。

### 5. 对比度

对比度是指最大亮度值(全白)除以最小亮度值(全黑)的比值。对比度越高,图像的锐利程度就越高,图像也就越清晰,显示器所表现出来的色彩也就越鲜明,层次感也就越丰富。

### 6. 最大显示色彩数

最大显示色彩数是指屏幕上能够最多显示的颜色总数。虽然液晶显示器还原的颜色看起来很纯正和艳丽,但实际上它能还原的最大颜色数远远不及 CRT 显示器(几乎无限多种)。目前主流的液晶显示器都能支持 32 位真彩色。

### 7. 响应时间

响应时间是指液晶颗粒由暗转亮或由亮转暗的时间,单位为 ms。响应时间由"上升时间"和"下降时间"组成,通常所说的响应时间是指两者之和。响应时间数值越小说明响应速度越快,对动态画面的延时影响也就越小。如果响应时间过长,在显示动态影像时,就会产生较严重的"拖尾"现象。

响应时间决定了显示器每秒所能显示的画面帧数。响应时间 30 毫秒=1/0.030=每秒钟显示器能够显示 33 帧画面,这已经能够满足 DVD 播放的需要;响应时间 25 毫秒=1/0.025=每秒钟显示器能够显示 40 帧画面,完全满足 DVD 播放以及大部分游戏的需要;而玩那种激烈的动作游戏、极速追逐赛等游戏要达到毫无拖影,所需要的画面显示速度都要在每秒 60 帧以上,即需要的响应时间=1/每秒钟显示器能够显示 60 帧画面=16.6 毫秒。

### 8. 刷新频率

在液晶显示器中,像素的亮灭状态只有在画面内容改变时才会变化,所以无论其刷新频率为多少,画面都不会有闪烁现象。也正是基于这一点,LCD 显示器的刷新频率已经成为可有可无的技术指标。刷新频率在 60 Hz 时,就能获得很好的画面更新效果。

### 9. 可视角度

可视角度是指用户可以清楚看到液晶显示器画面的角度范围。因为背光源发出的光线经过下偏光板、液晶和上偏光板后,绝大部分光线都集中在显示器正面,所以通常液晶显示器的最佳视角不大,超过最佳视角后,画面的亮度、对比度以及色彩效果就会急剧下降,导致无法观看。

可视角度分为水平和垂直两方面,水平可视角度是以显示屏的垂直中轴线为中心,向左向右移动,可以清楚看到影像的范围;垂直可视角度是以显示屏的水平中轴线为中心,向上向下移动,可以清楚看到影像的范围。目前市面上所销售的产品可视角度一般为 170 度。

### 10. 坏点

坏点是指不管显示器所显示出来的图像是什么,LCD 屏幕上永远是显示同一种颜色(一般以绿色和蓝色为多)而不变化的像素点。检查坏点最简单的方法是使用检查程序将 LCD 显示器的屏幕分别调成全黑、全白以及红、绿、蓝单色,人眼凑近屏幕仔细检查,这样就可以很轻松地找出坏点。

### 11. 输入接口

目前市场上主流液晶显示器多数都同时具备 VGA 和 DVI 接口,部分大屏幕高端 LCD 显示器上还带有 HDMI、DisplayPort 接口。

**12. 认证**

LCD 显示器是否通过相关认证也是主要的技术参数之一。重要的认证有 CCC 认证、TCO 认证、MPR-Ⅱ认证、RoHS 认证、FCC 认证等。

## 5.4.6　显示器使用注意事项

**1. 清洁屏幕和外壳**

日积月累的灰尘不但会影响显示器的美观,还会降低显示器的散热能力,甚至造成短路,所以一定要养成定时清理灰尘的习惯。在清洁显示器外壳时,先用拧干的湿抹布擦一擦,然后用沾有清洁剂的柔软棉布清除那些难以擦掉的污渍。在清洁显示器屏幕时,如果仅有一些灰尘,用一块微湿的软棉布轻轻地擦去灰尘即可;如果屏幕比较脏,可以选用专用清洁剂或用脱脂棉沾点清水清洁即可;不要用粗糙的或者化纤的织物清洁,以免损伤显示器的屏幕。LCD 屏幕十分脆弱,要特别注意对 LCD 屏幕的保护。

**2. 远离潮湿的空气**

安放有显示器的房间室内湿度不要太高,这样可有效防止显示模糊故障的出现。不要在有微机的房间内养花草、烧水做饭等,显示器要尽量离空调远一些。如果发现屏幕上有雾气,必须先用软布将其轻轻地擦去,然后才能打开电源。如果显示器机身内部已经有结露,必须将其放到较温暖的地方,让其中的水分自然蒸发后才能开机。

**3. 注意通风散热**

要保持显示器的通风散热。不少人为了防止灰尘进入显示器,喜欢用一些布之类的东西盖住显示器外壳,这样会导致显示器在工作时无法散热。长此以往,各种元件会因长期工作在高温下而过早老化或烧坏。

**4. 尽量避免长时间显示同一张画面**

如果长时间显示固定的内容,就有可能导致某一些像素点过热,进而造成烧坏屏幕的现象,这种损坏是永久性的,不可修复。一般来说,显示器不要连续使用 72 小时以上。平时在使用微机时,要开启屏幕保护功能。

**5. 避光摆放**

如果显示器长期受到阳光或强光的照射,会造成显示屏的过早老化,降低发光效率,因此用户不要把显示器摆放在日光照射较强的地方,或在强光必经的地方挂一块深色的布以减少光照强度。

**6. 防电磁干扰**

显示器要远离磁场较强的物体,周围强大的磁场会使显示器的内部产生额外的电压,从而影响到显示器电压的稳定;长时间处于强大的磁场中,还会使色彩失真,从而影响显示屏的效果和寿命。

# 5.5　打印机

打印机是计算机重要的输出设备之一,用于将计算机处理的结果依照规定的格式打印在相关介质上。打印机的发展受益于计算机的发展,进而又推动了计算机的发展。尤其是近年来,随着人们生活水平不断提高,打印机市场得到了空前发展,打印技术和品质得到了很大提升。

## 5.5.1 打印机的分类

打印机按其成像原理和采用的技术可分为击打式和非击打式两类。击打式包括针式打印机。非击打式包括喷墨打印机、激光打印机和热转印打印机等。

**1. 针式打印机**

针式打印机不仅其机械结构与电路设计要比其他打印设备简单,而且耗材费用低、性价比好、纸张适应面广。现代针式打印机越来越趋向于被设计成适合于各种行业的专业打印机,用以打印各类专业性较强的报表、存折、发票、车票、卡片等。

**2. 喷墨打印机**

喷墨打印机属于非击打式打印机,是打印机家族中的后起之秀。喷墨打印机既有接近于激光打印机的输出质量,又兼顾针式打印机的结构简单;既能满足专业设计较为精美的彩色印刷要求,又能胜任简单快捷的黑白文字和表格打印任务。其缺点是打印速度较慢、墨水较贵且用量较大。因而主要适用于家庭和小型办公室等打印量不大、打印速度要求不高的场合。

**3. 激光打印机**

激光打印机是现代高新技术的结晶,其工作原理与前两者相差甚远,因而也具有前两者完全不能相比的高速度、高品质和高打印量,以及多功能和全自动化输出性能。激光打印机一面市就以其优异的分辨率、良好的打印品质和极高的输出速度,很快赢得用户普遍赞誉。目前其高昂的价格正在走低,并有逐步普及到个人用户的趋势。

**4. 热转印打印机**

热转印打印机又称为染色升华打印机,它是利用热和压力将油墨从碳带介质转印到纸或薄膜上的打印机。日常生活中几乎所有商品的标签都是使用热转印打印机生成的。例如,手机壳内部的条码标签、服装上的吊牌、所有电器产品背后的标示铭牌、登机牌、行李牌、证书等。专用于打印高质量数码照片的热升华打印机也属于热转印打印机的范畴。

## 5.5.2 打印机的结构和工作原理

**1. 针式打印机的结构和工作原理**

(1)针式打印机的外部结构

常见针式打印机的外部结构如图 5-13 所示。

图 5-13 针式打印机的外部结构

（2）针式打印机的工作原理

针式打印机利用电路和机械驱动原理，由电路系统接收来自计算机的打印数据，将其处理、放大后，去驱动打印头，使打印针撞击色带和打印介质从而打印出点阵，再由点阵组成字符或图形来完成打印任务。针式打印机主要包括机械系统和电路系统两大部分。

①打印头

打印头装在字车上用于印字，是打印机的关键部件之一。它由若干根打印针和相应数量的电磁铁组成，其中电磁铁可驱动打印针完成击打动作。

打印头的原理如图 5-14 所示。打印头线圈未通电时，由于复位弹簧的作用，衔铁处于释放状态，从而使焊在一起的打印针离开色带处于静止状态。当打印头收到驱动控制电路发来的打印驱动信号时，驱动的脉冲电流使打印头线圈通电，产生磁场，使铁心磁化，吸引衔铁，从而使打印针击打色带，色带在打印针作用下将在纸上印出一个墨点。当脉冲电流消失后，打印头线圈失去电流，铁心失去磁性，衔铁又在复位弹簧的作用下将打印针缩回，处于待发状态。

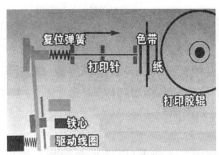

图 5-14　针式打印头原理图

②字车传动机构

字车传动机构以直流伺服电机为动力，通过齿轮减速装置，由齿型皮带带动字车沿导轨做左右往复直线运动。

③色带驱动机构

针式打印机普遍采用单向循环色带驱动机构。打印头左右运动时，带动色带驱动机构驱动色带向左运动，既可改变色带受击部位，保证色带均匀磨损，延长色带使用寿命，又能保证打印字符和图形的颜色深浅一致。色带常用涂有黑色或蓝色油墨的带状尼龙或薄膜制成。

④走纸机构

走纸机构是驱动打印纸沿纵向移动以实现换行的机构。针式打印机的走纸机构一般分为摩擦走纸和齿轮走纸方式，前者适用于无走纸孔的打印纸；后者适用于有走纸孔的打印纸。当打印头完成一行打印后，走纸机构将马上完成一行或多行走纸。

⑤电路系统

电路系统包括：对打印机各部件进行协调控制的主控电路，打印机与主机进行通信的接口电路，检测打印机状态的检测电路，打印头、字车电机、走纸电机的驱动控制电路，以及打印机电源电路等。

针式打印机的工作过程：主机送来的数据，经过打印机输入接口电路的处理后送至打印机的主控电路,在内部程序的控制下,产生字符或图形的点阵列编码,驱动打印头打印1列(9针打印机)或2列(24针打印机)的点阵图形,然后字车横向运动,产生列间距或字间距,再打印下1(或2)列,逐列进行打印;一行打印完毕后,启动走纸机构进纸,产生行距,同时打印头回车换行,打印下一行;上述过程反复进行,直到打印完毕。

**2. 喷墨打印机的结构和工作原理**

(1)喷墨打印机的外部结构

常见喷墨打印机的外部结构如图5-15所示。

图5-15　喷墨打印机的外部结构

(2)喷墨打印机的工作原理

喷墨打印机的工作原理与针式打印机基本相同,其主要包括机械系统和电路系统两大部分。电路系统接收来自计算机的打印数据,将其处理、放大后,送到喷墨头的电极,控制墨水的喷出,并通过字车机构横向移动打印头、走纸机构纵向移动纸张,实现整张纸的打印。

①打印头

打印头安装在字车机构的字车架上,由墨水盒和喷头组成。喷头的作用是将墨水盒内的墨水喷在打印纸上,从而实现打印。喷墨打印机的喷墨头技术可分为热气泡技术和微压电技术。如图5-16所示。

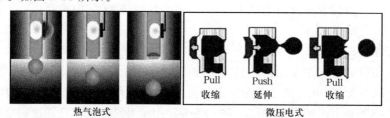

图5-16　喷墨打印头原理图

• 热气泡(热喷墨)技术是将墨水装入到一个非常微小的毛细管中,通过一个微型的加热电极迅速将墨水加热到沸点,这样就生成了一个非常微小的蒸气泡,蒸气泡扩张就将一滴墨水从毛细管的顶端喷出;停止加热,墨水冷却,导致蒸气泡凝结收缩,从而停止墨水喷出,直到下一次再产生蒸气泡并喷出一个墨滴。应用热气泡技术的彩色喷墨打印机主要有Canon和HP公司的产品。目前,热喷墨打印头的喷嘴总数可以达到几百个甚至上千个,每个喷嘴的直径同发丝相当,喷出的墨滴容量最小为4微微升。青、洋红和黄色三色墨水的墨头往往是一体的。黑色墨水的墨头是单独的。

用热喷墨技术制作的喷头成本很低廉,但由于喷头中的电极始终受到电解和腐蚀的影响,容易造成喷头堵塞,从而对使用寿命会有不少影响。所以采用这种技术的打印喷头通常都与墨盒做在一起,更换墨盒时即同时更换打印头,这样一来用户就不必再为喷头堵塞的问题太担心了。但很多用户为了降低使用成本,常常会给墨盒打针(用注射器加注墨水),即在打印头刚刚用完墨水后,立即加注专用的墨水。只要方法得当,是可以节约不少耗材费用的。

热喷墨技术的缺点是在使用过程中会加热墨水,而高温下墨水很容易发生化学变化,性质不稳定,所以打印出的色彩真实性就会受到一定程度的影响;另一方面由于墨水是通过气泡喷出的,墨滴的方向性与体积大小很不好掌握,容易造成打印线条时边缘参差不齐,一定程度地影响了打印质量,所以多数产品的打印效果不如微压电技术的产品。

• 微压电技术把喷墨过程中的墨滴控制分为三个阶段:在喷墨操作前,压电元件首先在信号的控制下微微收缩;然后,元件产生一次较大的延伸,把墨滴推出喷嘴;在墨滴马上就要飞离喷嘴的瞬间,元件又会进行收缩,干净利索地使墨水液面从喷嘴缩回。这样,墨水液面得到了精确控制,每次喷出的墨滴都有完美的形状和正确的飞行方向。微压电喷墨技术是 Epson 公司的专利技术。目前,Epson 的主流喷墨打印机有 $90 \times 6$ 个喷嘴(黑色/青色/洋红色/黄色/淡青色/淡洋红色),最高分辨率达到 $5760 \times 1440$ dpi。

用微压电技术制作的喷头寿命比较长,但成本比较高。为了降低用户的使用成本,一般都将打印喷头和墨盒做成分离的结构,所以更换墨盒时不必更换打印头。而且因为这种打印头的结构比较合理,可通过控制电压来有效调节墨滴的形状大小和飞行方向,所以能获得较高的打印精度和较好的打印效果。当然它也有缺点,如果使用过程中喷头堵塞了,无论是疏通或更换,费用都比较高而且不易操作,搞不好整台打印机可能报废。

②字车机构

字车机构的作用是装载打印头并带动打印头沿打印机横向移动,从而实现横向打印功能。字车机构由字车架、字车支撑导轨、传动履带、步进电机及减速齿轮组成。金属导轨、传动履带沿打印机横向装配,字车架固定在圆形金属支撑导轨上,并能在传动履带的带动下沿金属支撑导轨横向运动。

③走纸机构

走纸机构的作用是沿打印方向纵向走纸。按照纸张进出的顺序,走纸机构由纸张检测传感器、导纸板、导纸滚轮、走纸电机、减速齿轮组、塑料压纸片和导向轴等装置组成。纸张检测传感器检测到金属导纸板上放有纸张时,导纸板下的动力装置即将金属导纸板向上略微托起,使金属导纸板上的纸张向上紧贴导纸滚轮转动,将纸张送入打印机进行打印。塑料压纸片和导向轴的作用是使纸张竖直地从喷头下通过。

④喷头维护机构

喷墨打印机设计有喷头维护机构,该机构包括喷头清洗装置和喷头盖帽装置。喷头清洗装置由抽墨泵、废墨收集器组成。实施喷头清洗操作时,抽墨泵负责将墨水从喷头中吸出,储存到废墨收集器中。而喷头盖帽装置是一个塑胶保护罩,打印机正常停止打印时,塑胶保护罩将盖严喷头上的所有喷嘴,以防止墨水干涸堵塞喷头。

⑤电路系统

喷墨打印机的电路系统主要由主控电路、喷墨头驱动电路、字车机构驱动电路、走纸机构驱动电路、喷头维护装置驱动电路、接口电路、传感器电路以及电源电路等组成。主控电路是打印机的控制中心和信息处理中心，主要由 CPU、RAM、ROM 和操作面板控制电路等组成。在 ROM 中存储有打印监控程序及字库，而 RAM 主要用于存储打印控制指令和打印数据。主控电路通过输入接口接收来自计算机主机的控制命令和打印数据，通过传感器电路对打印机当前状态进行检测，并通过输出接口将输出信号逐一送到喷墨头驱动电路、字车机构驱动电路、走纸机构驱动电路、喷头维护装置驱动电路，从而控制打印机的所有操作。电源电路为打印机提供电源。

　　喷墨打印机的工作过程与针式打印机基本相同，这两者的本质区别就在于打印头的结构。喷墨打印机的打印头是由成百上千个直径极其微小（约几微米）的墨水通道组成的，每个通道内部都附着有能产生振动或高温的执行单元。当打印头的控制电路接收到驱动信号时，就驱动这些执行单元，产生振动将通道内的墨水挤压喷出；或产生高温生成气泡将墨水喷出；喷出的墨水到达打印纸，即生成图像。

**3. 激光打印机的结构和工作原理**

（1）激光打印机的外部结构

常见激光打印机的外部结构如图 5-17 所示。

图 5-17　激光打印机的外部结构

（2）激光打印机的工作原理

激光打印机是一种高速度、高精度、低噪声的非击打式打印机。它是激光扫描技术和电子照相技术相结合的打印输出设备。其基本工作原理是：由打印机接口输入的二进制图文信息，通过视频控制器转换成视频信号，再由视频接口/控制系统转换成激光调制信号，然后由激光扫描系统产生载有图像信息的激光束并扫描，最后由电子照相系统使扫描的激光束成像并转印到纸上。

激光打印机由激光扫描系统、电子照相系统和控制系统三大部分组成。

①激光扫描系统主要包括激光器、偏转调制器、扫描器和光路系统。其作用是产生载有图像信息的激光束并扫描，以便形成静电潜像。

②电子照相系统主要包括感光鼓、高压发生器、显影定影装置和走纸机构。其作用是将静电潜像变成可见的输出。

③控制系统主要包括供电电路、接口控制电路、主控制电路及各种驱动电路。其作用是提供各部件的控制电压、接口信号转换及控制和驱动打印机各个装置协同工作以完成打印过程。

激光打印机的印刷原理类似于静电复印，所不同的是：静电复印是采用可见光对原稿进行扫描形成潜像，而激光打印机是采用载有图像信息的激光束进行扫描形成潜像。

激光打印机工作的整个过程分为充电、曝光、显影、转印、定影、清洁及消电七大步骤。

打印机先通过充电辊对感光鼓(硒鼓)表面进行充电,让感光鼓表面充满正电荷;信号转换控制电路将输入的二进制图文信息转换为激光束信息,此激光束经反射棱镜对转动的感光鼓进行扫描"曝光",使感光鼓表面曝光处的电荷全部或部分消失而形成正电荷"静电潜像";然后去吸附碳粉盒中显影辊上的负电荷碳粉颗粒(负电荷由碳粉盒中的铁粉和碳粉摩擦产生),在感光鼓表面形成负电荷碳粉图像;当打印纸通过带有正电荷(电压较高)的转印辊时,感光鼓表面的负电荷碳粉图像就转印到打印纸上;再经过定影辊加热后使碳粉颗粒渗透到纸纤维中形成打印图像;最后清除感光鼓上残留的碳粉并且消去残余电荷,使感光鼓表面又重新回复到初始状态。如图 5-18 所示。

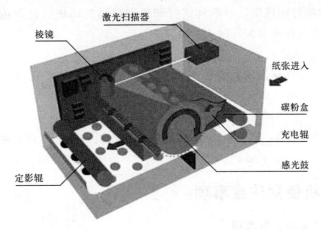

图 5-18　激光打印机工作原理图

上述的具体过程由于激光打印机的型号不同而有所差异,但基本步骤是相同的。

彩色激光打印机的工作过程与单色激光打印机基本相同,它是在普通单色激光打印机的黑色碳粉基础上增加了黄、品红、青三种颜色碳粉,并依靠硒鼓感光四次,分别将吸附的各色碳粉保留在鼓上或转移到转印胶带上,再将其转印到打印纸上,从而达到输出彩色图像的目的。

## 5.5.3　打印机的主要技术参数

### 1. 打印分辨率

打印分辨率又称为输出分辨率,是指在打印输出时横向和纵向两个方向上每英寸最多能够打印的点数,单位为 dpi。打印分辨率是人们衡量打印质量最重要的指标,分辨率越高,图像精度越高,打印质量越好。

### 2. 打印速度

喷墨打印机和激光打印机的打印速度用每分钟可打印多少页纸来衡量,单位为PPM。一般分为彩色打印速度和黑白打印速度两种。打印分辨率越高,打印速度越慢。通常普通家用打印机速度为黑白每分钟 20 多张,彩色每分钟 15 张左右。而针式打印机用每秒钟能打印多少中文汉字和英文字符来衡量。

### 3. 打印幅面

喷墨打印机和激光打印机的打印幅面一般分为 A4 和 A3 两种。针式打印机一般用纸宽来衡量,分为 9 英寸(窄行,80 字符)和 13.6 英寸(宽行,132 字符)两种。

**4. 色彩调和能力**

对于使用彩色打印机的用户而言,打印机的色彩调和能力是一个非常重要的指标。一般而言,6 色墨盒的喷墨打印机相比 4 色墨盒的喷墨打印机,其打印效果更好,色彩更逼真。而彩色激光打印机采用色彩分层技术和色阶扩展技术,可以产生出上百万种柔和的色彩层次,达到照片品质的打印输出效果。

**5. 打印内存**

打印机内存用于存储要打印的数据。如果内存不足,则每次主机传输到打印机的数据就很少,就会影响打印速度。一般针式打印机和喷墨打印机的打印内存为 128 KB,而激光打印机的打印内存在 2 MB 以上。

**6. 打印噪声**

针式打印机通常都有比较大的噪声,因此噪声对于针式打印机是一项非常重要的指标,一般要求低于 58 分贝(ISO 7779 标准),而非击打式打印机的噪声一般较小。

**7. 接口**

打印机的接口分为 USB 和并口两种,现在的打印机一般都已经采用了支持热拔插的 USB 接口。

## 5.5.4　打印机使用注意事项

**1. 针式打印机使用注意事项**

为了保证打印机的正常工作,充分发挥其效能,减少故障的发生,从而延长打印机的使用寿命。在使用针式打印机过程中主要注意以下几点:

(1)注意打印机的工作环境。针式打印机要放在平稳、干净、防潮、无酸碱腐蚀的工作环境中,并且应远离热源、震源和避免日光直接照晒,尤其要注意不要在打印机上放置物品,以免物品掉进机器内部从而影响机械部分的正常运转,甚至造成严重故障。另外,针式打印机工作的正常温度范围是 10 ℃～35 ℃(温度变化会引起电气参数的较大变动),正常湿度范围是 30%～80%,要注意保证打印机在正常的温度与湿度下工作。

(2)注意电源的使用。针式打印机的电源要用 220±10% V、50 Hz 的双相三线制电源,尤其要保证良好的接地(接地电阻≤4 Ω),以防止静电积累和雷击烧毁打印机电路。打印机使用时要尽量避免与有大功率电动机的电器使用同一个电源插座板,以免受到强电流和强磁场的干扰。

(3)定期清洁打印机。经常使用小毛刷等工具打扫打印机内部散落的纸屑和灰尘,使用稀释的中性洗涤剂(尽量不要使用酒精等有机溶剂)浸泡软布,然后擦拭打印机机壳,以保证良好的清洁度。另外,对于打印头字车导轨以及传动齿轮系统在清洁的同时还要抹适量的润滑油,以减少打印头字车的摩擦阻力,防止字车导轨变形,否则字车导轨太脏会使字车移动不畅,甚至字车驱动电路严重发热而损坏。

(4)定期清洗打印头。打印头的结构非常精密,也是打印机的关键部位,因此要特别注意加强清洗,以确保良好的打印质量。一般打印头每打印 5 万字或使用 3 个月以上就要清洗一次。拆下打印头的固定螺钉,取出打印头,将打印头前端 1～2 cm 处在 95% 浓度酒精中浸泡 5 分钟后,再用小毛刷清洗针孔,清洁后晾干重新安装上即可。

(5)及时更换打印色带。打印机的色带在使用一段时间后,其颜色就会变浅,此时需要及时更换色带,尽量不要强行调节打印头距离以加重打印,否则容易造成断针故障。另外,如果发现色带有破损,一定要立即更换成新的色带,否则容易造成断针故障。

(6)正确调节打印头和打印字辊的间距。针式打印机通常有一个调节纸厚的开关(如调节杆),用于调节打印头与打印字辊的间距。打印头的距离要根据纸张的厚薄进行调整,不要离打印字辊太近,比如要打印两层纸的时候,调节杆应置于 2 或 3 的位置上。调节杆的具体位置应根据打印机操作手册设置,要遵守宁远勿近的原则,尽量避免打印针的磨损。

(7)及时处理打印机的故障。如果出现走纸或字车运行困难等故障,不要强行工作,需要断电检查并处理,否则容易损坏机械部件和电路。如果出现卡纸现象,不要强行拽拉纸张,要顺着走纸方向取出。

(8)尽量避免打印蜡纸。针式打印机虽然可以用来打印蜡纸,但要尽量避免。因为蜡纸上的油墨很容易将打印头的针孔堵塞,蜡纸更易起毛而刮针,造成打印头断针故障。如果必须要打印蜡纸,可以采用在蜡纸上覆盖一层薄纸的方法以减轻蜡纸对打印头的污染。

(9)正确操作打印机。许多用户在实际工作中,往往打开计算机主机即开打印机,这样既浪费了电力又减少了打印机的使用寿命,因此建议用户最好是在需要使用打印机时再打开。如果采用并行接口的打印机,不要带电插拔并口通讯电缆插头,一定要先关掉主机和打印机电源才行,以免损坏并行接口元器件。打印机在联机状态下不要用手去旋转进纸手轮,以免影响进纸质量;不要用手拨动打印头字车,以免损坏字车电机及其控制驱动电路。

**2. 喷墨打印机使用注意事项**

喷墨打印机与针式打印机一样,也需要有一个良好的工作环境,要定期清洁打印机,提供稳定的电源,要正确操作打印机等。而不同之处就是喷墨打印机墨盒与喷墨头的使用要注意以下几点:

(1)新墨盒在未使用时,不宜拆去包装,而且要出墨口向下放置保存。如果拆去墨水盒的盖子和胶带后,就应立刻安装墨水盒。

(2)更换墨盒一定要按照操作手册中的步骤进行。同时还要注意拿取墨水盒时不可污染打印头,更不能将打印头倒置,也不要摇晃墨水盒。当墨盒安装好以后,要执行"打印头清洗操作",将打印机回复到正常使用的状态。注意,这是打印机对墨水输送系统进行充墨并自检新墨盒的过程,一定要进行。因此更换墨盒一定要在电源打开的状态下进行,如果在关机状态下更换新墨盒,该操作对打印机无效。

(3)墨盒未使用完时,最好不要取下,以免造成墨水浪费或打印机对墨水的计量失误。如果墨盒是长期不使用时,才可以把墨盒取出放置于室温下保存,并避免日光直射,这样可以防止墨水变质,也确保了喷头的寿命。

(4)喷墨墨水具有导电性,若漏洒在电路板上应使用无水酒精擦净晾干后再通电,否则将损坏电路元件。

(5)打印机关闭之前,要让打印头回到初始位置(打印机在暂停状态下,打印头自动回到初始位置)。因为打印头在初始位置可受到保护罩的密封,以防止墨水干涸堵塞喷头。

(6)不要带电拆卸喷头,不要将喷头置于易产生静电的地方,拿取喷头时应捏着喷头的两侧面,不要直接接触喷嘴表面以及插座部分,以免因静电造成喷头内部电路损坏。

(7)如果打印输出不太清晰或有条纹时,要清洗打印头。大多数喷墨打印机开机即会自动清洗打印头,并设有按钮对打印头进行清洗。如果打印机的自动清洗功能无效,可以对打印头进行手工清洗。手工清洗打印头时,可在医用注射器前套一截细胶管,装入经严格过滤的清水冲洗,冲洗时用放大镜仔细观察喷嘴,如喷嘴旁有淤积的残留物,可用柔软的胶制品清除。

(8)喷墨打印机工作时,要尽量避免连续长时间打印(尤其是彩色打印)。打印时间过长容易使打印头过热,一是严重影响打印质量和打印精度,二是影响打印头的使用寿命,甚至使打印头报废。另外,打印彩色图片时,建议经常更换图片,以免单一色彩墨水使用过快,造成浪费。

**3. 激光打印机使用注意事项**

激光打印机与前面介绍的两种打印机一样,也需要有一个良好的工作环境,要定期清洁打印机,提供稳定的电源,要正确操作打印机等。而不同之处就是激光打印机硒鼓的使用要注意以下几点:

(1)硒鼓应避免在高湿、高温、高寒环境下使用和保存。硒鼓在使用前不要撕开封条,否则碳粉一旦受潮会结块,造成打印色浅而影响打印效果。

(2)新硒鼓在安装到打印机之前,要先以水平方向摇晃 6～8 次,使碳粉疏松并分布均匀,然后再将密封条拉开,否则打印时可能出现一块一块不均匀的情况。

(3)取放硒鼓时一定要谨慎小心,以防刮伤、损坏硒鼓,造成不必要的损失。

(4)清洁硒鼓时应采用脱脂棉花将表面擦拭干净,但不能用力擦拭,以防硒鼓表层被划坏。在擦拭硒鼓时应采取螺旋划圈式的方法擦拭。

(5)硒鼓在更换碳粉时要注意把废粉收集仓中的废粉清理干净,以免影响打印效果。因为废粉堆积太多时,会出现"漏粉"现象,即在输出的稿件上(一般是纵向)出现不规则的黑点、黑块,甚至会出现严重底灰与纵向划痕。最终会导致硒鼓表面的感光膜磨损,硒鼓报废。

(6)硒鼓不要长时间地暴露在光线之下,以免损坏硒鼓。

(7)激光打印机的硒鼓存在着工作疲劳的问题,因此不要长时间连续工作,如果工作量很大,可在工作一段时间后停一会再继续打印。

(8)激光打印机最常见的故障是卡纸,一旦发生卡纸故障一定要及时处理,以免给打印机带来更多的问题。发生卡纸故障时,可将打印机的翻盖打开,取出硒鼓,然后轻轻拽着被卡的纸张顺着走纸的方向缓慢地取出。注意不要用力过猛,以免拉断纸张,否则残留的纸张会更加不方便取出。不要用尖利的东西去取被卡的纸张,以免造成激光打印机的损坏。被卡的纸张抽出后,装回硒鼓关上打印机的翻盖,即可解决故障。如果频繁地出现卡纸故障,就需要请维修人员来进行处理。

# 5.6　扫描仪

扫描仪是一种光机电一体化的计算机输入设备。人们通常将扫描仪用于各种图像、文稿的输入,从最直接的图片、照片、胶片,到各类图形图纸以及各类文稿资料,都可以用扫描仪输入到计算机中,进而实现对这些图像信息的处理、使用、存储和输出等。目前扫描仪已广泛应用于出版、印刷、广告制作、办公自动化、多媒体、图文通信、工程技术等许多领域。

## 5.6.1　扫描仪的分类

扫描仪的种类较多,按可扫描的颜色可分为黑白扫描仪、灰度扫描仪和彩色扫描仪;按接口可分为 SCSI、EPP、USB、IEEE 1394 接口扫描仪;按应用场合不同可分为手持式、平板式、胶片、专业滚筒式扫描仪。

### 1. 手持式扫描仪

手持式扫描仪是最低档的扫描仪,它用手推动来完成扫描过程。手持式扫描仪多采用反射式扫描,它的扫描头很窄,只可以扫描较小的稿件和照片,一般只能扫描 4 英寸宽。其分辨率也很低,一般在 100 dpi 至 600 dpi 之间,而且大多是黑白的。

### 2. 平板式扫描仪

平板式扫描仪主要用在办公方面,这类扫描仪的分辨率大多在 1200 dpi 至 4800 dpi 之间,色彩位数达到了 24 位至 48 位,扫描幅面一般是 A4 或 A3 规格。平板式扫描仪的最大特点是操作方便,像使用复印机一样,只要把扫描仪的上盖打开,不管是书本、报纸、杂志、照片都可以放上去扫描。

### 3. 胶片扫描仪

胶片扫描仪主要用来扫描照片负片、幻灯片、CT 片等胶片类。就照片而言,用胶片扫描仪扫描底片,通过附带的专业软件就能扫描出完好的照片。相对于直接照片扫描来说,精度更高,层次感更好,能保留大量的细节,画质更好。

### 4. 专业滚筒式扫描仪

专业滚筒式扫描仪采用光电传感技术,通过滚筒的旋转带动扫描件的运动从而完成扫描。它是目前最精密最专业级的扫描仪,是高精度彩色印刷的最好选择。在使用过程中通过采用 RGB 分色技术,能够捕获到原稿最细微的色彩。

平板式扫描仪作为目前的主流机型得到了广泛的应用。下面以平板式扫描仪为例介绍扫描仪的结构和工作原理。

## 5.6.2　扫描仪的结构和工作原理

### 1. 扫描仪的结构

常见的平板式扫描仪一般由机盖、稿台、光学成像部分、机械传动部分、电路板和底座组成,如图 5-19 所示。

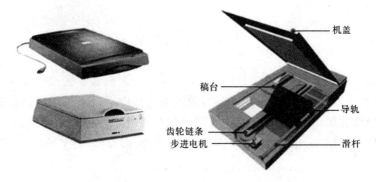

图 5-19　平板式扫描仪的外部结构

（1）机盖

机盖的作用主要是将要扫描的原稿压紧，以防止扫描灯光线泄露。

（2）稿台

稿台主要用于放置扫描原稿，其四周设有标尺线以方便原稿放置并能及时确定原稿的扫描尺寸。稿台中间为透明玻璃，称为稿台玻璃。在扫描时需注意确保稿台玻璃清洁，否则会直接影响扫描图像的质量。

（3）光学成像部分

光学成像部分俗称扫描头，它是扫描仪的核心部件，其精度直接影响扫描图像的还原逼真程度。它包括以下主要部件：灯管、反光镜、镜头以及电荷耦合器件（CCD），如图5-20 所示。

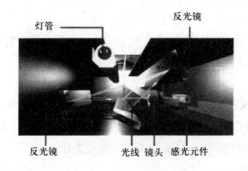

图 5-20　平板式扫描仪成像原理图

（4）机械传动部分

机械传动部分主要由步进电机、齿轮组、驱动皮带和滑动导轨构成。其主要作用是由步进电机的转动，经齿轮组减速后，通过驱动皮带拖动扫描头在滑动导轨上移动，以实现对原稿的扫描。

（5）电路板

电路板是扫描仪内部的主板，是一块安置有各种电子元器件的印刷电路板。它是扫描仪的核心控制系统。在扫描仪扫描过程中，它主要完成 CCD 信号的输入、处理和输出，以及对步进电机的控制等。

（6）底座

扫描仪底座用来固定和安装以上所有扫描仪部件。

**2. 扫描仪的工作原理**

扫描仪的工作原理可以简要地概括为这样一个过程：首先将欲扫描的原稿正面朝下，铺在扫描仪的稿台玻璃上，原稿可以是文字稿件或者图纸照片；然后启动扫描程序，这时，步进电机经齿轮组和皮带，拖动安装在扫描仪内部的光源开始移动并扫描原稿；为了均匀照亮稿件，扫描仪光源为 x 方向的长条形灯管，并沿 y 方向扫过整个原稿；照射到原稿上的光线经反射后穿过一个很窄的缝隙，形成沿 x 方向的光带，再经过一组反光镜后，经光学透镜聚焦并进入分光镜，经过棱镜（或红绿蓝三色滤色镜）分光后得到 RGB 三条彩色光带；三条彩色光带分别照到各自的光电耦合器件 CCD 上，CCD 将 RGB 光带转变为模拟电子信号，此信号又被 A/D 转换器转变为数字电子信号；至此，反映一行原稿图像的光信号已转变为计算机能够接收的二进制数字电子信号，最后通过接口送至计算机。扫描仪每扫一行就得到原稿 x 方向一行的图像信息，随着沿 y 方向的移动，在计算机内部逐步形成原稿的全图。

## 5.6.3　扫描仪的主要技术参数

**1. 光学分辨率**

光学分辨率是扫描仪光学部件的物理分辨率，它是扫描仪的光学部件在每平方英寸面积内所能捕捉到的实际的光点数，单位为 dpi。它决定着扫描仪扫描图像时的清晰度。目前常见扫描仪的光学分辨率有 $1200 \times 1400$ dpi、$2400 \times 4800$ dpi、$4800 \times 4800$ dpi 和 $4800 \times 9600$ dpi。

扫描仪分辨率还有一种最大分辨率，商家在标注时经常使用最大分辨率，但最大分辨率非扫描仪的真实分辨率，它是通过计算机对图像进行分析，然后对空白部分进行数学填充所产生的。所以人们在选购扫描仪时应以光学分辨率为准。

**2. 色彩位数**

色彩位数也称为色彩深度，它表示扫描仪所能辨析的色彩范围，单位为 bit。1 bit 只能表示黑白像素，0 表示黑，1 表示白；8 bit 可以表示 256 种色彩；24 bit 可以表示 16777216 种色彩。理论上讲，色彩位数越多，就越能反映原始图像的色彩，颜色就越逼真。

目前市场上常见的扫描仪主要有 24 bit、48 bit 等，但是对于一般用户来说，24 bit 的扫描仪就足以满足扫描需求了。

**3. 灰度级**

灰度级表示图像的亮度层次范围，扫描仪的灰度级表示扫描仪扫描时由亮到暗的扫描范围大小，单位为 bit。灰度级越大，扫描层次越细腻，扫描的效果也就越好。目前，主流扫描仪的灰度级为 16 bit。

**4. 扫描速度**

扫描速度以扫描仪完成一行扫描的时间来衡量，单位为 ms/线。它与系统配置、扫描分辨率设置、扫描尺寸、放大倍率等有密切关系。扫描仪的扫描速度并非越快越好，因为扫描速度非常高时，在扫描过程中可能会丢失一些图像信息。目前扫描仪的扫描速度一般都在 20 ms/线以下。

**5.扫描幅面**

扫描幅面一般分为 3 档,即 A4 幅、A4 加长幅、A3 幅。家庭用的扫描仪一般用于扫描照片和文档,因此多选用前两种。而 A3 幅面的扫描仪造价较贵,一般用于专业领域。

**6.接口**

扫描仪的接口分为 SCSI、EPP、USB、IEEE 1394 接口,现在的扫描仪一般都采用支持热拔插的 USB 接口。

## 5.6.4　扫描仪使用注意事项

1.保持扫描仪良好的工作环境,注意防尘、防高温、防湿、防震荡、防倾斜等,尤其是要注意防尘。扫描仪中的玻璃平板以及反光镜片、镜头等部件如果有灰尘或者其他杂质,就会使扫描仪的反射光线变弱,影响扫描的质量,因此一定注意要在灰尘尽量少的环境下使用扫描仪,发现有灰尘要及时清理。清洁扫描仪时,要用干净的镜头纸擦拭,不要用酒精擦洗,更不要用锐利工具刮擦,以免损坏扫描仪。

2.使用扫描仪时,要把需扫描的原稿摆放在起始线的中央,这样可以最大限度地减少由于光学透镜导致的失真。

3.不宜用超过扫描仪光学分辨率的精度进行扫描,因为这样做不但对输出效果的改善并不明显,还会大量消耗系统的资源。

4.不要经常插拔电源线与扫描仪的插头。如果经常插拔电源线与扫描仪的插头,会造成连接处的接触不良,导致电路不通,维修起来也十分麻烦。正确的电源切断应该是拔掉电源插座上的直插式电源变换器。

5.不要中途切断电源。由于镜组在工作时运动速度比较慢,当扫描一幅图像后,它需要一部分时间从底部归位,所以在正常工作的情况下不要中途切断电源,等到扫描仪的镜组完全归位后,再切断电源。

6.不要在扫描仪上面放置物品,时间长了会导致扫描仪的上盖变形,影响使用。

# 本章小结

本章首先介绍了人机交互设备的概念和分类,然后分别介绍了常用的输入/输出设备如键盘、鼠标、显卡与显示器、打印机、扫描仪等的主要分类、结构和工作原理、主要技术参数、使用注意事项等。

人机交互设备分为输入设备和输出设备,常见的输入设备有键盘、鼠标和扫描仪等,常见的输出设备有显示器、打印机等。

计算机键盘常采用扫描法和反转法来识别按键。光电鼠标利用专用图像分析芯片对移动轨迹上摄取的一系列图像进行分析,给出鼠标的移动方向和移动距离。目前键盘和鼠标主要采用 PS/2 和 USB 接口。

显卡将 CPU 送来的图像数据处理成显示器接收的格式,并送到显示器形成图像;其主要技术参数有:核心频率、流处理器的数量、核心位宽、显存频率、显存容量、显存的位宽和带宽、最大显示分辨率、色深、刷新频率、DX 版本、总线接口规格、输出接口类型、多显卡技术等。显示器用来显示各类图形图像信息,其主要技术参数有:尺寸、点距、最佳分辨率、亮度、对比度、最大显示色彩数、响应时间、刷新频率、可视角度、坏点、输入接口、认证等。

打印机用于将计算机处理的结果依照规定的格式打印在相关介质上。目前,办公和家庭使用较多的是针式打印机、喷墨打印机和激光打印机。其主要技术参数有:打印分辨率、打印速度、打印幅面、色彩调和能力、打印内存、打印噪声、接口等。

扫描仪是一种光机电一体化的计算机输入设备,目前应用最多的是平板式 CCD 扫描仪。其主要技术参数有:光学分辨率、色彩位数、灰度级、扫描速度、扫描幅面、接口等。

# 思考与习题

**1. 选择题**

(1)矩阵式小键盘各列线经电阻接 5 V,在采用软件行扫描法识别键动作时,CPU 首先经并行接口( )。

A. 向键盘被选行线上输出低电平,然后 CPU 经并行接口读取列线值进行判断

B. 向键盘被选行线上输出高电平,读取列线值进行判断

C. 向键盘被选列线上输出低电平,然后 CPU 经并行接口读取行线值进行判断

D. 向键盘被选列线上输出高电平,然后 CPU 经并行接口读取行线值进行判断

(2)不属于显示设备接口的是( )。

A. VGA          B. HDMI          C. DVI          D. IDE

(3)下面关于显示器的叙述中,错误的是( )。

A. 显示器的分辨率与南桥芯片的型号有关

B. 显示器的分辨率为 1024×768,表示一屏幕水平方向每行有 1024 个点,垂直方向每列有 768 个点

C. 显卡是驱动控制显示器以显示文本、图形信息的硬件装置

D. 像素是显示屏上能独立赋予颜色和亮度的最小单位

(4)( )使用静电显影技术。

A. 喷墨打印机    B. 激光打印机          C. 针式打印机          D. 热升华打印机

(5)采用光电耦合器件进行工作的外部设备是( )。

A. 键盘          B. 扫描仪          C. 打印机          D. 硬盘

**2. 简答题**

(1)简述人机交互设备的概念与分类。

(2)键盘在日常使用中要注意哪几点?

(3)简述光电鼠标的工作原理。

(4)简述显卡的工作原理。

(5)简述 LCD 显示器的主要技术参数。

(6)简述喷墨打印机的工作原理。

(7)简述激光打印机的工作原理。

(8)简述扫描仪的工作原理。

(9)市场调研或上网查询,了解主流键盘、鼠标、显卡、显示器、打印机、扫描仪的型号及价格信息。参考网站如下:

中关村在线 http://www.zol.com.cn/

太平洋电脑网 http://www.pconline.com.cn/

泡泡网 http://www.pcpop.com/

天极网 http://www.yesky.com/

# 第6章 微机配置与选购方法

● 本章学习目标

- 掌握微机配件的选购方法
- 掌握提升微机性能的方法
- 掌握笔记本电脑、一体机的选购方法

## 6.1 微机配件的选购

随着信息时代的到来,微机已经逐渐成为人们工作、学习、生活的必需品。微机选购的关键是应该满足使用者的使用需求,在这个前提下,再根据微机性能的优劣、价格的高低、商家服务质量的好坏等具体问题来最终决定微机的配置方案。即在确定微机配置方案时,必须考虑以下几个要点:

**1. 购买目的**

首先购买者要明确购买微机的主要用途(如数值计算、产品设计、影音娱乐),并以此确定购买微机需要达到的基本性能指标。

**2. 资金预算**

在确定好微机基本性能要求的前提下,要根据购买者实际的经济能力来制定资金预算。通常情况下,微机性能越好其价格也越贵。如果明确要求微机在某些方面的性能需要特别加强(如 3D 图形处理能力),则可以在总体配置上进行一些调整,但仍要符合总体的预算额度,并尽量使各类配件的性能均衡。

**3. 微机类别**

一般情况下,兼容机的价格比较低廉,即在同样的预算条件下,购买兼容机可以获得性能更好的配件产品。但是兼容机对购买者的能力素质要求较高,且相对品牌机而言,在稳定性和售后服务方面一般会差一点。

**4. 售后服务**

要选择那些信誉高、售后服务好的商家购买,以得到优质的售后服务。

### 6.1.1 CPU 的选购

CPU 是整个微型计算机的核心。CPU 的性能在一定程度上决定整个微机的性能。但是现代微机强调性能均衡,内存大小、硬盘速度、显卡速度等都对微机的性能有影响,因此不能单一地追求 CPU 的高性能。另外值得注意的是:CPU 是所有微机配件中发展速度最快的,同时其价格下降速度也是最快的。所以在选购 CPU 时,应以"适用、够用"为原则。

通常在配置微机时需要首先确定 CPU,才能进一步确定主板类型结构,进而确定内存、显卡等其他部件。目前而言,CPU 主要由 Intel 和 AMD 两家公司生产,虽然在硬件上不能通用,但是在软件上是完全兼容的,至于选购哪家公司生产的 CPU,完全取决于个人的偏好。但就同等档次 CPU 的价格而言,AMD 的 CPU 要比 Intel 的 CPU 便宜一些,相对来说性价比更高一些。在一般情况下,CPU 的价格越贵其性能也越好,CPU 内部集成了的 GPU 性能也越好,但集成的 GPU 性能一般也只能达到独立显卡入门级水准。

在选购 CPU 时,除重点参考前面已讲述的 CPU 的主要技术参数(字长、核心类型与数量、主频、外频、倍频、高速缓存、指令集、超线程技术、虚拟化技术、睿频技术、工作电压、制造工艺、封装技术等)外,还可以从以下的价格区分来考虑。

**1. 600 元以下档次**

这个档次的 CPU 主要适用于学生用或办公用微机中,因为主要目的是进行学习或文字处理,对 CPU 的性能要求不高。同时这类 CPU 因为工作频率不高,其发热量较少,也使得 CPU 工作的稳定性很好。

**2. 600～1000 元档次**

这个档次的 CPU 主要适用于家庭用、教学用或公司处理数据用微机中,此类 CPU 属于主流 CPU,其性能及价格等各方面比较均衡。

**3. 1000 元以上档次**

这类 CPU 性能高,但价格不菲,主要的使用对象为图形、图像设计及 3D 游戏用户。因为设计和游戏对 CPU 的性能要求很高,所以普通 CPU 难以满足使用者的要求,因此需要选购高性能的 CPU。

在选购 CPU 时,应尽量选择原厂盒装 CPU,因为盒装 CPU 配备了经过严格测试的散热器,可以保证 CPU 工作稳定,同时也能为 CPU 提供更好的售后服务。

## 6.1.2　主板的选购

目前主板品牌非常多,在选购主板时,除重点参考前面已讲述的主板的主要技术参数(主芯片组及整合芯片,支持的 CPU 规格、内存规格、扩展插槽及 I/O 接口,主板的供电及板型等)外,还应该注意以下几个方面。

**1. 应用需求**

用户要按自己的实际需要来选购主板。例如,对于一般的家用、办公、商务处理来说,如果没有较高的娱乐要求,则可选择一款主流主板,没有必要去选购当时最新推出的顶级产品。如果不是超频爱好者,就没必要购买提供外频组合及调节 CPU 核心电压功能的主板,这样价格也低一些。

**2. 主板做工工艺**

选择"做工"较好的主板。"做工"其实是一个很笼统的概念,它主要分为产品的设计、用料和制造工艺等几个方面。做工上乘的主板,自然拥有更好的稳定性和扩展性能。一块做工优秀的主板,通常有以下几个特点:PCB 厚实,质感较沉,表面做工光滑,边缘切割整齐,布线清晰规整,CPU 插座周围有蛇行走线,板上文字印刷清晰,元件布局合理、排列整齐,焊点明亮、光滑、整齐。同时,CPU 供电部分采用高质量的品牌电解电容和全屏蔽电感,CPU 插座、内存插槽、扩展插槽、外存接口、电源插座、后部接口等采用品牌接插件。

**3. 品牌和服务**

目前市场上主板有三四十种不同品牌,但是大厂品牌不过十来家而已。有品牌的主板厂商一般都能提供较为完善的售后服务和技术支持,所以在选购主板时要尽量选择品牌主板,同时还要注意不同厂商所承诺的退换货时间的长短等因素。对于各厂商主板的实际性能,要多看多听多比较,特别是上网了解各种评测和使用效果,这样才能选购到一款称心如意的主板。

## 6.1.3　内存的选购

目前,微机的主流配置为 DDR3 内存。市面上有各种不同型号的 DDR3 内存。在选购内存时应注意以下几个方面。

**1. 内存条的外观工艺**

通过内存条的外观工艺可以初步判断出一根内存做工的好坏、材质的用料等情况。所以在选购内存时应仔细观察内存的外观,虽然说外观好的不一定是好的内存,但是可以肯定,外观和做工都差的内存一定不会太好。此外,要特别注意识别假货。

(1)观察内存金手指。由于内存条插入到主板内存插槽时,金手指表面就会被摩擦出划痕,因此很多人认为只要内存金手指有插痕就是二手货或者返修货。其实,一线大厂内存在出厂时都经过了多道严格检测,而检测时内存都插在相关平台上,因此一般就留有轻微的插痕。而一根金手指表面光亮平整的内存很可能就是假货或是山寨货。

(2)观察内存芯片上的 LOGO。一般正规大厂生产的内存都会打上自有品牌的LOGO 或继续使用原芯片厂商的 LOGO,通常这类 LOGO 的字迹非常清晰、鲜明。目前有一些商家将劣质的芯片表面打磨之后重新印制上仿冒大厂 LOGO 的标记,并以次充好,所以在选购时一定要仔细检查芯片表面的 LOGO 是否清晰或有无打磨过的痕迹。

**2. 内存芯片**

对于内存条来说,最为重要的是内存芯片(内存颗粒),所以在选购内存时一定要注意内存芯片的品牌。目前常见的优质内存都会采用 Samsung(三星)、Hynix(海力士)、Toshiba(东芝)等大厂提供的内存芯片,因此在选购内存时应优先考虑这些品牌的内存芯片。

**3. 内存条的品牌**

市场上的成品内存条一般分为盒装内存条和散装内存条两种。盒装内存条一般都是品牌内存条,常见的品牌有 Kingston(金士顿)、ADATA(威刚)、Kingmax(胜创)、Apacer(宇瞻)、Samsung(三星)等,这些品牌内存条做工精细,包装完整,并具有使用说明和质量保证书等,品质都很可靠且都提供良好的售后服务,所以在选购内存条时要尽量选择品牌内存条。

**4. 频率的匹配**

在选购内存时要注意不同型号的内存其工作频率是不一样的,为了使 CPU 发挥最大性能,内存的工作频率要和 CPU 或主板支持的内存工作频率相匹配,宁大勿小,以免造成内存瓶颈。

**5. 内存容量**

目前内存容量一般配置为 4 GB 或 8 GB。如果是做大型软件开发、制图等，配置 8 GB～16 GB 内存是很有必要的。对于支持双通道或三通道内存技术的主板，要实现双通道或三通道，则必须成对或成三地配备内存，即需要将两条或三条完全一样的内存条插入同一颜色的内存插槽中。

## 6.1.4　显卡的选购

目前生产显卡的厂商有几十家，显卡性能也参差不齐。在选购显卡时，除重点参考前面已讲述的显卡的主要技术参数(核心频率、流处理器的数量、核心位宽、显存频率、显存容量、显存的位宽和带宽、最大显示分辨率、色深、刷新频率、DX 版本、总线接口规格、输出接口类型、多显卡技术等)外，还应该注意以下几个方面。

**1. 用户需求**

目前市面上只有 AMD 和 NVIDIA 两种类型的显示芯片。针对不同的用户需求，两种类型的显示芯片各有不同的产品型号与之对应，用户可以根据自身需求来选择购买合适的产品。例如，偏爱玩游戏的用户可以购买 NVIDIA 显示芯片的显卡，因为 NVIDIA 显卡在驱动更新和对游戏的优化方面要比 AMD 显卡做得更好；偏爱看高清电影的用户则可以购买 AMD 显示芯片的显卡，因为 AMD 显卡在高清解码能力和色彩还原技术方面比 NVIDIA 显卡强一些。

**2. 显卡做工工艺**

显卡的做工在很大程度上影响显卡的稳定性。在购买显卡时应尽量购买那些做工精良的产品。做工精良包括使用了多层 PCB 板，显卡元件排列整齐，走线工整，焊点光滑均匀，采用铝壳固态电解电容，金手指镀得厚、不易剥落等。

**3. 散热性能**

由于目前显卡 GPU 的集成度已相当高(如 NVIDIA GTX680 芯片的晶体管数量就达到了 35.2 亿个)，加之显卡工作时需要的电能很大，因此芯片内部电流所产生的温度相当高。假如这些热量不能及时被带走，那么显示芯片可能会因为过热而受到损坏。好的散热系统是确保 GPU 能稳定运行的必备条件，因此在选购显卡时应特别注意其散热系统，如覆盖面积大、散热鳍片多、材质为铜金属的散热片等。

**4. 售后服务**

购买显卡产品之前了解商家的质保条例非常重要。虽然现在很多厂家都实行了全国联保，但是不同厂家对产品质保的时间及维修费用还是有所区别的。好的售后除了能让用户使用更放心以外，还能在产品出现问题时给用户一个满意的解决方法。因此用户在购买显卡时，应充分考虑售后服务这一因素，避免日后不必要的麻烦。

## 6.1.5　硬盘的选购

**1. 机械硬盘的选购**

随着各种类型应用软件的不断发展，以及大型 3D 游戏和高清视频的流行，对硬盘空间的要求也与日俱增。在选购硬盘时,除重点参考前面已讲述的硬盘的主要技术参数(容量、转速、平均访问时间、缓存容量、接口、传输速率、NCQ 技术、连续无故障时间等)外,还应该注意以下几个方面。

(1)单碟容量

硬盘单碟容量在一定程度上决定了硬盘性能的高低。硬盘是由多个存储盘片组合而成的,而单碟容量是指单个盘片所能存储数据的容量。硬盘的单碟容量越大,工作时稳定性越好,其内部数据传输速率越高。因此,在购买硬盘时应购买单碟容量大的硬盘。

(2)数据保护和抗震技术

在微机系统中,硬盘无疑是最脆弱的部件。在所有的故障中,来自硬盘故障的比例最高。因此各硬盘厂商也充分意识到了硬盘可靠的重要性,不断研发出针对机械硬盘的数据保护和防震技术,以此来提高数据安全性和硬盘可靠性。例如,希捷公司的 3DS 防护系统和西部数据公司的 Data Lifeguard 数据卫士技术等,它们之间的功能和效率都相差不大。

(3)保修

所有硬盘在售出以后都存在一个保修期限,正品盒装硬盘一般保修期为三年。而有些采用简单包装价格稍低的硬盘保修期只有一年,而且这些简装硬盘中有部分是返修硬盘。因此在选购硬盘时应尽量购买正品盒装硬盘。

**2. 固态硬盘的选购**

相比于传统的机械硬盘,固态硬盘有着无震动、无噪音、速度快、发热低的优势。目前,固态硬盘大多用做高档微机的系统启动盘。在选购固态硬盘时应注意以下几个方面。

(1)存储颗粒的类型

目前主流的固态硬盘通常采用 SLC(Single Level Cell)、MLC(Multi Level Cell)和 TLC(Triple Level Cell)三种类型的存储颗粒,这三者有一定区别。一般情况下,就存储速度而言,SLC 最快,MLC 次之,TLC 最慢;使用寿命是 SLC 最长,MLC 次之,TLC 最短;价格当然是 SLC 最贵,MLC 次之,TLC 最便宜。所以在选购固态硬盘时一定要注意存储颗粒的类型,要根据自己的应用需求和经济能力挑选合适存储颗粒的固态硬盘。

(2)主控芯片

除存储颗粒的类型外,影响固态硬盘性能的另一个关键因素是主控芯片。无论是哪种类型的存储颗粒,其读写次数(寿命)都是有限的。主控芯片应尽可能在保证性能的情况下使存储颗粒的寿命更长。通常主控芯片会通过一系列的算法,将每次写入动作的实际写入量降至最低。目前主要有 Intel、Marvell、SandForce、Indilinx、Samsung、JMicron、Toshiba、Phison 等厂商提供的主控芯片。

## 6.1.6　光驱的选购

随着多媒体应用越来越广泛,光盘的应用也越来越多,光驱已成为现代微机的必备外部设备。在选购光驱时,除重点参考前面已讲述的光驱的主要技术参数(速度、数据传输速率、平均访问时间、缓存容量、接口、纠错能力与兼容性等)外,还应该注意以下几个方面。

### 1. 工艺

购买光驱时要仔细查看光驱外包装是否工整和干净,是否有被打开过的痕迹。包装盒上是否有代理商或厂商粘贴的防伪标志。打开光驱外包装后,要检查里面的说明书、音频线、驱动盘和附赠的物品是否齐备,注意观察光驱上是否有划痕、螺钉是否有被拧过的痕迹、面板字体是否模糊不清等。

### 2. 重量

掂量重量是为了检验光驱是否属于全钢机芯。因为塑料机芯耐热能力较差,在高温下容易产生形变。为了解决这个问题,厂家已经使用全钢机芯来制造光驱。这种光驱在高温下不会产生形变,而且散热能力和使用寿命也大大优于采用塑料机芯制造的光驱。

### 3. 降噪减震技术

现在市场上所销售的都是高转速光驱,高转速势必带来高噪音以及高震感。因此应尽量购买那些采用了降噪减震技术的光驱。比较有代表性的技术有 ABS 自动平衡技术、DDSS 动态双悬浮结构技术、ARS 声学抑噪技术等。

## 6.1.7　机箱、电源的选购

### 1. 机箱的选购

机箱是用来承载微机配件的容器,其主要功能是为了固定和保护安装在其内的电子部件,同时也起到散热、导风、屏蔽电磁辐射的作用。在选购机箱时应注意以下几个方面。

(1)机箱类型

目前常见的机箱类型有 ATX、Micro ATX 两种。ATX 机箱是目前最常用的机箱,支持现在绝大部分类型的主板。Micro ATX 机箱比 ATX 机箱小一些。在选购时最好以标准立式 ATX 机箱为准,因为它空间大,安装槽多,扩展性好,通风条件也不错,完全能适应大多数用户的需要。

(2)箱体用料

机箱箱体用料是选择机箱的重要因素。

①镀锌钢板:目前大部分机箱箱体采用镀锌钢板,这种钢板的优点是抗腐蚀能力比较好。

②喷漆钢板:少数产品采用仅仅涂了防锈漆甚至普通漆的钢板,这样的机箱最好不要购买。

③镁铝合金板:镁铝合金板的抗腐蚀性能最好,属于比较高档机箱的用料。

在鉴别质量时,除观察做工外,可以查看内部架构以及侧板使用的钢板的厚度,一般质量较好的机箱使用高强度钢,重量也比较大。

(3)前面板

前面板的设计和用料也很重要。前面板大多采用工程塑料制成,用料好的前面板强度高,韧性大,使用数年也不会老化变黄。

前面板的功能也应满足要求,如应带有 USB、音频接口等。

(4)机箱结构设计

①基本结构:优秀的机箱应该拥有合理的结构,如足够的可扩展槽位空间,合理的方

便安装的空间,以及足够的散热空间等。

②拆装设计:方便用户拆装的设计也是不可少的。例如,侧板采用手拧螺钉固定,驱动器架采用卡勾固定和配备免螺钉弹片,板卡采用免螺钉固定等。

③散热设计:合理的散热设计更是关系到计算机能否稳定工作的重要因素。目前最有效的机箱散热设计是采用双程式互动散热通道。即外部低温空气从机箱前部进入,经过南桥芯片,各种板卡,北桥芯片,最后到达 CPU 附近,在经过 CPU 散热器后,一部分空气由机箱后部的排气风扇抽出机箱;另外一部分空气从电源底部或前部进入电源,为电源散热后,再由电源风扇排出机箱。机箱风扇多使用 80 mm 规格以上的大风量、低转速风扇,避免了过大的噪声。

(5)电磁屏蔽性能

计算机在工作的时候会产生电磁辐射,如果不加以防范会对人体造成一定伤害。选购时要注意:机箱上的开孔要尽量小,而且要尽量采用圆孔,越致密的金属冲压孔网,其电磁屏蔽性能越好;各种指示灯和开关接线要设计成绞线以减少电磁辐射;在机箱侧板安装处、后部电源位置等设置有防辐射弹片,这种弹片会使这些部件之间连接更为紧密,从而形成一个封闭的"金属屏障",能有效地防止电磁辐射泄漏。

最直接的方法是看机箱是否通过了 EMI GB9245 B 级、FCC B 级以及 IEMC B 级标准的认证,这些标准规定了辐射安全限度,通过这些认证的机箱一般都会有详细的认证证书。

**2. 电源的选购**

电源为机箱中的所有部件提供所需要的电能,是微机中最重要的配件之一。很多用户在选购微机配件时没有注重电源的质量,把精力都放在了 CPU、显卡等配件上,其实这是不对的。电源功率的大小,电流以及电压的稳定,都直接影响到微机工作的稳定性以及其他配件的使用寿命,因此电源的选购非常重要。在选购电源时应注意以下几个方面。

(1)电源功率

电源功率是用户最关心的参数。在电源铭牌上常标注有峰值(最大)功率和额定功率,其中峰值功率是指当电压、电流不断提高,直到电源保护起作用时的总输出功率,它并不能作为选择电源的依据。用于有效衡量电源功率的参数是额定功率。额定功率是指电源在稳定、持续工作时能带的最大负载,额定功率代表了一台电源真正的负载能力。例如,一台电源的额定功率是 350 W,是指平时持续工作时,所有负载之和不能超过 350 W。

一般 PC 主机稳定运行的功率为 250 W 左右,高端机器 450 W 的电源也已经足够。随着技术的进步,现在电源厂商都把研发精力转移到提高电源的转换效率上,而不是提高电源的功率。

(2)输出电压稳定性

电源的另一个重要参数是输出电压的误差范围。通常对 +5 V、+3.3 V 和 +12 V 电压的误差率要求为 5% 以下,对 -5 V 和 -12 V 电压的误差率要求为 10% 以下。输出电压不稳定,或纹波系数大,是导致系统故障和硬件损坏的因素之一。

ATX 电源的主电路基于脉宽调制(PWM)原理,其中的调整管工作在开关状态,因此又称为开关电源。这种电路结构决定了其稳压范围宽的特点。一般在市电电压为 220 V

±20％波动时,ATX 电源都能够满足上述要求。

（3）重量与外观

在通常情况下,不拆开电源很难看清电源的内部元器件,所以最直观的办法就是从重量上去判断。拿到一个电源后,首先可以用手掂量对比一下电源的重量,重量较大的为首选,因为劣质电源会省掉一些电容和线圈。

好电源的外壳一般都会使用优质钢材,电源外壳表面都有均匀、光泽的涂层。在观察时应多注意边角的接缝点是否有圆润的处理,查看是否存在有毛刺、露边、掉漆等情况。

（4）散热与噪声

电源在工作的过程中,要求具有较强的散热能力。优质的电源具有双风扇设计,即除了一个排风风扇之外还有一个进风风扇,并配合较大面积的散热孔,这样可以有效提高空气对流以增强散热能力。

选购电源时还应注意风扇噪声是否过大,转动情况是否良好以及是否具有双重过压保护等功能。

（5）品牌

在选购电源时,最好选择一款值得信赖的品牌电源。有些不知名的杂牌电源虽然价格非常便宜,但厂商为了利润,生产的电源质量十分低劣,用户使用后经常出现莫名其妙的故障,严重时还会因电压的突然升高而损坏微机硬件。目前市场上常见的电源品牌有航嘉（Huntkey）、长城（Greatwall）、鑫谷（Segotep）、金河田和大水牛等。

（6）认证

看清认证标识也是选购电源的重要环节。评价一款电源的品质,可查看其通过了哪些认证。一般来讲,通过认证项目越多的电源其质量越可靠。目前在电源方面认证很多,但是有一个认证是必需的,那就是必须通过国家强制性 3C 认证。除了 3C 认证以外,还有 FCC、美国 UR、80 Plus 和中国长城等认证。其中 80 Plus 是一种新的认证,其认证要求是透过整合电源内部系统,使电源在 20％、50％ 及 100％ 等负载点下能达到 80％ 以上的使用效率。表 6-1 为常见的几种 80 Plus 电源标识规范。

**表 6-1　　　　　　　　几种 80 Plus 标识的转换效率要求**

| 转化效率　　标识<br>负荷状态 | 80Plus | 80Plus 铜 | 80Plus 银 | 80Plus 金 |
|---|---|---|---|---|
| 20％负荷 | 80％ | 82％ | 85％ | 87％ |
| 50％负荷 | 80％ | 85％ | 88％ | 90％ |
| 100％负荷 | 80％ | 82％ | 85％ | 87％ |

## 6.1.8　显示器的选购

目前,液晶显示器已经成为市场的主流。在选购液晶显示器时,除重点参考前面已讲述的液晶显示器的主要技术参数（尺寸、点距、最佳分辨率、亮度、对比度、最大显示色彩数、响应时间、刷新频率、可视角度、坏点、输入接口、认证等)外,还应该注意以下几个方面。

### 1. 用户需求

随着技术的发展,液晶显示器的屏幕尺寸在不断增大,价格在持续走低。而面向更高品质视频娱乐的定位,使得大屏幕液晶显示器已由传统的 5：4、4：3 向 16：10、16：9 的宽屏幕发展。采用宽屏显示器能够获得相对于非宽屏显示器更好的视觉效果,而且宽屏显示器能够显示更多的桌面内容,因此宽屏大尺寸液晶显示器已是越来越多用户的首选。

一般来说,用户要根据自己的主要用途进行选购。如果主要是办公和学习,则选购 19～22 英寸的为宜,如果主要是玩游戏或看电影,则选购 23～24 英寸的比较合适,而如果主要从事图形图像设计等工作,则屏幕尺寸可以更大一些。

### 2. 液晶面板

一台液晶显示器的好坏首先要看它的液晶面板,因为液晶面板的好坏直接影响到画面的观看效果。液晶面板可以在很大程度上决定液晶显示器的亮度、对比度、色彩、可视角度等非常重要的参数。

就目前主流市场而言,TN 面板由于性价比高,得到了很广泛的应用,不过 TN 面板的可视角度要稍差一些,因此不少玩家对 TN 面板并不热衷。除 TN 面板外,包括 PVA、MVA、IPS 面板在内的广视角面板则成了玩家们追求的焦点。与 TN 面板相比,广视角面板除了拥有更广的视角之外,其对于颜色的表现也更为出色一些。

此外,液晶面板的质量等级也是影响液晶显示器显示性能的主要因素。液晶面板按照品质可以分为 A、B、C 三个等级,等级划分的标准主要是:有无亮点、坏点,亮度是否均匀,色彩是否饱和,有无偏色,外观有无损伤等。与 A 级相比,B 级和 C 级的坏点数多一些,亮度相对不均匀,色彩饱和度相对不足,外观也可能有损伤。而在目前用户都在追求 A 级面板的情况下,面板厂商又将 A 级面板分为 A＋＋、A＋、A 三个级别,其具体的划分为:A 级面板的暗点数量少于 3 个,亮点数量也少于 3 个,而坏点的总和要少于 5 个;A＋级面板的暗点数量少于 3 个,并且整个屏幕没有亮点,坏点数量少于 3 个;A＋＋级面板既没有亮点也不存在暗点,坏点数量为 0。

### 3. 背光类型

液晶背光技术分为 CCFL(冷阴极荧光灯)和 LED(发光二极管)两类。LED 背光是指用发光二极管作为液晶显示屏的背光源。和传统的 CCFL 背光相比,LED 背光具有功耗低、发热量低、亮度高且均匀、寿命长等特点。目前市场上是以 LED 背光为主流产品。

### 4. 品牌

目前市场上液晶显示器有不少品牌并不那么可靠。由于液晶显示器的“准入”门槛并不高,这就决定了液晶显示器制造领域的鱼龙混杂。很多小厂虽然能够生产液晶显示器整机,但是受面板资源的限制,无法得到最好的液晶面板,同时因为设计、生产、工艺方面的问题,导致生产出来的液晶显示器的品质参差不齐,受厂商的实力限制,服务等就更无保证。这样的厂商生产出来的液晶显示器,纵有“姣好”的外观,也没法让人安心。

针对这一点,只有依赖品牌进行选择。全球市场中,LG、三星、飞利浦等大厂的产品品质都有保证。另外,在选购某款产品时,一定要在网上先查看一下相关的评测,多进行比较，做到心中有数。

### 5. 测试

在选购液晶显示器时，还可以使用软件来测试所购显示器的真实性能。例如，DisplayX 就是一款免费的显示器检测软件，它可以检测显示器的色彩、响应时间、对比度、文字显示效果、有无"坏点"等至关重要的指标。此外，液晶屏的亮度均匀性也很重要，在较暗的环境下，将液晶屏调到全黑状态，可以看出液晶屏的亮度均匀性效果。

### 6. 保修

显示器的质保时间是由厂商自行制定的，一般有 1～3 年的全免费质保服务。因此用户要了解详细的质保期限，毕竟显示器在微机配件中属于特别重要的电子产品，一旦出现问题，会对用户的使用造成极大影响。目前已经有越来越多的厂商实行了三年全免费质保，这无疑给用户带来了更大的保障，因此用户应尽量选择质保期长的产品。

## 6.1.9　其他部件的选购

### 1. 键盘的选购

键盘是计算机最常用的输入设备。在选购键盘时，除重点参考前面已讲述的键盘的主要技术参数（外观设计、工作噪声、人体工程学、键盘的扩展功能等）外，还应该注意以下几个方面。

（1）舒适度

一些键盘是按照人体工程学来进行设计的，通过对键盘外形的特殊设计，使用户在长时间使用键盘时不至于感到疲劳，可以减少长期处于同一姿势下对身体的伤害。

（2）操作手感

手感好的键盘在敲击时按键回弹力度适中且没有晃动，声音清脆。操作起来非常流畅，没有生涩的感觉。

（3）做工

通过对键盘外部的观察，可以检查出键盘是否存在边缘毛刺、异常突起、粗糙不平、字符颜色脱落等情况，一款做工考究的键盘是不会出现上述问题的。

（4）多媒体功能

目前很多键盘都支持多媒体扩展功能，如一键上网，音频播放功能键，音量调节功能键等。这些功能键的加入，在很大程度上方便了用户的日常操作。

### 2. 鼠标的选购

鼠标和键盘一样，承担着日常工作的大部分操作任务。鼠标属于易损配件。在选购鼠标时，除重点参考前面已讲述的鼠标的主要技术参数（分辨率、采样率、鼠标的接口、鼠标的配重、人体工程学、传输方式、电池续航能力等）外，还应该注意以下几个方面。

（1）舒适度

根据科学家的测试，长期使用手感不合适的鼠标，可能会引发一些上肢综合疾病。如果长时间使用鼠标，就应该注重鼠标的舒适度。一款好的鼠标应该根据人体工程学原理设计外形，手握时感觉轻松、舒适且与手掌贴合。按键轻松而有弹性，滑动流畅，屏幕指针定位精确。

（2）按键次数

鼠标按键使用频率非常高，是特别容易损坏的元件。品牌好的鼠标一般都会承诺按键次数，例如保证按键能单击 10 万次。这样的承诺体现了厂家对自己产品的充分自信，另一方面也反映了产品的质量优良。

（3）保修期

质量再好的鼠标也有损坏的时候，因此购买一款保修期长的鼠标显得尤为重要。目前市场上的鼠标一般保修期为 1 年，但也有一些高端品牌鼠标保修期为 2～3 年。

**3. 音箱和耳机的选购**

音箱和耳机一样，是将音频电信号转化为机械声波的一种设备。通常音箱会通过自带的功率放大器对声卡传输出来的音频电信号进行放大处理后，再由音箱喇叭回放。而耳机一般就直接使用音频电信号驱动发声单元（耳机振膜）来回放，所以耳机的声音较小。在选购音箱和耳机时，应该注意以下几个方面。

（1）功率

功率决定了音箱所能发出的最大声音强度。对音箱功率的标注方法有两种：额定功率和最大承受功率。额定功率是指在额定频率范围内给扬声器一个规定了波形的持续模拟信号，在一定间隔并重复一定次数后，扬声器不发生任何损坏的最大电功率；最大承受功率是指扬声器短时间所能承受的最大功率。在选购音箱时应以额定功率为准。音箱的功率主要由功率放大器芯片的功率决定，此外还与音箱电源变压器的功率有关。虽说音箱的功率是越大越好，但要适可而止，对于普通家庭用户 20 $m^2$ 左右的房间来说，2×30 W 的音箱已是绰绰有余了。

（2）频响范围

频响范围是指发声设备在音频信号重放时，在额定功率状态下所能重放音频信号的频率响应宽度。一般发声设备的频响范围越宽越好，人耳听力的频率范围为 18 Hz～20 kHz。一般外置有源音箱的频响范围要求在 50 Hz～15 kHz，要求较高的可以达到 30 Hz～18 kHz 左右。

（3）灵敏度

灵敏度又称声压级，是指给音箱系统中的扬声器输入电功率为 1 W 时，在扬声器正前方 1 米远处能产生多少分贝的声压值。灵敏度是衡量扬声器对音频信号中的细节能否巨细无遗重放的指标。灵敏度越高，扬声器能够体现的音频细节就越多。灵敏度的单位为分贝（dB）。普通音箱和耳机的灵敏度应在 85～90 dB。

（4）失真度

失真度是指一个未经放大器放大前的信号与经过放大器放大后的信号的百分比差别。通常微机用的音箱设备的声波失真允许范围在 10% 以内，而高档的耳机可以将失真度控制到 0.1% 左右。一般人耳对 5% 以内的失真不敏感，因此不建议购买失真度大于 5% 的音箱。

（5）信噪比

信噪比是指音箱回放的正常声音信号与无信号时噪声信号（功率）的比值，用 dB 表示。信噪比低的音箱，小信号输入时噪声严重，影响音质。对于信噪比低于 80 dB 的音箱、低于 70 dB 的低音炮,不建议用户购买。

此外还要注意:扬声器的材质、音箱的材料、磁屏蔽性能、功能设计及售后服务等。在选购时多挑几款不同品牌和不同档次的产品进行试听,做到"耳听为实"。

现在市场上的音箱和耳机种类繁多,价格也从几千元到几十元不等,通常来说价格越贵的音箱和耳机,其性能也越好。但是如果只是用来学习、玩游戏、听 MP3,就没有必要使用太昂贵的音箱和耳机。况且高档音箱和耳机还需要搭配高档声卡才能发挥出较好的效果。

**4. 打印机的选购**

在选购打印机时,除重点参考前面已讲述的打印机的主要技术参数(打印分辨率、打印速度、打印幅面、色彩调和能力、打印内存、打印噪声、接口等)外,还应该注意以下几个方面。

(1)了解产品用途

对于商业用户来说,打印机的选购一定要根据公司的实际需求情况而定。无论是喷墨打印机还是激光打印机,都是为不同的工作用途而设计的。如果平常只是打印少量的文档并偶尔兼顾打印数码照片,目前喷墨打印机配合专用的照片打印墨水和纸张就能满足需要。而办公室大量的打印任务则选择黑白激光打印机比较好,其具备的大容量纸盒、高效率打印、更便捷的远程操作,这些都能使办公效率得到提高。

(2)挑选可靠品牌

在购买打印机时不应贪图便宜,应尽可能选择那些不仅在质量上有可靠的保证,而且在售后服务、维修和技术培训等多方面都有良好支持的品牌。

(3)掌握使用成本

目前许多打印机售价已经非常低,甚至还出现了购买微机赠送打印机的捆绑销售模式。很多用户在选购打印机时,也更多地关注一次性投入的成本,而往往忽视了很重要的后期购买耗材的成本。由于正品耗材价格昂贵,对于那些不舍得花钱购买正品耗材的用户,一旦使用了劣质耗材,将会出现一系列的问题,如打印质量差、喷头堵塞、硒鼓损坏等。为此用户不得不负担更多的维修费用,有时维修费用基本接近打印机本身的价格。所以用户在购机前一定要重视耗材这个重要的成本因素。

(4)性能够用原则

如果不是专业用户,对于打印机的打印速度、打印效果精细方面没必要过分要求。因为目前一般打印机的打印质量完全可以满足家用需求。因此,用户在购买时不必花额外的费用去追求那些具有高指标的打印机。

**5. 扫描仪的选购**

在选购扫描仪时,除重点参考前面已讲述的扫描仪的主要技术参数(光学分辨率、色彩位数、灰度级、扫描速度、扫描幅面、接口等)外,还应该注意以下几个方面。

(1)配套软件

扫描仪性能的发挥和功能的实现除了硬件设备本身的因素以外,关键还取决于软件。扫描仪产品即使其硬件的指标再高,如果没有软件配合也是无济于事。因此在选购扫描仪时,一定要仔细了解配套软件是否齐备。扫描仪配套软件通常包括图像编辑类软件、

OCR 类软件和矢量化软件等。OCR 是目前扫描仪产品比较重要的软件,它提供了将扫描的印刷文字图片转化为文本的功能,是一种全新的文字输入手段。OCR 技术能大大提高用户的工作效率。

(2)是否配有快捷键

和打印机相比,扫描仪的操作要相对复杂和繁琐一些。针对这一情况,家庭用户在选购时应该关注那些设计了常用功能快捷键的扫描仪,通过这些快捷键可以一键式完成原本较为繁琐的操作,降低工作量。

(3)性能够用原则

对于普通家庭用户来说,目前市场上销售的扫描仪都能满足日常要求。例如,对文稿的 OCR 识别,300 dpi×300 dpi 就已经足够。对照片扫描,600 dpi×600 dpi 也已经能获得相当高的清晰度。因此对于普通用户来说,不必在高分辨率指标上过于苛求。

# 6.2　提升微机的性能

提升微机的性能,通常也称作"微机升级",一般是指通过提升硬件或软件性能的方法,以达到提高微机性能或增加功能的目的。当今电子技术发展速度非常快,各种 IT 产品的升级换代速度也非常迅速,微机升级是每个用户都需要面对的。通常微机需要升级的部件主要有 CPU、内存、硬盘、显卡等。

## 6.2.1　提升 CPU 的性能

作为微机的运算和控制中心,CPU 的速度在一定程度上决定了微机的档次。CPU 也是微机上最常见的需升级部件。提升 CPU 性能一般分为替换升级和超频两种方式。

**1.替换升级 CPU**

替换升级非常简单,只需将原有的 CPU 取下,再换上高性能的新 CPU 即可。但要注意新的 CPU 能否被原主板支持。

**2.超频 CPU**

超频是一种常见的提升性能方法,因为它无须用户花费额外的费用就能直接提升 CPU 的性能,所以这种方法比较流行。所谓超频就是直接提升 CPU 的外频或倍频,以达到提高 CPU 主频的目的。CPU 的主频=外频×倍频,通常 CPU 倍频在出厂时已被锁定(也有部分没有锁倍频的),只能通过在 BIOS 中提升 CPU 的外频来使主频提高。超频 CPU 时需要注意内存和其他部件的稳定性,因为这些部件都是以 CPU 外频为基准频率工作的。超频 CPU 时还要特别注意散热的问题,通常超频使用的 CPU 发热量都非常大,稍有不慎就有可能导致 CPU 烧毁,因此在超频使用 CPU 的同时应更换更好的散热系统。

## 6.2.2　提升内存的性能

在微机使用一段时间后,需要更大的内存来应付各种最新发布的软件;新的操作系统通常也需要更大的内存来支持。当微机内存不够用时,就不得不频繁地与硬盘交换数据,此时系统的速度就会明显地变慢。

提升内存的性能主要是增加内存的容量；当然也可以提升内存的工作频率，通过在BIOS中设置内存频率来实现，但需特别慎重。此外，还可以设置内存的时序参数来提升内存的性能，但设置相当复杂，稍有不慎，系统将不稳定，一般不建议进行此类操作。

如果想让一台微机性能提升立竿见影，增加内存容量是最简单且经济的方法。由于主板上一般都有两条以上的内存插槽，因此可以任意增加内存直到内存插槽插满为止。在扩充内存时必须注意新内存条和老内存条之间是否兼容。除了要考虑两者之间的频率差异外，还应注意两者的品牌差异，因为品牌、频率不同都可能导致内存条之间的不兼容。此外，如果主板支持双通道或三通道内存技术，应将两条或三条同规格的内存条插入到相同颜色的插槽中，即可实现双通道或三通道功能，其效果为最佳。

## 6.2.3　提升硬盘的性能

微机中硬盘对整机速度的影响主要来自于硬盘的转速、缓存以及接口速率。目前对于硬盘的性能提升除了增加硬盘的容量以外，更应该注重硬盘的转速、缓存以及接口速率。更换成转速更高、缓存更大以及 SATA 3.0 接口（需主板支持）的硬盘，对提升微机整体性能效果非常明显。

目前，部分高档微机提升硬盘性能的方法是将固态硬盘作为专门的启动盘，替换原来的机械硬盘。因为固态硬盘的性能在各个方面都超过了机械硬盘，所以将操作系统和常用的软件安装在固态硬盘上，对微机性能将有很大的提升。

## 6.2.4　提升显卡的性能

随着各类 3D 软件对显卡浮点计算、大量的多边形生成、光影计算、材质和图形纹理处理等 3D 性能的要求越来越高，显卡的更新换代也越来越频繁。用户可以通过替换升级、超频显卡或更新显卡驱动程序等方式来获取更好的显示性能。

### 1. 替换升级显卡

替换升级就是重新购买一块性能更好的显卡来替换原有显卡。通常只要主板和升级显卡的接口匹配，更换显卡是很容易的。需要考虑的是微机电源的输出功率是否能够满足新显卡的要求，因为一旦电源功率不足就会导致显卡工作不正常或系统不稳定。

### 2. 超频显卡

因为显卡与 CPU 并不相同，所以超频显卡的方法也有自己的特点，总的来说，都是通过各种"软"方法来修改显卡的显示核心/显存的频率，以使图形芯片/显存工作在更高的频率下，这样自然能提高显卡的性能（对于 3D 加速来说意义很大）。可利用专门的显卡超频软件，或利用显卡驱动程序中隐藏的超频选项，以及修改并刷新显卡 BIOS 来实现显卡超频，但需十分谨慎。因为显卡在超频后发热量会急剧增大，所以一定要做好显卡自身的散热以及机箱的散热工作。

### 3. 更新显卡驱动程序

更新显卡驱动程序不但可以解决显卡与一些软件的兼容性问题,还可以将显卡的性能更好地发挥到极致。有些显卡驱动程序甚至还能激活显卡的某些隐藏功能,提升性能的效果非常明显。更新驱动程序一般对新上市的显卡尤为重要。

# 6.3　笔记本电脑的选购

随着技术水平的发展,笔记本电脑的价格在不断降低,同时因为笔记本电脑轻巧、方便携带的特点,使之越来越成为人们购买计算机产品的首选类型。对于笔记本电脑的选购应注意以下几个方面。

### 1. 尺寸

笔记本电脑是高度集成的设备,笔记本电脑的尺寸直接决定了屏幕、键盘等外部设备的大小,也同时决定了内部设备所能占用空间的大小,还基本决定了这台笔记本电脑的重量和便携性。

通常笔记本电脑的尺寸有 11.6 英寸、12.1 英寸、13.3 英寸、14.1 英寸和 15.6 英寸等。就同等价格区间的笔记本电脑而言,尺寸越小,重量越轻,性能也随之下降;反之尺寸越大,性能越好。所以一旦确定了购买笔记本电脑的预算后,选择一个合适的尺寸是首先需要仔细考虑的问题,通常要根据购买者的应用需求来确定。例如,商务人士经常出差,用于处理的内容以文档和表格为主,则应购买小尺寸、便携性高的笔记本电脑;而对于那些喜爱游戏和娱乐的人士,就应该挑选尺寸较大、性能较好的笔记本电脑。

### 2. 配置

笔记本电脑也是一台微型计算机,其同样是由 CPU、主板、内存、显卡和硬盘等组成的,只不过作为笔记本电脑的配件其集成度更高、体积更小而已。对其性能的评价和衡量与台式微机没有区别。

但是,笔记本电脑因为其高度的集成化导致其配件大部分是专门设计和制造的,无法像普通台式微机那样可以自由地更换和维护,这也就造成了笔记本电脑的配置一般是固定的,无法进行更换和升级。笔记本电脑的厂商一般会根据用户的需求在同一价位上提供若干不同配置的机型供消费者选择,这些配置一般会有比较明显的区别,如在 CPU 和显卡上的不同侧重。通常决定笔记本电脑价格的主要因素是在 CPU 和显卡的配置上,在一定的价格区间内或是 CPU 性能较好而显卡性能一般的配置,或是 CPU 性能一般而显卡性能不错的配置。因此用户要参考和比较多种同价位的机型,并从中选取适合自己需求的配置机型。

### 3. 保修

目前市场上大部分笔记本电脑都是由品牌厂商生产的,质量是比较可靠的。但是再好的厂家也不能保证自己生产的笔记本电脑绝无问题,所以笔记本电脑的保修是非常重要的。目前正规厂商都会执行国家有关笔记本电脑的“三包”规定,也有部分厂商提供了比国家"三包"更高的保修标准,因此用户要了解详细的质保条款和期限,以备不时之需。

# 6.4　一体机的选购

一体机又称 AIO(All In One),顾名思义就是把传统的台式微型计算机的主机、显示器、甚至音箱整合于一体,将这些硬件都集成于显示器中。因此,一体机没有了庞大的主机箱以及音箱等配件,非常节省桌面空间又方便移动;并且一体机的外形通常都是经过厂家精心设计的,看起来既简洁时尚又美观大方。对于一体机的选购应注意以下几个方面。

**1. 外形**

一体机与传统台式机的定位并不完全一致,这是由一体机的性能和特点所决定的。就目前而言,一体机越来越明显地偏向于家庭娱乐方面。相对于传统的台式机,一体机更像是一款集电视与电脑功能于一体的混合型产品,它的应用重点并不放在传统的个人游戏或办公领域,而是在家庭娱乐、视频影音播放以及互动游戏方面。因此一体机的外形是否美观大方、颜色是否适合家居的配色等成为选购一体机的重要参考因素。

通常大品牌厂商的一体机是聘请专业团队进行外形和配色设计的,这些设计都比较符合大多数人的审美,同时因为大厂的一体机销量大,相应的与之配套的周边设备(如蓝牙音箱和手势控制器)也较多,更方便了用户的选购。

**2. 配置**

一体机和笔记本电脑类似,都是高度集成化的微型计算机,这也就造成了一体机和笔记本电脑一样,通常无法自行对内部的配件进行更换和维护。同样,一般厂商也会为同一类型的一体机设计几种不同 CPU 和显卡的配置。因此多参考和比较同价位的机型配置,也是选购一体机的重要步骤之一。

**3. 保修**

一体机的保修和笔记本电脑类似,都是由厂商按国家规定提供"三包"服务,但是由于一体机的外观尺寸及重量较大,并不适宜长距离搬运,所以厂商都提供了预约的上门服务。用户要了解详细的质保条款和期限,特别是提供上门服务的期限。

# 本章小结

本章主要介绍了各种微机配件的选购方法,笔记本电脑和一体机的选购方法,以及硬件升级方法等。

购置微机首先要明确使用目的,然后确定价格预算。在制订配置方案时,各配件的配置是否合理关键在于各配件之间的兼容性以及速度匹配。各个配件之间不要出现太大的速度差异,否则会导致整体性能的下降。

# 实训题

## 实训　模拟选购与配置微型计算机

**【实训目的】**

(1)了解当前计算机市场的主流微机配件。

(2)学习选购和配置微机的方法。

**【实训内容】**

向当地市场中任意一家销售微机配件的公司索取当日的报价单,通过分析使用需求,分别制订办公型(要求稳定)和游戏型(要求性能)两套购机配置方案,预算价格分别为4000元和6000元以内。在配置微机时要注意各配件之间的兼容性,主要部件(CPU、主板、内存)之间的速度匹配等。

**【实训环境】**

当地的各大微型计算机 DIY 市场。

**【实训步骤】**

(1)在调研和讨论的基础上,分别写出办公型和游戏型微机的使用需求。

(2)前往 DIY 市场索取报价单。

(3)根据需求和预算进行各种微机配件的选购和配置。

(4)按照下列的配置表(见表 6-2)写出书面配置结果。

表 6-2　　　　　　　　　　　微机配置清单

| 序　号 | 配件类别 | 型　　号 | 单　价 | 数　　量 | 金　　额 | 备　注 |
|---|---|---|---|---|---|---|
| 1 | CPU | | | | | |
| 2 | 主板 | | | | | |
| 3 | 内存 | | | | | |
| 4 | 硬盘 | | | | | |
| 5 | 光驱 | | | | | |
| 6 | 显卡 | | | | | |
| 7 | 显示器 | | | | | |
| 8 | 机箱 | | | | | |
| 9 | 电源 | | | | | |
| 10 | 键盘 | | | | | |
| 11 | 鼠标 | | | | | |
| 12 | 音箱 | | | | | |
| 13 | 耳机 | | | | | |
| 14 | 其他 | | | | | |
| | 总　价 | | | | | |

【**实训总结**】

实训结束后,认真填写实训报告,记录实训结果(微机配置清单),总结在选购和配置微机配件时的体会和收获。

# 思考与习题

1. 在确定微机配置方案时,需要考虑哪些要点?

2. 内存选购要注意哪些方面?

3. 上网查询一些网站提供的配置方案,查看网友的选购经验。参考网站如下:

中关村在线 http://zj.zol.com.cn/

太平洋电脑网 http://diy.pconline.com.cn/

泡泡网 http://diy.pcpop.com/

天极网 http://zj.yesky.com/

# 第7章　硬件组装

## ● 本章学习目标

- 熟悉微机硬件组装的基本步骤
- 加强对微机各组成部件的了解
- 实现能够自主地组装一台微机

## 7.1　装机前的准备工作

### 1. 工具的准备

微机的组装需要使用一些工具,如图 7-1 所示。

（1）十字形解刀

十字形解刀,也称为十字形螺丝刀,通常用于拆卸和安装十字形的螺钉。由于微机上的螺钉基本上都是十字形的,所以十字形解刀是微机组装的主要工具。

通常要选择带磁性的解刀,因为微机中配件较多,空余的空间不大,安装螺钉时经常人手不方便进入,所以使用带磁性的解刀可以很方便地进行铁质螺钉的安装。但是解刀的磁性也不能太大,因为过强的磁性可能会损坏其他的部件,如磁盘。通常磁性的大小以能够吸引螺钉而不脱落为宜。

图 7-1　常用的装机工具

（2）平口解刀

平口解刀,也称为一字形螺丝。平口解刀主要用于一些需要进行拆卸的地方,如拆卸机箱金属挡板和产品包装等。相比十字形解刀,使用要少一些。

（3）镊子

在设置主板、硬盘、光驱等跳线时,由于跳线部分的空间十分狭小,无法使用手指进行相应设置,这时就需要使用镊子进行设置。如果螺钉掉在机箱里且卡住了,也可以用镊子取出。

（4）导热硅脂

在 CPU、芯片组、显卡 GPU 等发热量很大的部件上都会安装散热器,而散热器和发热部件之间不可能很紧密地接触,这就会导致散热不良。涂抹导热硅脂就是为了使散热器和发热部件紧密结合,以增强硬件的散热效果。

（5）其他工具

在装机中可能会使用的工具还有:安装固定主板的铜柱垫脚螺母要用到的尖嘴钳;盛

装各种螺钉、跳线等细小零件的收纳器等。

**2.微机配件的准备**

组装一台微机的配件包括：CPU、主板、内存、显卡、硬盘、光驱、机箱及电源、键盘、鼠标、显示器、各种数据线及电源线等。如图 7-2 所示。

图 7-2 微机配件

**3.注意事项**

(1)在组装微机前，为防止人体所带静电对电子元器件造成损伤，要先消除身上的静电。例如，用手摸一摸铁制水管，或用湿毛巾擦一下手。

(2)在组装过程中，对各个配件要轻拿轻放，不要磕碰。在不知道怎样安装时要仔细查看说明书，严禁粗暴装卸配件。在用螺钉固定配件时，对好位置先不要拧紧，要等所有螺钉都到位后再逐一对角拧紧，以免引起板卡变形、接触不良。在安装带针脚的配件时，应该注意安装是否到位，避免安装过程中针脚断裂或变形。在对各个配件进行连接时，应该注意插头、插座的方向，如缺口、倒角等，插接的插头一定要完全插入插座，以保证接触可靠。另外，在拔插时不要抓住连接线来拔插，以免损伤连接线。

(3)微机组装完成后要经过仔细检查才能接通电源进行测试。

# 7.2 组装步骤

## 7.2.1 安装机箱、电源

微机机箱电源的安装需将机箱进行拆封，并且将电源安装在机箱内部。一般情况下，用户购买的机箱本身就配有已安装好的电源，假如用户对电源品质有更高的要求，则可以另配机箱的电源，具体的拆卸机箱并安装电源的步骤如下：

1.将机箱从包装箱中取出，从机箱的前面板中可以看到前置的 USB 接口、音频接口、电源按钮、硬盘指示灯和电源指示灯等。

2.将机箱扭转，在机箱的后面板上将机箱盖板的螺钉拧下，然后用手向后拉动机箱盖板即可取下盖板,如图 7-3 所示。

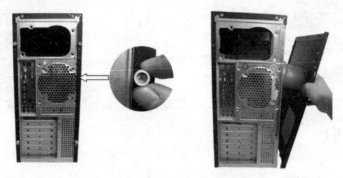

图 7-3　打开机箱盖板

3.通过上述方法,将另一块盖板去掉后,将机箱平放到工作台上。

4.取出电源,将带有风扇并且有四个螺钉孔的那一面向外,放入机箱内部。在放入过程中,对准机箱上电源的固定位置,将四个螺钉孔对齐,如图 7-4 所示。

5.左手控制好电源的位置,右手使用螺丝刀将四个螺钉拧上,如图 7-5 所示。需要注意的是,刚开始拧螺钉的时候无须拧紧,待所有螺钉拧上后,再依次按照对角线方式拧紧四个螺钉,这样做能够保证电源安装的绝对稳固。

图 7-4　安装电源　　　　　　　　　　　图 7-5　固定电源

## 7.2.2　安装 CPU 与散热器

CPU 与散热器的安装,即在主板的 CPU 插座上插入所需的 CPU,并安装 CPU 散热器。其具体的安装步骤如下:

**1. 安装 CPU**

(1)从包装袋中取出主板,平放到工作台上。主板下面最好垫上一层胶垫,以避免在安装过程中损坏主板背面。

(2)在主板上找到安装 CPU 的插座,将插座旁边的手柄轻微向外掰开,然后抬起手柄,此时 CPU 插座会向旁边发生轻微侧移,这表明 CPU 可以插入了,如图 7-6 所示。

(3)将 CPU 从包装盒中取出后,观察 CPU 的四个角上的标记,而在主板的 CPU 插座上面也有对应的标记,这些标记标识着 CPU 正确的安装方向,如图 7-7 所示。

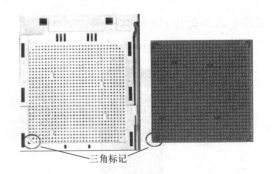

三角标记

图 7-6　抬起 CPU 插座的手柄　　　　　　　　图 7-7　对照主板和 CPU 的标记

（4）将 CPU 针脚向下，按照标记的方向，放入到 CPU 插座中，如图 7-8 所示。放入 CPU 不会有多大的阻力，如果阻力较大，应立即停止安装 CPU，观察分析阻力的原因并排除，以免损坏 CPU。

（5）用手指将 CPU 轻轻按平到 CPU 插座上，旋转主板一周观察 CPU 是否与插座严密吻合，然后将手柄压下来锁定，如图 7-9 所示。

图 7-8　将 CPU 插入主板插座　　　　　　　　图 7-9　下压手柄锁定 CPU

## 2. 安装 CPU 散热器

（1）取出导热硅脂，将其均匀地涂抹在 CPU 的金属外壳上，薄薄的一层即可。导热硅脂能将 CPU 的热量很好地传导至散热器，从而有效地增强散热效果。

（2）取出 CPU 散热器，然后将它与 CPU 支架对齐，安放到 CPU 上，使之与涂抹导热硅脂的 CPU 紧密接触，如图 7-10 所示。

（3）将散热器两边的金属挂钩挂在支架对应的卡口内，如图 7-11 所示。

图 7-10　安装 CPU 散热器　　　　　　　　图 7-11　将挂钩挂在支架上

（4）在确定挂钩已经挂好在支架上时，再将 CPU 散热器的手柄用力下压，使散热器与 CPU 紧密结合，如图 7-12 所示。在下压手柄过程中，如果散热器倾斜，一定要停止下压，并检查两侧挂钩是否挂好。另外，在安装过程中，不要用力过猛，以免造成损伤。

（5）散热器固定完成后，在主板上找到 CPU 风扇的电源插座，将 CPU 风扇电源线插头连接到主板 CPU 风扇的电源插座上，如图 7-13 所示。待电源线插好后，CPU 散热器的安装就完成了。

图 7-12　下压散热器手柄　　　　　　　　图 7-13　连接 CPU 风扇电源

## 7.2.3　安装内存条

主板上的内存条插槽一般都采用不同的颜色来区分单通道、双通道和三通道等。用户将两条或三条同规格的内存条插入到相同颜色的插槽中，即可实现双通道或三通道功能。这里仅以一条内存条为例进行安装，具体操作步骤如下：

1. 取出准备好的内存条，先仔细观察。此时，用户会发现，内存条的下边有一个凹槽，两侧分别还有卡槽。

2. 在主板上找到内存的插槽，用户可以发现内存插槽两端分别有一个卡子，并且在内存插槽中间还有一个隔断。用双手把内存条插槽两端的卡子向两侧掰开，如图 7-14 所示。

3. 将内存条下边中间的凹槽对准内存插槽上的隔断，平行地将内存条放入内存插槽中，并轻轻地用力按下内存条，如图 7-15 所示。听到"咔"的一声响后，内存插槽两端的卡子恢复到原位，卡入内存条两侧的卡槽中，说明内存条安装到位。如果内存条插到底，两端的卡子不能自动归位，可用手将其掰到位。

图 7-14　将内存条卡子向外掰开　　　　　　图 7-15　安装内存条

### 7.2.4　安装主板

主板的安装是将已插好 CPU 和内存条的主板安装到机箱内部，其具体安装步骤如下：

1. 将已打开的机箱平稳地放在工作台上，找到机箱内安装主板的螺钉孔，这些孔要与主板的固定孔位相对应。如果不对应，则可能引起短路，损坏主板。

2. 取出机箱提供的主板垫脚螺母（铜柱）和塑料钉，拧到这些螺钉孔中，如图 7-16 所示。固定主板所使用的垫脚螺母和其他的螺钉不一样，一般是橙黄色的铜柱。这里需要注意的是，铜柱垫脚螺母一定要用尖嘴钳拧紧，以免在今后需要拆取主板时会连同铜柱垫脚螺母一同旋转取下，极为不方便。

3. 将机箱后部的 I/O 接口密封片撬掉，并安装一块机箱后部 I/O 接口挡板（由主板一起提供）。在去掉密封片的过程中，可以首先使用平口螺丝刀将其顶部撬开，然后用尖嘴钳将其掰下。

4. 将主板一侧倾斜，并用手托住将其放置到机箱内部，如图 7-17 所示。在放置过程中，一定注意要将主板后部的 I/O 接口与机箱接口挡板对齐。

图 7-16　安装主板垫脚螺母　　　　　　　图 7-17　安放主板

5. 放置后，观察主板上的固定孔位是否与刚拧上的垫脚螺母（铜柱）对齐。待检查主板放置无误后，使用螺钉将主板固定在机箱内，如图 7-18 所示。

6. 主板安装到机箱内后，将机箱立起来，检查机箱内是否有多余的螺钉或其他小杂物。

图 7-18　用螺钉固定主板

## 7.2.5　安装接口卡

目前几乎所有主板都集成了声卡和网卡功能，所以一般不再需要安装声卡和网卡。采用集成显卡的用户也不需要安装显卡。如果安装独立显卡，其具体步骤如下：

1.在主板上找到 PCI-E 显卡插槽的位置，将显卡插槽的卡子向外掰开。如图 7-19 所示。

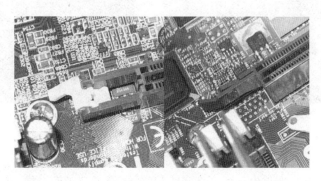

图 7-19　显卡插槽卡子

2.用尖嘴钳将机箱后部显卡插槽对应位置上的扩展挡板撬掉。需要注意的是，目前部分高档显卡因为散热而需要占用两个扩展挡板位置。

3.将显卡金手指的一端对准 PCI-E 插槽，并将显卡有输出接口的一端对准拆掉的挡板位置，将显卡向下按压，如图 7-20 所示。

4.显卡插入插槽中后，显卡插槽卡子会自动弹起，防止显卡松动，而显卡有输出接口的一端正好搭在机箱的板卡安装位上，挑选螺钉固定显卡即可，如图 7-21 所示。

图 7-20　安装显卡

图 7-21　固定显卡

## 7.2.6　安装硬盘和光驱

硬盘和光驱是微机最主要的辅助存储设备。具体安装步骤如下：

**1.安装硬盘**

(1)安装硬盘时，用手托住硬盘，正面(标明硬盘容量和类型等信息的一面)朝上，将硬盘对准 3.5 英寸固定架的插槽,轻轻地往里推,直到硬盘的四个螺钉孔与固定架上的螺钉孔位置对准为止,如图 7-22 所示。

(2)选择合适的螺钉将其拧紧在硬盘的螺钉孔内,以固定硬盘,如图 7-23 所示。

图 7-22　安装硬盘　　　　　　　　　　　　　　　图 7-23　固定硬盘

**2. 安装光驱**

(1)将机箱面板上光驱位置的前挡板去掉,然后将光驱正面向前,接口端向机箱内,从机箱前面缺口中滑入机箱内部,如图 7-24 所示。

(2)调整光驱的位置,使光驱面板同机箱面板处于同一个平面上,使光驱螺钉孔对准固定架上的螺钉孔。然后,分别在固定架两侧拧上螺钉,以固定光驱,如图 7-25 所示。

图 7-24　安装光驱　　　　　　　　　　　　　　　图 7-25　固定光驱

# 7.2.7　连接机箱内部线缆

**1. 主板供电线路的连接**

(1)在主板上可以找到一个长方形的插座,它就是为主板提供电源的插座,如图 7-26 所示。目前主板供电的接口主要有 24 针脚和 20 针脚两种,无论采用 24 针脚还是 20 针脚,其插法都是一样的。

(2)从机箱电源的一把电源线中找到比较宽大的两排共 24 孔电源插头,如图 7-27 所示。

（3）用手捏住 24 孔电源插头，对准主板的供电插座，缓缓地用力向下压，如图 7-28 所示，听到"咔"的一声时，表明插头已经插好。

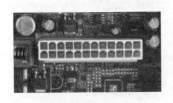

图 7-26 主板供电插座     图 7-27 电源供电插头     图 7-28 电源线连接到主板

### 2. CPU 供电线路的连接

为使 CPU 更加稳定地工作，现在的主板上均提供一个专门辅助为 CPU 供电的 12 V 电源插座，如图 7-29 所示。机箱电源提供给 CPU 的供电插头如图 7-30 所示。

CPU 供电接口的连接方法非常简单，在机箱电源线中找到此插头，将其插在对应的插座中即可，如图 7-31 所示。

目前部分高档 PCI-E 显卡的功率也很大，往往在显卡上也设置了电源独立供电接口，其连接方法是一样的。

图 7-29 CPU 供电插座     图 7-30 CPU 供电插头     图 7-31 连接 CPU 供电线路

### 3. 硬盘和光驱供电线路的连接

目前的主流硬盘和内置光驱绝大部分都采用了 SATA 接口，而 SATA 硬盘和光驱的电源接口为 15 针接口。IDE 硬盘和光驱的电源接口为 4 针接口。这里以 SATA 硬盘和 IDE 光驱为例，其电源接口连接步骤如下：

（1）在机箱电源线中找一个 SATA 接口类型的电源线插头，对准硬盘的电源接口进行插入，如图 7-32 所示。其上有"L"型防插反设计，如果插反，则无法插入。

（2）在机箱电源线中找一个 IDE 接口类型的电源线插头，对准光驱的电源接口进行插入，如图 7-33 所示。其上有"D"型防插反设计，如果插反，则无法插入。

图 7-32　电源线连接到硬盘　　　　　　图 7-33　电源线连接到光驱

**4.硬盘和光驱数据线的连接**

SATA 硬盘和光驱的数据线接口为 7 针接口。IDE 硬盘和光驱的数据线接口为 40 针接口。这里以 SATA 硬盘和 IDE 光驱为例,其数据线接口连接步骤如下:

(1)连接 SATA 硬盘数据线

由于 SATA 接口设计非常合理,所以使得安装变得十分简单。本例中的主板提供了 6 个 SATA 接口,通常在插座旁边会标有"SATA1"、"SATA2"等文字标识。在安装 SATA 数据线时,只需注意数据线接口的"L"型方向,一端连接硬盘的 SATA 接口,一端连接主板上的 SATA 接口即可。由于其上有"L"型防插反设计,如果插反,则无法插入。同时 SATA 接口一般都带有机械连锁,以防止接插件意外脱落,因此如果要断开 SATA 接口的连接时,需将插头往里按一下,才能拔出。

①取出 SATA 数据线,将 SATA 数据线的一端插入至硬盘的数据线接口中。如图 7-34 所示。

②将 SATA 数据线的另一端插入至主板的任何一个 SATA 接口中即可,如图 7-35 所示。

图 7-34　SATA 数据线连接到硬盘　　　　图 7-35　SATA 数据线连接到主板

(2)连接 IDE 光驱数据线

一根典型的 80 芯 IDE 数据线上有 3 个插头,分别为蓝色、黑色和灰色。其中蓝色插头(SYSTEM)连接主板的 IDE 接口,黑色插头(MASTER)与主盘相连,灰色插头(SLAVE)与从盘相连。如果一根数据线上挂两个 IDE 盘时,两个盘要进行跳线设置以

示主、从区别。在安装 IDE 数据线时,在数据线插头端中间有一个凸出的塑料块,在 IDE
接口插座中留有一个定位小缺口,两者要对齐才能插入。如果方向反了强行插入,则连接
设备不能工作,但不会烧坏设备,只需把方向掉过来重新插入即可。

　　①取出 IDE 数据线,将数据线黑色插头适当地用力插入光驱 IDE 接口中,注意凸出
的塑料块和定位小缺口的对应。如图 7-36 所示。

　　②将数据线的蓝色插头对准主板上的 IDE 插座,然后适当地用力按下去,注意凸出
的塑料块和定位小缺口的对应。如图 7-37 所示。

图 7-36　IDE 数据线连接到光驱

图 7-37　IDE 数据线连接到主板

### 5. 机箱前置面板的连接

　　在机箱的前置面板连线中一般包括:电源开关(PWR SW)、复位按钮(RESET SW)、
电源指示灯(POWER LED)、硬盘指示灯(HDD LED)、PC 喇叭(SPEAKER)等的连线,
以及前置音频接口和前置 USB 接口的连线等。

　　在主板上左下方的位置附近一般会有一组插针,这一组插针主要包括电源开关
(PWR SW)、复位按钮(RESET SW)、电源指示灯(POWER LED)、硬盘指示灯(HDD
LED)、PC 喇叭(SPEAKER)等的插针。在主板上一般还有用于前置音频接口和前置
USB 接口连接的插座。

　　不同品牌的主板在设计这些插针和插座的位置时都有所不同,用户在插接时,一定要
参照主板说明书来操作。图 7-38 所示的是本例中机箱前置面板的所有插头。图 7-39 所
示的是正确插接后的样子。

图 7-38　机箱前置面板的插头

图 7-39　正确插接前置面板插头

## 7.2.8　连接外部设备

不同品牌的主板及显卡,其后部提供的 I/O 设备接口会有所不同。本例中的主板提供了 1 个 PS/2 键盘接口、1 个 PS/2 鼠标接口、6 个 USB 接口、1 个串口、1 个网络接口、1 组音频接口。显卡提供了 1 个 S 端子、1 个 VGA 接口、1 个 DVI-I 接口。如图 7-40 所示。

### 1. 连接键盘和鼠标

一般情况下,普通的 PS/2 键盘接口的颜色为紫色,鼠标接口的颜色为绿色。在连接键盘鼠标时,把插头上面的箭头对准机箱后部键盘鼠标接口的凹洞,轻轻用力插入即可。用户要特别注意:如果方向不正确而盲目插入,会将插头内插针弄弯,且损坏插座。如果用户使用的是 USB 接口的键盘鼠标,只需将其插入机箱后部任意的 USB 接口即可。

### 2. 连接显示器

液晶显示器已经成为市场的主流,而液晶显示器都提供 DVI 接口的插头,如图 7-41 所示。用户将此插头插入显卡后部的 DVI 接口中,再将旁边的两个螺钉慢慢拧紧即可。

图 7-40　机箱后部的接口

图 7-41　DVI 插头

### 3. 连接音频设备

机箱后部和前部的音频输入/输出接口旁边都有麦克风、耳机等标识,用户只需将话筒、耳机或音箱的连接插头插入对应的插孔中即可。

## 7.2.9　检查及测试

在开机测试前,用户应将所有部件安装完毕并连接好,然后仔细地检查一至两遍,再按照以下步骤对微机进行测试。

1. 将主机和显示器的电源线插好并连接到交流电插座上,打开显示器电源。

2. 按下机箱面板上的"POWER"键开启微机,正常情况下可以看到机箱面板的电源指示灯(一般为绿色)亮起,硬盘指示灯(一般为红色)闪烁,显示器显示开机画面和微机自检信息,微机会发出"嘀"的一声,这时就证明微机的硬件组装已经成功。若没有出现上述情况,则应该立即断电,再次检查各个部件插接是否有松动,数据线和电源线是否连接到位,供电电源是否有问题,显示器信号线是否连接正常等。

3. 已经通过了开机测试的微机,应关闭所有电源,然后对机箱内部所有连接线进行分

类整理,并使用捆扎带固定。在进行整理时需要注意:不要让连接线触碰到散热片、CPU
风扇和显卡风扇,不要造成已连接好的接插件松动。

4.最后将机箱盖板装回到机箱上,拧紧固定螺钉即可。至此,一台完整的微机就组装
完成了,如图 7-42 所示。

图 7-42　组装的微机正面和背面

## 本章小结

本章主要介绍了装机前的准备工作和硬件组装的基本步骤。

微机硬件的组装需要在不断的实践摸索中掌握技能,要做到胆大心细,不断实践。虽
然目前微机配件的更新换代很快,各种新技术层出不穷,使得微机配件的外形、接口等也
在不断变化,这也导致了安装方式的不断变化。但是究其安装原理和基本操作而言,是没
有太大变化的。只要仔细观察,在参考配件说明书的情况下,都可以做到举一反三,触类
旁通。

## 实训题

### 实训　拆卸和组装微机

**【实训目的】**

(1)学会如何拆卸微型计算机。

(2)学会如何组装微型计算机。

**【实训内容】**

将微机的各主要配件依次拆卸下来,再将其重新组装,并通过开机测试。

**【实训环境】**

一台标准配置的微机,其中应包括 CPU、主板、内存、显卡、硬盘、光驱、机箱及电源、
键盘、鼠标、显示器等。拆装机用的工作台,各类螺丝刀,尖嘴钳等。

**【实训步骤】**

(1)断开电源,拆除连接的外部设备(键盘、鼠标、显示器等)。

(2)拆卸微机机箱中的主要部件,并观察各主要部件的外部特征(名称、型号)。

（3）将拆卸的主要部件重新安装至机箱之中。

（4）连接好机箱内部各种连线。

（5）连接好外部设备。

（6）接通电源，开机测试微机，使其恢复到拆装前的正常状态。

**【实训总结】**

实训结束后，认真填写实训报告，列出组装微机的主要配件名称、型号，总结微机硬件组装的一般步骤以及体会和收获。

# 思考与习题

1. 在组装微机时需要注意哪些问题？

2. 安装 CPU 时，导热硅脂起到什么作用？

3. 简述微机组装的基本步骤。

4. 结合实际情况，自己动手组装一台微机。

# 第8章

软件安装与设置

## 本章学习目标

- 熟悉 BIOS 的主要设置
- 掌握硬盘分区与格式化的方法
- 掌握操作系统的安装方法
- 熟悉常用工具软件的安装及使用方法

# 8.1 BIOS 设置

## 8.1.1 BIOS 的基本常识

BIOS,即微机的基本输入输出系统(Basic Input-Output System),它是集成在主板上的一块 ROM 芯片,其中保存有微机系统最重要的基本输入/输出、系统信息设置、开机上电自检及系统启动自检的程序。一块主板性能优越与否,一定程度上与 BIOS 程序的管理功能是否合理和先进有关。

BIOS 程序存储在 ROM 芯片中,只有在开机时才可以进行设置。BIOS 程序主要对微机的基本输入输出系统进行设置和管理,它为微机提供最底层、最直接的硬件识别、检测与控制,能使系统的硬件配置运行在最佳的参数状态;BIOS 程序还可以诊断硬件系统的一些故障。形象地说:BIOS 是连接微机硬件与操作系统的"桥梁",负责解决操作系统对硬件的即时需求。主板上的 BIOS 芯片或许是主板上唯一贴有标签的芯片,上面印有"BIOS"字样。

CMOS 主要用于存储 BIOS 程序所设置的参数与数据。由于 CMOS 与 BIOS 都跟微机系统设置密切相关,所以才有 CMOS 设置和 BIOS 设置的说法。也正因此,初学者常将二者混淆。CMOS 是微机主板上一块特殊的 RAM 芯片(现已集成在南桥/PCH 芯片中),是存放系统参数的地方;而 BIOS 中的系统设置程序是完成参数设置的手段。因此,准确的说法应是通过 BIOS 设置程序对 CMOS 参数进行设置。平常所说的 CMOS 设置和 BIOS 设置是其简化说法。事实上,BIOS 程序存储在主板上一块 FlashROM 芯片中,CMOS RAM 用来存储 BIOS 设置后要保存的数据,包括一些系统的硬件配置和用户对某些参数的设置,例如 BIOS 的密码和设备启动顺序等。关机后,系统通过一块纽扣电池向CMOS 供电以保持其中的信息。

如果用户忘记了 BIOS 密码,可通过清除 CMOS 设置跳线/按钮或取下纽扣电池来放电,以便重新设置。

近年来,新型的 UEFI(Unified Extensible Firmware Interface,统一可扩展固件接口)已逐步取代了传统的 BIOS,UEFI(也习惯称为 UEFI BIOS)与传统 BIOS 一样,都是连接微机硬件与操作系统的"桥梁",但 UEFI 拥有更多的功能、更快的速度、更优的图形界面以及更佳的操作体验。

UEFI BIOS 在硬件上与传统 BIOS 的差别并不大,只不过是 NAND 闪存大了点,CMOS 存的参数多了点而已,差别更多的是软件和规范上的变化。因此可以认为 UEFI BIOS 是传统 BIOS 的升级版本。

与传统 BIOS 相比,UEFI BIOS 具有以下特点:

(1)启动速度快,性能更强,支持更多的硬件

UEFI 能并行加载硬件,启动更快;它运行于 32 位或 64 位模式,克服了传统 BIOS 16 位代码运行缓慢的弊端;可以支持大于 2 TB 的硬盘和分区,对 USB 3.0 以及更多的设备提供支持等。

(2)易于实现,容错和纠错特性更强

UEFI 采用模块化思想的 C 语言设计,比传统 BIOS 更易于实现,容错和纠错特性也更强,从而缩短了系统研发的时间。

(3)驱动开发简单,兼容性好

UEFI 体系的驱动不是由直接运行在 CPU 上的代码组成的,而是用 EFI Byte Code (EFI 字节代码)编写而成的。EFI Byte Code 是一组用于 UEFI 驱动的虚拟机器指令,必须在 UEFI 驱动运行环境下被解释运行。这种基于解释引擎的执行机制大大降低了 UEFI 驱动开发的复杂门槛,众多的计算机部件提供商都可以参与,体现了良好的兼容性。

(4)高分辨率的彩色图形环境,支持鼠标操作

UEFI 内置图形驱动功能,可以提供一个高分辨率的彩色图形环境,让枯燥的字符界面成为历史。用户进入后能用鼠标操作调整配置,一切就像操作 Windows 系统下的应用软件一样简单。

(5)强大的可扩展性,方便第三方开发

UEFI 采用模块化设计,它在逻辑上分为硬件控制和 OS(操作系统)软件管理两部分,硬件控制为所有 UEFI 版本所共有,而 OS 软件管理其实是一个可编程的开放接口,支持第三方软件开发。

## 8.1.2　UEFI BIOS 的主要设置

下面以微星(MSI)主板的 CLICK BIOS II 为例,介绍 UEFI BIOS 的主要设置。

计算机启动电源后,开始 POST 加电自检,当屏幕上出现"Press DEL to enter Setup Menu,F11 to enter Boot Menu…"信息时,按【Del】键即可进入 CLICK BIOS II 主界面,如图 8-1 所示。

CLICK BIOS II 的主界面分为上下两部分,包含语言选择按钮、系统信息区、温度监测区、启动按钮、启动设备优先权栏、模式选择区、BIOS 菜单选择区和菜单显示区等。

图 8-1　CLICK BIOS II 主界面

（1）语言选择按钮：单击【Language】可弹出"语言"列表，然后在该列表中选择自己熟悉的语言，如选择"简体中文"，则 UEFI 界面将以简体中文显示内容。

（2）系统信息区：此区域显示了时间、日期、CPU 型号、CPU 频率、内存频率、内存容量和 BIOS 版本。

（3）温度监测区：此区域显示了 CPU 和主板的温度信息。

（4）启动按钮：单击此快捷按钮可打开一个启动设备的选择菜单，然后从中选择某个启动设备来启动操作系统。

（5）启动设备优先权栏：此区域显示了启动操作系统设备的优先顺序，高亮的图标表示设备是可用的，通过鼠标拖曳图标的方法来调整启动设备的优先权，优先权从左至右的方向由高到低排列。

（6）模式选择区：此区域有节能（ECO）、标准（STANDARD）、超频（OC）模式三个快捷按钮，可以快速地使主机运行在节能模式、标准模式或超频模式。

（7）BIOS 菜单选择区：此两侧区域有六个设置按钮，用来选择 BIOS 菜单。其中：【SETTINGS】按钮用于芯片组功能和启动设备的设置；【OC】按钮用于超频和电压的设置；【ECO】按钮用于有关节能的设置；【BROWSER】按钮用于启动微星的 Winki 浏览器（需要安装 MSI Winki）；【UTILITIES】按钮用于启动微星的一些特殊工具；【SECURITY】按钮用于密码等安全设置。

（8）菜单显示区：此区域显示了 BIOS 的各种设置项或状态信息，在项目的左侧如有"＞"符号，表示此项附加有子菜单；右上角附有【HELP】（帮助）、【HOT KEY】（热键）、【↩】（返回）按钮。

CLICK BIOS II 的设置有鼠标和键盘两种操作方法。一般使用鼠标操作,单/双击左键可以选中/打开项目或设置值,单击右键可以返回上一级菜单或退出菜单。使用键盘时,用户可以使用【↑】、【↓】、【→】、【←】方向键移动到不同的项目,按【Enter】键选中该项目,按【Esc】键可以返回上一级菜单或退出菜单,按【＋】/【Page Up】键和【－】/【Page Down】键可以改变某项的设置值,按【F4】键可以载入 CPU 规格,按【F5】键可以载入内存规格,按【F6】键可以载入优化默认值,按【F8】键可以从 USB 设备载入超频参数,按【F9】键可以将超频参数保存到 USB 设备中,按【F10】键可以保存修改值并重新启动计算机,按【F12】键可以将当前截图保存到 USB 设备中。此外,CLICK BIOS II 还提供了帮助功能,在设置过程中随时可以按【F1】键查看相关项目的帮助信息,按【Esc】键可退出帮助。

**1. SETTINGS(主板设置)**

双击主界面左侧的【SETTINGS】按钮,显示主板设置界面,如图 8-2 所示,界面中显示有"系统状态"、"高级"、"启动"和"保存并退出"等选项。

图 8-2　主板设置界面

(1)系统状态

双击"系统状态"选项即可查看系统日期、时间、SATA 设备(硬盘、光驱等)型号、CPU ID、BIOS 版本、BIOS 日期、物理内存大小、二级缓存和三级缓存大小等,如图 8-3 所示,其中系统日期和时间可修改。

(2)高级

双击"高级"选项即可进入高级设置,如图 8-4 所示,包括 10 个子选项,每个子选项都有二级设置菜单,主要是设置南桥/PCH 和主板整合部件的参数,如设置 SATA 控制器、USB 控制器、声卡、网卡、PCI 总线等。

图 8-3　系统状态信息

图 8-4　高级设置

①PCI 子系统设置

双击"PCI 子系统设置"选项可进行 PCIE 3.0 和 PCI 延迟时间（即每个 PCI 部件可以掌控总线的时间）的设置。

"PCIE 3.0"项设置为自动时,可以支持 PCI-E 3.0 的显卡获得高达 31.5 GBps 的数据吞吐率(同时需要 CPU 和主板支持),默认值为自动。

"PCI 延迟时间"项可以设置为 32/64/96/128/160/192/224/248 个 PCI 总线的时钟周期。当设置为较高的值时,每个 PCI 部件可以有更长的时间处理数据传输,但没掌控总线时等待也更长,默认值为 32。

②ACPI(高级配置与电源管理接口)设置

双击"ACPI 设置"选项可进行 ACPI 待机状态和电源 LED 灯的设置。

"ACPI 待机状态"项设置为 S1(POS 低能耗休眠模式)时,只有 CPU 停止工作,其他设备仍处于加电状态;设置为 S3(STR 低能耗休眠模式)时,除内存外其他设备均处于断电状态;默认值为 S3。

"电源 LED 灯"项可设置为闪烁/双色,是指在节能休眠模式下机箱电源指示灯的显示状态,该项设置与机箱的 LED 指示灯配置相关,也与主板前置面板接线有关,请参考机箱和主板说明书,默认值为闪烁。

③整合周边设备

双击"整合周边设备"选项可进行板载网卡、SATA 控制器、板载声卡和高精度事件定时器的设置,如图 8-5 所示。

图 8-5　整合周边设备设置

"板载网卡控制器"项设置为允许时,开启板载网卡工作,默认值为允许。

"网卡 ROM 启动"项设置为允许时,可以从板载网卡启动,默认值为禁止。

"SATA 模式"项可设置为 IDE/AHCI/RAID 模式,IDE 模式是把 SATA 接口转换为 IDE 接口,AHCI 模式是原生 SATA 接口,RAID 模式是磁盘阵列。默认值为 IDE 模式。

"HD 音效控制器"项设置为允许时,开启板载声卡工作,默认值为允许。

"高精度事件定时器"项可设置为允许/禁止,默认值为允许。

④内建显示配置

双击"内建显示配置"选项可进行集成显卡的设置,如图 8-6 所示。

图 8-6　集成显卡配置

"设置第一显卡"项设置为 PEG 时,开启独立显卡工作;设置为 IGD 时,开启集成显卡工作,默认值为 PEG。

"集成显卡多显示器"项设置为允许时,集成显卡可支持多显示器,例如 VGA/DVI/HDMI 同时输出,默认值为禁止。

⑤Intel(R)快速启动技术

双击"Intel(R)快速启动技术"选项可进行英特尔快速启动技术的设置。

"Intel(R)快速启动技术"项设置为允许时,SSD(固态硬盘,必须配备)休眠后可以快速唤醒,即使断电,恢复供电后 SSD 仍可正常从睡眠状态中唤醒,默认值为禁止。

⑥USB 设置

双击"USB 设置"选项可以查看 USB 设备和对 USB 控制器进行配置,如图 8-7 所示。

"USB 控制器"和"传统 USB 支持"项可分别设置为允许/禁止,传统 USB 就是老的 1.1 USB设备,USB 键盘/鼠标都属于传统 USB,默认值为允许。

⑦硬件监控

双击"硬件监控"选项可以查看 PC 健康状况、对 CPU 和系统风扇进行配置,如图 8-8 所示。

图 8-7  USB 设置

图 8-8  硬件监控

"CPU 风扇调速温控目标"项可设置为 40 ℃/45 ℃/50 ℃/55 ℃/60 ℃/65 ℃/70 ℃/关闭,这是设置 CPU 的控制温度,如果 CPU 达到目标温度值,智能风扇将全速运行,默认值为关闭。

如果设置了目标温度,就要设置"CPU 风扇最低转速"项,可设置为 0/12.5%/25%/37.5%/50%/62.5%/75%/87.5%,即当 CPU 温度低于目标温度时,风扇的转速是全速的百分之几,默认值为 62.5%。

"系统风扇 1 控制"和"系统风扇 2 控制"项可分别设置为自动/50%/60%/70%/80%/90%/100%,用于设置两个系统风扇的转速是全速的百分之几,默认值为自动。

"PC 健康状态"下显示了 CPU 温度/系统温度(主板温度)/CPU 风扇转速/系统风扇 1 转速/系统风扇 2 转速等信息。

⑧Intel(R) Smart Connect Configuration

双击"Intel(R) Smart Connect Configuration"选项可进行英特尔智能连接技术的设置。

"Intel(R) Smart Connect Configuration"项设置为允许时,Intel 的 WiFi 以及 NIC 网卡在系统睡眠或者休眠的时候始终连接网络,使用这项技术必须配备 SSD,默认值为禁止。

⑨电源管理设置

双击"电源管理设置"选项可进行节能标准和掉电再来电状态的设置。

"EuP2013"项可设置为允许/禁止,这是欧盟新的节能标准,要求计算机在待机状态时功耗降低到欧盟的要求,默认值为允许。

"AC 电源掉电再来电的状态"项设置为 Power Off 时,表示当电源恢复时,系统维持关机状态,需按电源键才能重新启动系统;设置为 Power On 时,表示当电源恢复时,系统自动重新启动;设置为 Last State 时,表示当电源恢复时,系统将恢复至断电前的状态;默认值为 Power Off。

⑩唤醒事件设置

双击"唤醒事件设置"选项可进行唤醒事件和设备的设置,此前"ACPI 待机状态"项必须设置为 S3 休眠模式。

"唤醒事件管理"项设置为 OS 时,表示唤醒事件由操作系统进行管理,其余不再需要设置;设置为 BIOS 时,表示唤醒事件由 BIOS 进行管理,则还需设置下面的选项;默认值为 BIOS。

"实时时钟唤醒"、"PCIE 设备唤醒"、"USB 设备从 S3 唤醒"、"PS/2 鼠标从 S3/S4/S5 唤醒"和"PS/2 键盘从 S3/S4/S5 唤醒"项可分别设置为允许/禁止,默认值为禁止。

(3)启动

双击"启动"选项即可进入启动设置,如图 8-9 所示,在此可以设置开机显示、启动设备顺序等。

①"全屏幕商标显示"项设置为允许时,则开机加电后不会出现 BIOS 自检画面,只有 MSI 的 LOGO 显示;设置为禁止时,则开机加电后只显示 BIOS 自检画面而不显示 MSI 的 LOGO 画面;默认值为允许。

②"启动选项优先级"下可设置第一到第九启动设备的优先顺序。

"1st 开机装置"至"9th 开机装置"的设置选项为计算机已识别的启动设备类别,如图 8-9 中列出了 9 种启动设备类别。这里的设置顺序和界面上方的"启动设备优先权栏"所列顺序保持一致。

图 8-9　启动设置

　　③双击"硬盘 BIOS 启动优先权"选项可设置启动硬盘的优先顺序,即当计算机上安装了多个硬盘时,可在弹出的硬盘列表中指定引导顺序。

　　④双击"CD/DVD 光盘 BBS 优先"选项可设置启动光驱的优先顺序,即当计算机上安装了多个光驱时,可在弹出的光驱列表中指定引导顺序。

　　⑤双击"UEFI 开机装置 BIOS 启动优先权"选项可设置 UEFI 启动设备的优先顺序,即当计算机上安装了多个带有 EFI shell(EFI 界面)的设备时,可在弹出的 UEFI 设备列表中指定引导顺序。

　　(4)保存并退出

　　双击"保存并退出"选项即可进入保存并退出界面,如图 8-10 所示,在此可以进行与保存、恢复有关的设置。

　　①"撤销改变并退出"选项用于放弃本次所做的更改,并退出 UEFI BIOS 设置。

　　②"储存变更并重新启动"选项用于设置完成后,保存修改并重新启动系统。

　　③"保存选项"下可设置三项内容。

　　"保存改变"选项用于即时保存对 BIOS 所做的更改;

　　"撤销改变"选项用于放弃对 BIOS 设置所做的更改;

　　"恢复默认值"选项用于恢复 BIOS 的默认设置。

　　④"更改启动顺序"下的选项用于选择启动的设备后,以此为引导顺序,立即重新启动计算机。

图 8-10　保存并退出设置

**2. OC（超频设置）**

双击主界面左侧的【OC】按钮，显示超频设置界面，如图 8-11 所示，该界面提供了丰富的有关 CPU 与内存的频率和电压等具体参数的超频设置。

图 8-11　超频设置界面

OC(Over Clock)即超频,是通过人为的方式将CPU、内存、显卡等硬件的工作频率提高,让其在高于额定频率的状态下稳定工作,从而提高计算机的性能。

超频会带来负荷增加、发热量增大、稳定性降低等,如果超频失败,还有可能损坏硬件,所以仅建议高级用户手动超频。

(1)当前CPU频率

"当前CPU频率"项显示了当前CPU的标称频率(外频×倍频),为只读模式。

(2)当前DRAM频率

"当前DRAM频率"项显示了当前内存的标称频率,为只读模式。

(3)调整CPU倍频

"调整CPU倍频"项用于设置CPU的倍频。对于没锁倍频的处理器,可设置为12~60;对于已锁倍频的处理器,最高可设置的频率是该处理器的最高睿频频率;默认值为自动。

(4)当前的CPU频率

"当前的CPU频率"项显示了当前CPU的实际运行频率(主频),为只读模式。

(5)在OS内调整CPU的倍频

"在OS内调整CPU的倍频"项设置为允许时,在OS(操作系统)内可通过微星的Control Center软件调整CPU的倍频,默认值为禁止。

(6)EIST

"EIST"项设置为允许时,开启EIST(Enhanced Intel Speed Step Technology,智能降频技术),它能够根据不同的系统工作量自动调节处理器的电压和频率,以减少耗电量和发热量。默认值为允许。

(7)加速模式

"加速模式"项设置为允许时,开启英特尔智能加速(睿频)技术,可根据CPU的实际作业情况提升核心的频率,提升的频率要看几个核心在运行,运行的核心越少,提升的频率越高。默认值为允许。

(8)一秒超频按钮

"一秒超频按钮"项设置为By Onboard Button时,启用主板上的OC GENIE(超频精灵)按钮,只需按下此按钮后指示灯亮起再开机,系统会按照下面的"我的一秒超频"项的设置自动超频,这是微星特有的超频技术,也称为一键超频;设置为By BIOS Options时,由BIOS的有关超频选项来设置;默认值为By BIOS Options。

(9)我的一秒超频

"我的一秒超频"项设置为Customize(自选)时,本项下会增加"My OC Genie Option"(我的超频精灵选项)二级菜单,双击进入后,可以依次对CPU与内存的频率和电压等超频参数进行设置;设置为Default时,使用微星默认的超频参数;默认值为Default。

(10)内存频率

"内存频率"项通过【+】/【-】键来设置内存频率,默认值为Auto。

(11)当前内存频率

"当前内存频率"项显示了当前内存的实际运行频率,为只读模式。

（12）DRAM 时序模式

"DRAM 时序模式"项设置为 Auto 时,系统自动按内存条上 SPD 芯片提供的内存时序参数进行配置;设置为 Link(双通道联调)时,则在下面的"高级内存配置"项中,两个内存通道配置相同的参数;设置为 Unlink(每通道单调)时,则在下面的"高级内存配置"项中,分别对每个通道进行配置;默认值为 Auto。

（13）高级内存配置

双击"高级内存配置"选项可进行内存时序参数 tCL/tRCD/tRP/tRAS/tRFC/tWR/tWTR/tRRD/tRTP 等的设置。

（14）Memory Fast Boot

"Memory Fast Boot"项设置为允许时,内存快速自检,以便快速开机,默认值为允许。

（15）扩展频谱

"扩展频谱"项设置为允许时,可降低电磁干扰;在没有遇到电磁干扰问题时,应设置为禁止,这样可以优化系统性能,提高系统稳定性。一般在超频时,应设置为禁止,因为展频有可能造成超频后的处理器被锁死。默认值为禁止。

（16）CPU 核心电压

"CPU 核心电压"项通过【＋】/【－】键来设置 CPU 核心电压,在 0.800～1.800 V 范围内调整核心电压要十分小心,强烈建议不要超过 1.400 V。默认值为自动。

（17）当前 CPU 核心电压

"当前 CPU 核心电压"项显示了当前 CPU 的核心电压,为只读模式。

（18）DRAM 电压

"DRAM 电压"项通过【＋】/【－】键来设置内存电压,在 1.108～2.464 V 范围内调整内存电压要十分小心,DDR3 内存一般不要超过 1.65 V。默认值为自动。

（19）当前 DRAM 电压

"当前 DRAM 电压"项显示了当前内存的电压,为只读模式。

（20）超频预置文件

双击"超频预置文件"选项可以将超频的 BIOS 设置保存为一个预置文件,保存在 UEFI BIOS 甚至 U 盘等存储设备上,可以随时加载,方便用户配置。

（21）CPU 规格

双击"CPU 规格"选项可以查看 CPU 的技术参数和 CPU 支持的技术信息。如图 8-12 所示。

CPU 的技术参数包括 CPU 的 ID、核心数量、3 级缓存、主频和倍频等。

双击"CPU 技术支持"选项可以查看更详细的 CPU 所支持的指令集、超线程技术、虚拟化技术、睿频技术等信息。

（22）MEMORY-Z

双击"MEMORY-Z"选项可以查看主板上的内存规格信息。显示所安装的内存槽情况,以及各内存条的时序参数等信息。

图 8-12　CPU 规格信息

### 3. ECO(节能设置)

双击主界面左侧的【ECO】按钮,显示节能设置界面,如图 8-13 所示,该界面提供了各种节能技术的设置。

(1)EuP 2013

"EuP 2013"项设置为允许时,启用欧盟节能标准 2013 规范,要求计算机在待机状态的耗电降到最低。开启 EuP,需要优秀的电源,有些低端电源,可能在开机时出问题。默认值为允许。

图 8-13　节能设置界面

（2）C1E 支援

"C1E 支援"项设置为允许时，由操作系统 HLT 命令触发，通过调节倍频降低处理器的主频，同时还可以降低电压，以达到节能的目的。默认值为禁止。

（3）Intel C-State

"Intel C-State"项设置为允许时，开启 Intel C 状态深度节能技术。默认值为允许。

（4）封装 C 状态限制

"封装 C 状态限制"项用于设置 C 状态限制，可设置为自动/C0/C2/C6/不限制。

C 状态是 ACPI 定义的处理器的电源状态，被设计为 C0、C1、C2、C3…Cn。C0 电源状态是活跃状态，即 CPU 执行指令；C1 到 Cn 都是处理器睡眠状态，和 C0 状态相比，处理器消耗更少的能源并且释放更少的热量，但在睡眠状态下，处理器都有一个恢复到 C0 状态的唤醒时间，不同的 C 状态有不同的唤醒时间。

C 状态与 C1E 的区别：C 状态是 ACPI 控制的休眠机制；C1E 是 HLT 指令控制的降低 CPU 频率的节能措施，是 C0 状态下的节能措施。

此项设置如果限制到 C0，就不能进入 C1 到 Cn 的处理器睡眠状态；如果限制到 C2，就不能进入 C3 等更节能的状态；超频时也可以设置为不限制；默认值为自动。

（5）PC 健康状态

"PC 健康状态"下显示了 CPU 核心电压/CPU I/O 电压/GPU 核心电压/内存工作电压/3.3 V 电压/5 V 电压/12 V 电压等信息。

**4. BROWSER（浏览器）**

双击主界面右侧的【BROWSER】按钮，可以启动 MSI 的 Winki 浏览器。但需事先在 Windows 中用微星的驱动光盘安装好 Winki 软件，重新开机，就能在 BIOS 中（不需启动操作系统）通过【BROWSER】按钮访问因特网，实现网页浏览、网上聊天、网络电话和快速图片浏览等四大功能。

**5. UTILITIES（实用工具）**

双击主界面右侧的【UTILITIES】按钮，显示实用工具界面，如图 8-14 所示，该界面提供了 HDD Backup、Live Update、M-Flash 等三个实用工具。

（1）HDD Backup

"HDD Backup"工具用于硬盘的备份与恢复，可以创建硬盘分区镜像文件或者在需要时将镜像文件恢复到硬盘分区。与浏览器类似，使用此功能需事先在 Windows 中用微星的驱动光盘安装好 Winki 软件。

（2）Live Update

"Live Update"工具用于在线检查并升级计算机的 BIOS，而不需要用户手动搜索。使用此功能同样需事先安装好 Winki 软件。

（3）M-Flash

"M-Flash"工具用于从 U 盘中的 BIOS 启动、U 盘保存 BIOS 副本和 U 盘更新 BIOS 版本等三项功能，是微星特有的一项技术。

**6. SECURITY（安全设置）**

双击主界面右侧的【SECURITY】按钮，显示安全设置界面，如图 8-15 所示。该界面

图 8-14　实用工具界面

提供了 BIOS 的管理员密码、用户密码、U 盘密钥等的设置。

图 8-15　安全设置界面

（1）管理员密码

单击"管理员密码"选项，可以在弹出的对话框中设置或者更改管理员密码。管理员密码是在进入并修改 BIOS 设置时使用的,可防止他人擅自修改 BIOS 设置。设置完成后,会在选项下面多出三个选项。

①用户密码

单击"用户密码"选项,可以在弹出的对话框中设置或者更改用户密码。

②用户权限级别

"用户权限级别"项设置为不能访问时,表示用户不能进入 BIOS;设置为仅能浏览时,表示用户只能浏览 BIOS 设置项,不能修改;设置为有限访问时,表示用户只能设置部分 BIOS 项目,例如日期、时间等;设置为全权访问时,表示用户可以全权访问并修改 BIOS 设置;默认值为仅能浏览。

③密码检验

"密码检验"项设置为 Setup 时,表示只是在进入 BIOS 设置时要求输入密码,可启动进入操作系统;设置为 System 时,表示无论是进入 BIOS 设置还是进入操作系统都要求输入密码;默认值为 Setup。

(2)U-Key(U 盘密钥)

"U-Key"项设置为允许时,启用 U 盘作密钥,下面的"在...制作 U-Key"项被激活,可制作 U 盘密钥,这样开机时必须插入这个 U 盘,否则不能开机。默认值为禁止。

注意,设置 U-Key 前,一定要先设好用户密码。

(3)在...制作 U-Key

单击"在...制作 U-Key"项即可制作一个开机 U 盘密钥。

(4)机箱入侵设置

"机箱入侵设置"项可设置为允许/禁止/复位,这个功能需要机箱配合,在机箱侧面板框架处有一个微动开关连接到主板,如果打开机箱侧面板时就不能开机。因为一般机箱没有这个入侵开关,默认值为禁止。

# 8.2　硬盘分区与格式化

## 8.2.1　分区与格式化的基本常识

随着硬盘制造技术的不断发展,硬盘的容量也越来越大。目前市场上的硬盘往往都在 500 GB 以上,把这么大的硬盘作为一个分区使用,对微机性能的发挥相当不利,也会使文件管理变得非常困难。因此,需要把硬盘划分为几个容量较小的分区,硬盘分区后还要进行高级格式化,然后才能用来保存各种信息。

**1.硬盘分区**

硬盘分区,就是在一个物理硬盘上建立便于管理的单独存储区域,分为 MBR 和 GPT 分区格式。MBR 格式分为主分区、扩展分区和逻辑分区;GPT 格式为 GUID 分区。

(1)物理硬盘:即真实的硬盘实物,机箱中接有电源、数据线的硬盘就是物理硬盘。

(2)主分区:它是像物理上独立的磁盘那样工作的物理硬盘的一部分,每一个主分区赋予一个驱动器号。其中活动的主分区(在该主分区的第一扇区)包含操作系统启动所需的引导文件,一个物理硬盘只能有一个活动的主分区。

(3)扩展分区:它是用主分区以外的硬盘空间建立的分区,但不像主分区那样能被直接访问,而是要在其上划分为一个或几个逻辑分区才能访问。

(4)逻辑分区:即逻辑驱动器,它是在扩展分区创建好后再在其上划分得到的。逻辑分区和主分区也称为基本卷(逻辑盘),只要其分区和文件系统格式与操作系统兼容,操作系统就可以直接访问它们。

(5)GUID 分区:它是 GPT 格式下的分区,与主分区类似。

在 Windows 磁盘管理中,一个 MBR 格式(最大支持 2 TB)硬盘最多可创建四个主分区,或者三个主分区和一个扩展分区,且一个扩展分区又可以划分为多个逻辑驱动器。而一个 GPT 格式(最大支持 18 EB)硬盘最多可创建 128 个 GUID 分区,GPT 格式需要 UEFI BIOS 和 Windows 7 64 位版本以上的操作系统的支持。

**2. 硬盘格式化**

硬盘的格式化分为高级格式化和低级格式化两种。

(1)高级格式化:它是指从逻辑盘指定柱面开始对扇区进行逻辑编号,生成分区引导记录,初始化文件分配表(FAT),建立根目录下的文件目录区(DIR)及数据区(DATA),清除磁盘上的数据,标注逻辑坏道等操作,由高级格式化命令来完成。人们通常所说的格式化其实是指高级格式化,其对磁盘基本没什么损伤。

快速格式化也属于高级格式化,相对于普通高级格式化而言,它省略了校验数据一环,并假设磁盘中所有的磁道都是可以正确读写的,所以并不标注坏道。它提高了格式化的速度,却牺牲了可靠性。快速格式化的磁盘,可以用磁盘检查工具对磁盘进行表面扫描来校验数据,保证数据存取的可靠性。

(2)低级格式化:它是指将硬盘的盘面划分出柱面和磁道,再将磁道划分为若干个扇区,每个扇区又划分出地址标识 ID、数据区 DATA 和间隔区 GAP 等操作。每块硬盘在出厂时,已由硬盘生产商进行了低级格式化,因此通常使用者无须再用低级格式化命令进行低级格式化操作。只有当由低级格式化划分出来的扇区格式磁性记录部分丢失,出现大量"坏扇区"(不是硬盘的物理损坏),这时可用低级格式化来修复。低级格式化是一种损耗性操作,其对硬盘寿命有一定的负面影响。

**3. 文件系统格式**

目前 Windows 所采用的文件系统格式(类型)主要有 FAT32 和 NTFS。

(1)FAT32:采用 32 位的文件分配表,能够管理的磁盘容量最大达 2 TB。其最大优点是兼容性较好,支持这种文件系统格式的操作系统有 Windows 98/NT/2000/XP/7/8 等。

(2)NTFS:Windows NT 的标准文件系统,具有文件级修复和热修复功能,在使用中不易产生文件碎片;能对用户的操作进行记录,通过对用户权限进行非常严格的限制,使每个用户只能按照系统赋予的权限进行操作,充分保护了系统与数据的安全;因此其稳定性和安全性极其出色,但兼容性比 FAT32 略差。支持这种文件系统格式的操作系统有 Windows NT/2000/XP/7/8 等。

Linux 所采用的文件系统格式主要有 Ext2、Ext3 和 Reiserfs 等。这些格式都具有较良好的磁盘空间利用率和磁盘访问性能,但由于只有 Linux 操作系统支持,所以对 Windows 用户来说是不能使用的。

## 8.2.2　DiskGenius 分区与格式化

对硬盘进行分区与格式化大都使用专业的磁盘分区管理软件,如 PQ(PowerQuest PartitionMagic)、PM(Paragon Partition Manager)、DM(Disk Manager)、DiskGenius 等, Windows 本身也有分区与格式化的功能。这里介绍使用目前市场占有率较高的 DiskGenius(磁盘精灵)对硬盘进行分区与格式化。

DiskGenius 是一款集磁盘分区管理与数据恢复功能于一体的工具软件。它不仅具备与分区管理有关的几乎全部功能,支持 GUID 分区表,支持各种硬盘、存储卡、虚拟硬盘、RAID 分区,提供了独特的快速分区、整数分区等功能;还具备经典的丢失分区恢复功能、完善的误删除文件恢复功能、各种原因导致的分区损坏文件恢复功能等。

**1.分区前的准备工作**

在创建分区前,用户首先需要规划分区的数量和容量,这通常取决于硬盘的容量与用户的习惯。此外还需准备一个带有 DiskGenius 的启动 U 盘或光盘。

启动 U 盘和光盘都是 Windows PE 系统,即 Windows PreInstallation Environment (Windows 预安装环境),可以看作一个只拥有最少核心服务的 Mini 视窗操作系统。 Windows PE 启动盘常使用专门的工具软件制作,如"大白菜超级 U 盘启动盘制作工具"。

"大白菜超级 U 盘启动盘制作工具"可在其官网下载后进行安装,然后插入需制作的 U 盘,启动"大白菜超级 U 盘启动盘制作工具",如图 8-16 所示,单击主界面的【一键制作 USB 启动盘】按钮,即可制成一个启动 U 盘。

图 8-16　大白菜超级 U 盘工具主界面

**2. 硬盘分区与格式化**

在需要分区的计算机上插入启动 U 盘，并在 BIOS 内将计算机设置为从 U 盘启动。计算机重启后，可以看到大白菜 U 盘的启动界面，如图 8-17 所示。

图 8-17　大白菜 U 盘启动界面

选择"【02】运行大白菜 Win03PE2013 增强版"，即可进入 Windows PE 界面，如图 8-18 所示，可进行类似正常启动的 Windows 操作。

选择"【06】运行最新版 DiskGenius 分区工具"或在大白菜 Windows PE 界面中双击"DISKGENIUS 分区工具"，即可启动 DiskGenius 软件。

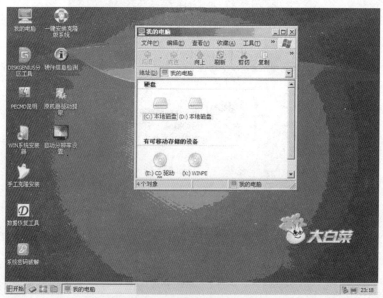

图 8-18　大白菜 Windows PE 界面

DiskGenius 启动后，主界面如图 8-19 所示。DiskGenius 的主界面由四部分组成，分别是：快捷按钮区、分区目录层次图、硬盘分区结构图、硬盘分区参数表。

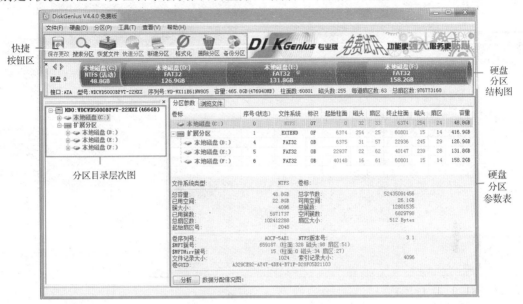

图 8-19　DiskGenius 分区工具主界面

• 快捷按钮区列出了本软件的一些常用操作按钮，如【快速分区】、【新建分区】、【格式化】、【保存更改】、【搜索分区】、【恢复文件】等。

• 分区目录层次图显示了各个硬盘分区的层次及分区内文件夹的树状结构。通过单击可选择"当前硬盘"或"当前分区"。也可单击文件夹以便在右侧显示文件夹内的文件列表。

• 硬盘分区结构图用不同的颜色显示了当前硬盘的各个分区，使用网格表示逻辑分区；用文字标识了分区卷标、盘符、类型、大小；用绿色框圈示了当前分区，用鼠标单击可在不同分区间切换。结构图下方显示了当前硬盘的常用参数。通过单击左侧的"＜"和"＞"图标可在不同的硬盘间切换。

• 硬盘分区参数表在上方显示了当前硬盘各个分区的详细参数（名称、起止位置、容量等），下方显示了当前所选择的硬盘或分区的详细信息。

（1）快速分区与格式化

①在主界面的"分区目录层次图"中，单击选中某一硬盘对其分区，DiskGenius 默认为 MBR 格式。如果硬盘容量大于 2 TB，就需选择 GPT 格式，需打开当前硬盘右键菜单，选中"转换分区表类型为 GUID 格式"选项，如图 8-20 所示，则在后面出现的"快速分区"对话框右上侧将显示为"高级设置（分区表类型：GPT）"，而不是默认的 MBR。

②单击【快速分区】按钮或者按下快捷键【F6】打开"快速分区"对话框，如图 8-21 所示。快速分区功能适用于为新硬盘分区，或为已存在分区的硬盘重新分区，执行时会删除所有现存分区，然后按指定要求对硬盘进行分区和快速格式化。用户可默认或指定各分区文件系统类型、大小和卷标等，单击【确定】按钮即可进行分区与格式化操作。

• 选择磁盘：在默认情况下，当前磁盘为快速分区的目标磁盘。如果当前磁盘不是要

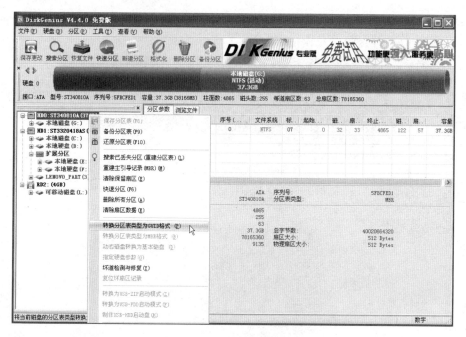

图 8-20　选择 GPT 格式界面

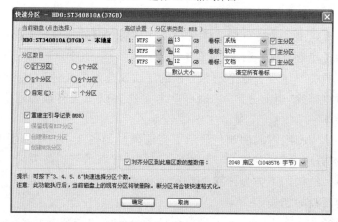

图 8-21　"快速分区"对话框

操作的目标盘,可单击界面左上角的"当前磁盘",程序会弹出磁盘选择窗口以供选择。

• 选择分区数目:通过鼠标单击选择,也可以直接按下"3、4、5、6"来选择分区数目。选择后,界面右半部分立即显示相应数目的分区列表。

• 调整分区参数:界面的右半部分显示了各分区的基本参数。最上端显示分区表类型为 MBR 或 GPT;其下显示各分区的文件系统类型、大小、卷标和是否为主分区等,用户可以根据自己的需要进行调整。

文件系统类型:快速分区功能仅提供 NTFS 和 FAT32 两种类型。

分区大小:在容量输入框中可输入数值。其前面有一个"锁"状图标,当选择分区数目后,默认第一个分区是锁定的,其他分区均为解锁状态;用户在任何一个容量输入框中输入数值时(锁定的也可输入),这个分区就被锁定,此时其他未被锁定的分区将自动平分剩余的容量。用户可以通过单击"锁"状图标变更锁定状态;单击【默认大小】按钮,软件会按照默认规则重置分区大小。

卷标:软件为每个分区都设置了默认的卷标,用户也可以自行选择或更改,还可以通过单击【清空所有卷标】按钮将所有分区的卷标清空。

是否为主分区(GPT 分区格式无此项):软件按默认进行设置,用户也可通过勾选进行更改。

• 对齐分区位置:对于某些大物理扇区的硬盘,例如西部数据公司生产的 4 KB 物理扇区的硬盘,其分区应该对齐到物理扇区个数的整数倍,否则读写效率会下降。此时应该勾选"对齐分区到此扇区数的整数倍"复选框,并选择需要对齐的扇区数目。

• 其他设置:重建主引导记录(MBR)是默认选项,如果磁盘上存在基于 MBR 的引导管理程序,且仍然需要保留它,就不要勾选此项。另外对于 GPT 磁盘,还可以选择对 ESP 分区和 MSR 分区的处理方式。

③如果磁盘中存在旧的分区,软件会在执行前提示,如图 8-22 所示。用户可以单击【是】按钮执行分区与格式化操作。

图 8-22 快速分区的提示信息

④快速分区与格式化完成后,如图 8-23 所示。

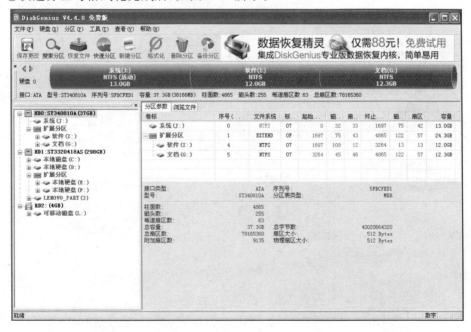

图 8-23 快速分区完成界面

（2）手动创建分区与格式化

①首先在空白磁盘（如果已有分区可予以删除）上创建主分区。选中某一磁盘，单击【新建分区】按钮，显示"建立新分区"对话框，如图 8-24 所示，可选择分区类型、文件系统类型、大小等，单击【确定】按钮，即可进行新分区的建立。创建扩展分区及逻辑分区的操作类似。

图 8-24　"建立新分区"对话框

②新分区建立完成后，如图 8-25 所示。以上分区操作都是在内存里进行的，没有应用到实际的硬盘上，可以随时取消或修改，要让这些修改生效，还需要保存更改，单击【保存更改】按钮。

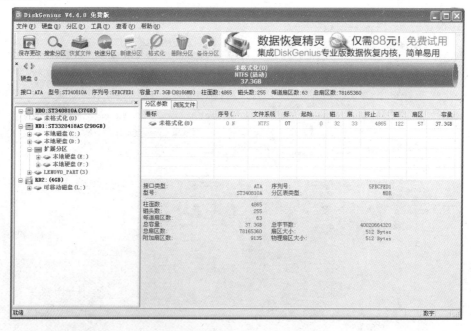

图 8-25　新分区建立完成界面

③随后弹出更改提示信息，如图 8-26 所示，单击【是】按钮。

④随后弹出格式化提示信息，如图 8-27 所示，单击【是】按钮。如果选择否，则以后需

要单击【格式化】按钮进行操作。

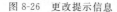

图 8-26　更改提示信息

图 8-27　格式化提示信息

⑤随后完成手动创建分区与格式化,如图 8-28 所示。

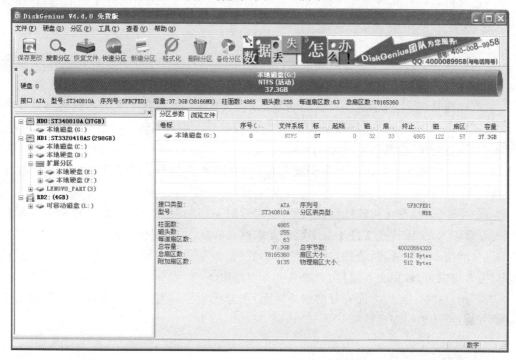

图 8-28　分区与格式化完成界面

此外,DiskGenius 作为一款优秀的软件,还具有调整、拆分、备份和克隆分区等功能,其数据恢复功能也表现突出,如搜索丢失的分区、恢复误删除的文件等,只需单击快捷按钮区的相关按钮等少量操作即可,非常方便快捷,对系统和数据的维护非常有用。

# 8.3　安装操作系统

## 8.3.1　操作系统的基本常识

操作系统(Operating System,OS)是系统硬件平台上的第一层软件。它是管理计算机系统内各种软硬件资源、控制程序执行、改善人机界面,合理地组织计算机工作流程和为用户使用计算机提供良好工作环境的一种系统软件。其他应用软件都要在操作系统的控制下才能运行。如图 8-29

图 8-29　操作系统的地位

所示。

**1. 操作系统的主要作用**

(1)提高系统资源的利用率：通过对计算机系统软硬件资源进行合理的调度与分配，最大限度地发挥计算机系统的工作效率。

(2)提供方便友好的用户界面：使用户无须过多了解有关硬件和系统软件的细节就能方便灵活地使用计算机。

(3)提供软件开发的运行环境：为计算机系统的功能扩展提供支撑平台，使之在增加新的服务和功能时更加容易，且不影响原有的服务和功能。

**2. 操作系统的功能**

(1)处理器管理：在多道程序和多用户的情况下，可以组织多个作业同时运行，解决对处理器分配调度策略、分配实施和资源回收等问题，从而实现处理器的高速、有效运行。

(2)存储管理：主要是对内存进行分配、保护和扩充，使之合理地为各道程序分配内存，保证程序间不发生冲突和相互破坏，并将内存和外存结合管理，为用户提供虚拟内存。

(3)设备管理：根据一定的分配策略，把通道、控制器和输入/输出设备分配给请求输入/输出操作的程序，并启动设备完成实际的输入/输出操作，使用户方便灵活地使用设备。

(4)文件管理：这是对软件资源的管理，对暂时不用的程序和数据以文件的形式保存到外存储器上，保证这些文件不会引起混乱或遭到破坏，并实现信息的共享、保密和保护。

(5)网络和通信管理：通过对通信线路的管理，控制数据传输，为用户提供文件传输、信息检索与发布、远程交互通信、资源共享等网络服务。

(6)用户接口：提供方便友好的用户界面，用户无须了解有关硬件和系统软件的细节就能方便、灵活地使用计算机。

## 8.3.2　全新安装 Windows 7

Windows 7 是由微软公司开发的，具有革命性变化的操作系统，旨在让人们的日常计算机操作更加简单和快捷，为人们提供高效运行的工作环境。目前提供了 6 个产品的版本，面向消费者的有 Windows 7 Starter(简易版)、Windows 7 Home Basic(家庭基础版)、Windows 7 Home Premium(家庭高级版)、Windows 7 Professional(专业版)、Windows 7 Enterprise(企业版)、Windows 7 Ultimate(旗舰版)。

**1. 安装 Windows 7 的硬件配置要求**

(1)CPU：1.0 GHz 及以上，推荐配置为 2.0 GHz 以上。Windows 7 包括 32 位及 64 位两种版本，如果用户希望安装 64 位版本，则需要 64 位 CPU 的支持。

(2)内存：1 GB 及以上，推荐配置为 2 GB DDR2 以上。32 位操作系统只能识别大约 3.25 GB 内存，但是通过破解补丁可以使 32 位系统识别并利用 4 GB 内存。

(3)硬盘：16 GB 以上的可用空间。安装后的 Windows 7 就有 16 GB，最好保证系统分区有 20 GB 以上的容量。

(4)显卡：显存 64 MB 以上，显卡支持 DirectX 9 就可以开启 Windows Aero 特效。

**2. 全新安装 Windows 7**

全新安装 Windows 7 的主要步骤如下：

(1)将 Windows 7 CD 插入光盘驱动器，在 BIOS 设置中修改启动顺序为从第一引导设备光驱启动。微机重新开机后，由光驱引导启动，显示"Windows is loading files…"，表示正在加载文件。

(2)文件加载完后将启动安装程序，此时界面如图 8-30 所示，用户需要对语言、时间和货币格式、键盘和输入方法进行必要选择，一般保持默认设置即可，直接单击【下一步】按钮。

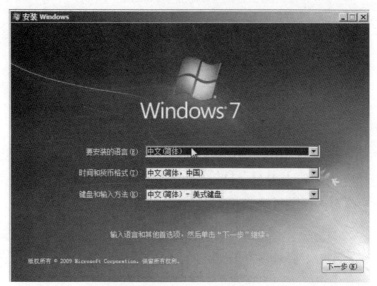

图 8-30　安装选项

(3)随后显示如图 8-31 所示界面，单击【现在安装】按钮，开始安装系统。

图 8-31　现在安装

（4）随后显示如图 8-32 所示界面，勾选"我接受许可条款"复选框，然后单击【下一步】
按钮。

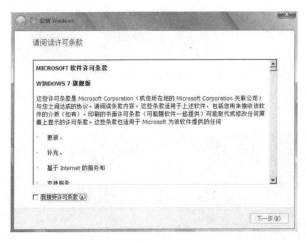

图 8-32    许可协议

（5）随后显示如图 8-33 所示界面，用户可根据实际情况选择合适的安装类型，由于这
里是全新安装操作系统，所以选择"自定义（高级）"类型。

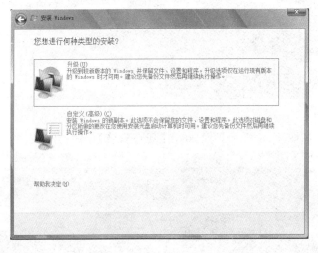

图 8-33    安装类型

（6）随后显示如图 8-34 所示界面，选择用来安装 Windows 的分区。如果是在已分区
的硬盘上安装，此步骤选择某个分区，单击【下一步】即可。需要注意的是：安装 Windows
7 的分区文件系统格式必须为 NTFS。由于本例所用硬盘是全新的，并未分区，故需要在
新硬盘上创建新的分区，单击"驱动器选项（高级）"。

（7）随后界面下方显示更多选项，如图 8-35 所示，这里既可以对硬盘进行分区，也可
以对分区进行格式化。单击"新建"选项后，显示"大小"调节框，在此调节框中设置分区容
量，本例大约创建 100 GB 的空间作为安装系统的分区，然后单击【应用】按钮。

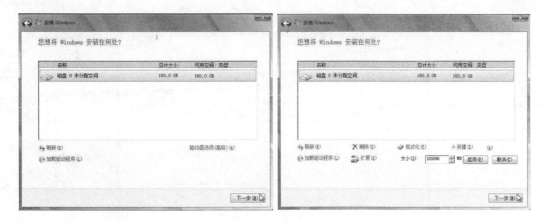

图 8-34　选择安装分区　　　　　　　　　　图 8-35　设置分区大小

（8）随后弹出如图 8-36 所示对话框，这是 Windows 7 系统自动生成 100 MB 空间来存放启动引导文件的提示，单击【确定】按钮。

（9）稍后，新分区即可创建完成，如图 8-37 所示。这里也可用同样方法在剩余的未分配空间上创建新的分区。然后选择要安装系统的分区，由于 Windows 7 在安装系统时会自动对所选分区进行格式化，所以这里可以不必对安装系统的分区进行格式化，单击【下一步】按钮。

图 8-36　提示信息　　　　　　　　　　　图 8-37　分区创建完成

（10）此后安装程序开始复制、展开和安装 Windows 系统，如图 8-38 所示。期间会有多次重新启动计算机的情况，但整个安装过程都是自动进行的。

（11）在完成安装后，计算机重新启动，安装程序为首次使用计算机做准备，如图 8-39 所示，之后检查视频性能。

（12）再次重启后，首次进入 Windows 7 的用户设置界面，如图 8-40 所示，在对应的文本框中输入用户名和计算机名称后，单击【下一步】按钮。

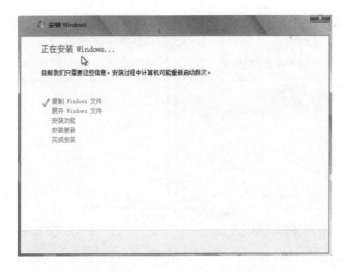

图 8-38    正在安装

图 8-39    首次使用准备

图 8-40    用户设置

（13）随后会出现"为帐户设置密码"界面，如图 8-41 所示，如果此处不设置密码（留空），以后系统启动时就不会出现输入密码的提示，而是直接进入系统。建议用户在此设置密码，以加强安全预防措施，输入密码和密码提示信息后，单击【下一步】按钮。

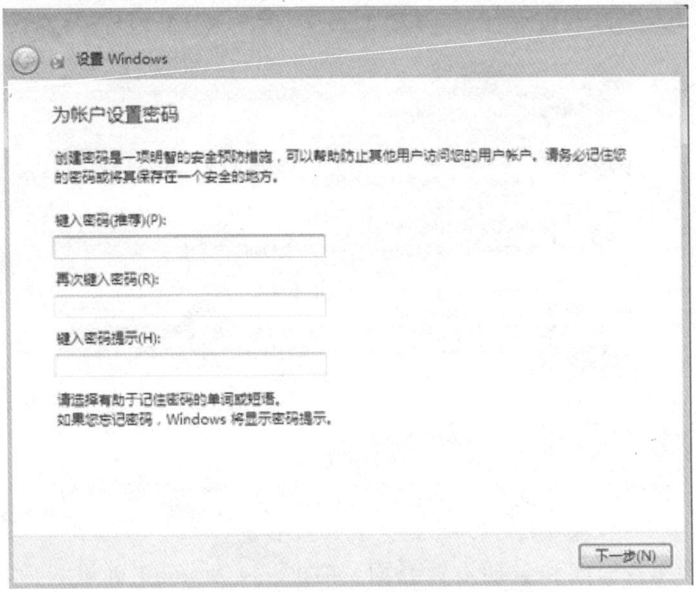

图 8-41　密码设置

（14）随后会出现"输入您的 Windows 产品密钥"界面，如图 8-42 所示，这是为了验证安装的 Windows 是否为正版。如果用户没有产品密钥，虽然可继续完成配置，但 Windows 7 的副本不会被激活，只能试用 30 天。输入产品密钥后，默认选中"当我联机时自动激活 Windows"复选框，单击【下一步】按钮。

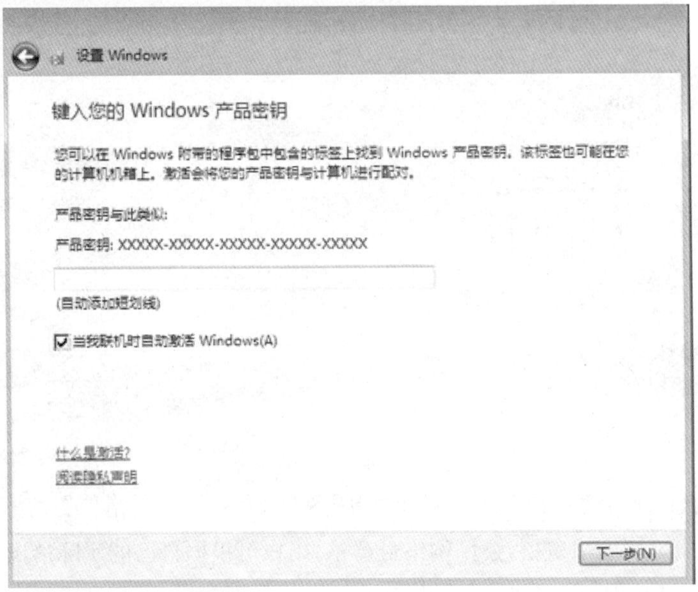

图 8-42　密钥输入界面

（15）随后会出现自动更新设置界面，如图 8-43 所示，建议选择推荐的设置。

图 8-43　自动更新设置

（16）随后会出现时间和日期设置界面，如图 8-44 所示，正确设置后，单击【下一步】按钮。

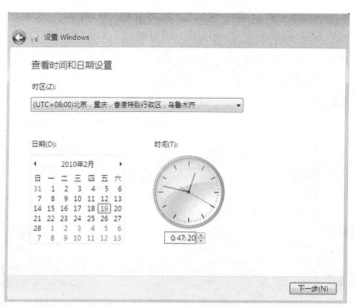

图 8-44　时间和日期设置

（17）随后会出现计算机位置设置界面，如图 8-45 所示，设置网络位置有家庭、工作和公用三个选项，其中家庭网络最宽松，公用网络最严格，用户可根据自己的实际情况进行选择。

（18）配置完成后即可进入 Windows 7 的桌面环境，如图 8-46 所示，系统已能正常使用了。

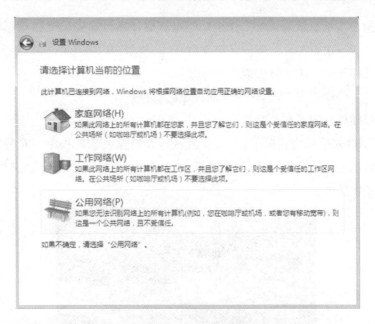

图 8-45　计算机位置设置

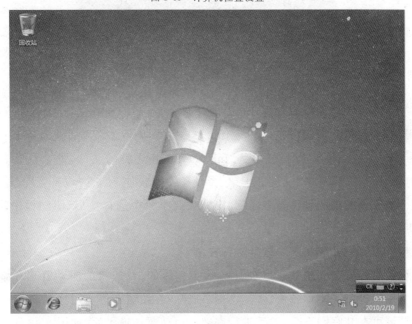

图 8-46　桌面环境

### 8.3.3　安装驱动程序

驱动程序是一段能够让操作系统与硬件设备进行通信的程序代码,是一种能够直接工作在硬件设备上的软件,其作用是辅助操作系统使用并管理硬件设备。

Windows 自带了很多硬件的驱动程序,而且均为正版的硬件驱动程序,大部分计算机在安装了操作系统后就能正常工作了。但也有些计算机在安装完操作系统后，还要对显卡、网卡、声卡或主板芯片组等安装驱动程序，一般采用以下两种方式进行安装。

**1. 使用已有驱动程序进行安装**

这里以显卡驱动程序为例，介绍驱动程序的安装过程。

目前一般随硬件附带的都是自启动光盘，将驱动程序光盘放入光盘驱动器后，将弹出如图 8-47 所示的安装界面。单击【下一步】按钮，开始安装驱动程序。安装结束后，系统一般会提示重新启动计算机，计算机重启后，显卡驱动程序就安装好了。其他硬件的驱动程序安装也基本类似。

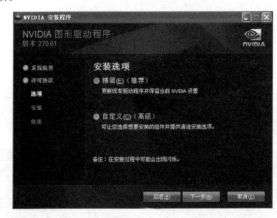

图 8-47　显卡驱动程序的安装界面

如果光盘不能自启动或驱动程序已存在于硬盘目录中（如从互联网下载），可打开驱动程序目录进行查看。如果目录下有 Setup.exe 文件，则双击该文件进行安装；如果目录下没有 Setup.exe 文件，只有扩展名为 .inf、.cat、.dll 之类的文件，那么只能右击"计算机"图标打开快捷菜单，选中"属性"，再单击"设备管理器"选项，在"设备管理器"界面中鼠标右击某个需安装驱动的硬件设备，在弹出的快捷菜单中选择"更新驱动程序软件"以启动"硬件更新向导"进行安装。

**2. 使用"驱动精灵"等第三方软件进行安装**

驱动精灵是一款集驱动管理和硬件检测于一体的、专业级的驱动管理和维护工具。驱动精灵为用户提供了驱动备份、恢复、安装、删除、在线更新等实用功能。

驱动精灵可在其官网下载，然后进行安装。启动驱动精灵后，如图 8-48 所示，单击主界面的【立即检测】按钮可以对驱动程序进行检查，如果发现某硬件没有安装驱动程序或者有新版本的驱动程序，它将以列表的形式显示出来，并给出版本说明，如图 8-49 所示。用户可以根据需要，单击某设备项目右侧的【安装】或【升级】按钮进行驱动程序的安装；也可以单击【立即解决】按钮，对所有需安装和升级的驱动程序进行安装，整个过程简单快捷，省却了用户识别硬件和查找驱动程序软件的麻烦。

图 8-48　"驱动精灵"主界面

图 8-49　驱动程序安装与升级

## 8.4　安装常用的工具软件

### 8.4.1　Office 2007

Office 2007 是微软公司 2006 年年底发布的一款办公套件,以其卓越的创新功能、强大的平台性能和顺畅的使用体验,赢得了广大用户的好评。Office 2007 包括了 Word、Excel、PowerPoint、Outlook、Publisher、OneNote、Groove、Access、InfoPath 等所有的 Office组件。其中 Front Page 被取消,取而代之的是用 Microsoft SharePoint Web Designer 作为网站的编辑系统。Office 2007 简体中文版还集成有 Outlook 手机短信/彩信服务、最新中文拼音输入法 MSPY 2007 以及特别为本地用户开发的 Office 功能。Office 2007 采用包括 Ribbons 在内的全新用户界面元素,其他新功能还包括 To Do 工具条以及 RSS 阅读器等。

### 1. Office 2007 的安装

(1)将带有自启动文件的 Office 2007 安装光盘放入光盘驱动器后,将弹出密钥输入界面。如图 8-50 所示,在"输入您的产品密钥"文本框中输入正确的信息,单击【继续】按钮,安装程序开始运行。

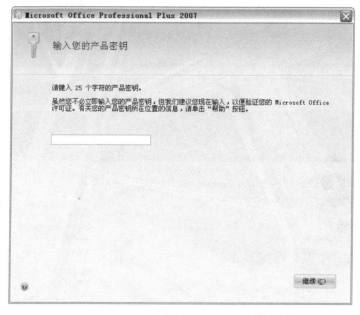

图 8-50　Office 2007 产品密钥输入界面

(2)在随后的许可证协议界面上,用户可以阅读"Office 2007 软件许可条款"。勾选"同意"选项后,单击【继续】按钮,继续安装。

(3)随后出现安装界面,如图 8-51 所示,单击【立即安装】按钮,Office 2007 会自动在系统默认的安装目录中安装全部组件,如 C:\Program Files\Microsoft Office。单击【自定义】按钮,可以选择安装位置和指定需要安装的组件。本例选择自定义安装方式。

(4)随后进入自定义安装方式对话框,如图 8-52 所示。首先进行功能组件的选择,在"安装选项"选项卡中,显示了安装程序中所包含的全部组件。在各组件的图标上单击鼠标左键,可以打开快捷菜单,上面有可供选择的安装方式。

①从本机运行:表示将选中的项目安装到硬盘中但不安装其下没选中的子项目。

②从本机运行全部程序:表示将选中的项目及其所有子项目都安装到硬盘中。

③首次使用时安装:表示第一次用到该组件时由系统提示将其从光盘安装到硬盘中。

④不可用:表示不将对应的项目安装到硬盘中。

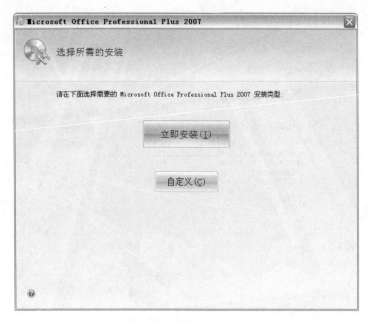

图 8-51　Office 2007 安装界面

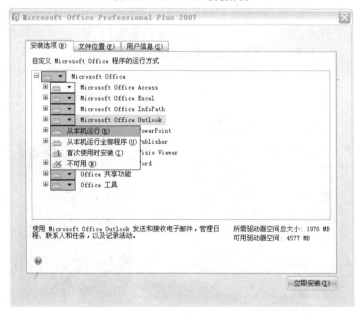

图 8-52　Office 2007"安装选项"选项卡

（5）选择各组件的安装方式后，切换到选择文件安装位置选项卡，如图 8-53 所示。用户可以采用系统默认的文件位置或直接在安装位置的文本框中输入目标位置（如 D:\Program Files\Microsoft Office），也可单击【浏览】按钮来选择一个目标文件夹所在的位置，然后单击【立即安装】按钮。随后 Office 2007 安装程序会自动完成用户所选组件的安装。

**2. Office 2007 界面介绍**

Office 2007 的窗口界面比早期版本的窗口界面（如 Office 2003）更美观大方，且该版本的设计比早期版本更完善、更能提高工作效率，界面也给人以赏心悦目的感觉。

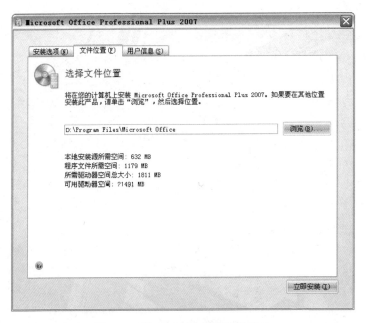

图 8-53　Office 2007"文件位置"选项卡

（1）打开"开始"菜单，选择"所有程序"，可以找到 Microsoft Office 全部组件的快速启动项目，如图 8-54 所示。用户也可以直接双击桌面的快捷图标快速启动各常用组件。

图 8-54　Office 2007 启动目录

（2）启动 Word 2007，可以看到"Word 2007"窗口界面，如图 8-55 所示。与早期的版本相比较，Word 2007 提供了一个全新的界面，以"面板"和"模块"形式替代了"文件菜单"和"按钮"的形式，全新的用户界面更加直观，使用户操作更加方便快捷。在功能方面，除保留了旧版本的基本功能外，还改进和新增了许多功能，如博客的撰写发布、结构图制作工具 SmartArt、数字签名、将文档转换成 PDF 或 XPS 格式、Office 诊断和程序恢复等，可帮助用户轻松快捷地制作具有专业水准的文档。

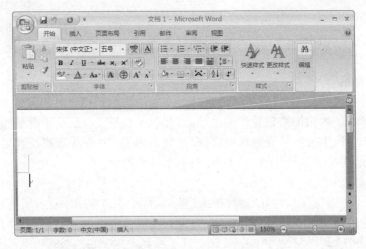

图 8-55　Word 2007 窗口界面

## 8.4.2　鲁大师

鲁大师是一款专业而易用的免费硬件检测软件，它适合于各种品牌笔记本电脑、台式机和 DIY 兼容机。全面的硬件检测信息，完备的电脑性能测试，实时的温度监控预警，并兼有驱动管理和系统优化等功能，使之成为一款市场占有率较高的绿色软件。

鲁大师可在其官网下载，然后进行安装。启动鲁大师后，弹出主界面，如图 8-56 所示，鲁大师提供了"硬件检测"、"温度监测"、"性能测试"、"节能降温"、"驱动管理"、"电脑优化"、"新机推荐"和"电脑维修"8 个功能选项卡。

图 8-56　"鲁大师"主界面

**1. 硬件检测**

"硬件检测"选项卡提供了电脑概览、硬件健康、处理器信息、主板信息、功耗估算等主要功能。

（1）电脑概览

每次启动鲁大师或单击【重新检测】按钮，本软件均会扫描计算机硬件及驱动程序，自动显示"电脑概览"的扫描结果并作为主界面，如图 8-56 所示，显示了电脑型号、操作系统版本、处理器型号、主板型号及芯片组、内存品牌及容量、主硬盘品牌及容量、显卡品牌及显存容量、显示器品牌及尺寸、声卡型号、网卡型号等内容。

（2）硬件健康

单击"硬件健康"选项，打开"硬件健康"界面，如图 8-57 所示，显示了电脑主要部件的制造日期或使用时间，此功能便于用户在购买新机或二手机时进行辨识。

图 8-57　"硬件健康"界面

（3）处理器信息

单击"处理器信息"选项，打开"处理器信息"界面，如图 8-58 所示，显示了处理器的当前温度、处理器型号、主频、核心参数、生产工艺、插座类型、指令与数据缓存及支持的指令集等信息。

（4）功耗估算

单击"功耗估算"选项，打开"功耗估算"界面，如图 8-59 所示，鲁大师根据硬件检测结果自动匹配当前电脑主要设备的功耗信息并显示合计功耗估算值。用户也可以根据自己的需要按照设备类型自由选择其他设备来进行功耗估算。

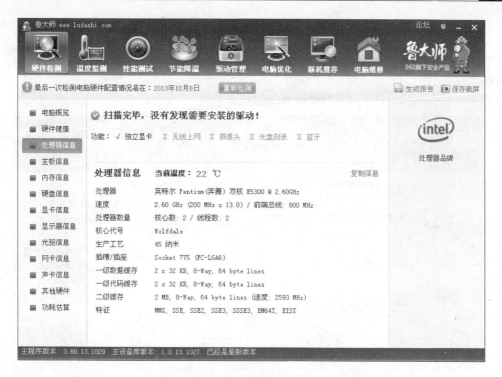

图 8-58　"处理器信息"界面

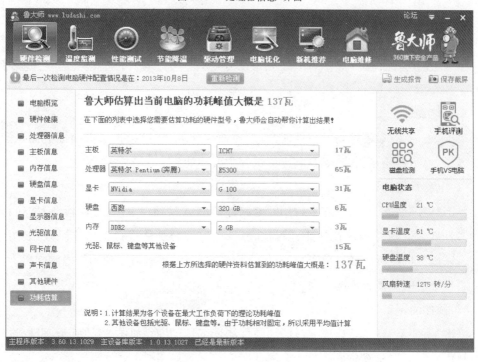

图 8-59　"功耗估算"界面

## 2. 温度监测

单击"温度监测"图标,打开"温度监测"界面,如图 8-60 所示,显示了计算机各类硬件的温度变化曲线图表,并可以设置高温报警。温度监测包含以下内容(视当前系统的传感器而定):CPU 温度、显卡温度(GPU 温度)、硬盘温度、主板温度。

图 8-60 "温度监测"界面

## 3. 性能测试

单击"性能测试"图标,打开"性能测试"界面,"性能测试"提供了电脑性能测试、手机性能测试、显示器质量测试、磁盘响应测试等主要功能。

(1)电脑性能测试

单击"电脑性能测试"选项卡,打开"电脑性能测试"界面,单击【立即检测】按钮,可对处理器性能、显卡性能、内存性能、硬盘性能及电脑综合性能进行检测并评分,如图 8-61 所示。完成测试后可以通过单击"查看综合性能排行榜"来查看正使用的电脑在鲁大师电脑性能排行榜中的排名情况。

(2)硬件测试工具

单击"硬件测试工具"选项卡,打开"硬件测试工具"界面,如图 8-62 所示,可以进行显示器颜色质量测试和液晶显示器坏点测试。

图 8-61　"电脑性能测试"界面

图 8-62　"硬件测试工具"界面

**4. 节能降温**

单击"节能降温"图标,打开"节能降温"界面,如图 8-63 所示,可以选择开启或者关闭节能降温功能,开启时有"全面节能"和"智能降温"两种方式可以选择。"全面节能"可以全面保护硬件,特别适用于笔记本电脑;"智能降温"可对主要部件进行自动控制降温,特别适用于追求性能的台式机。在"节能降温"界面的右下角还有一个很独特的【进入离开模式】按钮,可以在完全无人值守的状态下,保持网络连接,并且关闭没有使用的设备,从而节约电能。

图 8-63　"节能降温"界面

此外,鲁大师的"驱动管理"选项卡提供了驱动安装、驱动备份和驱动恢复功能;"电脑优化"选项卡提供了全智能的一键优化功能;"新机推荐"选项卡能联机推荐目前热门品牌各价位档次的笔记本电脑和台式机等。

## 8.4.3　360 杀毒与安全卫士

360 杀毒与安全卫士是奇虎 360 科技有限公司出品的一组免费云安全杀毒软件,用于病毒、木马的实时监控与查杀,系统修复、清理与优化等,维护计算机系统的安全。360 杀毒整合了五大领先防杀引擎,具有查杀率高、资源占用少、升级迅速等优点,是一款较理想的杀毒备选软件。360 安全卫士拥有木马查杀、恶意软件清理、漏洞补丁修复、计算机全面体检等多种功能,在木马查杀、漏洞修复、系统清理与优化等方面表现较为出色。

360 杀毒与安全卫士可在其官网下载,然后进行安装,通常在安装后和每次开机登录 Windows 后自动启动,启动后在屏幕右下角的任务栏上可以看到最小化的 360 杀毒图标和 360 安全卫士图标。

## 1. 360 杀毒

（1）病毒查杀

单击任务栏上的 360 杀毒图标，可以很方便地打开 360 杀毒主界面，如图 8-64 所示，界面上有三个图标选项，具体功能如下：

①快速扫描：是指对系统设置、常用软件、内存活跃程序、开机启动项等关键部位进行快速地扫描。

②全盘扫描：是指对系统设置、常用软件、内存活跃程序、开机启动项及所有外部存储器进行扫描。

③自定义扫描：是指对用户指定的外部存储器、文件或文件夹进行扫描。

用户可以根据计算机使用的情况选择当前操作的选项，在查杀的过程中也可以单击【停止】按钮终止当前操作。对扫描中发现的病毒，其所在文件夹、病毒文件名、病毒名称和状态都将显示在病毒列表窗口中，用户可以单击【开始处理】按钮进行清除。

图 8-64　"360 杀毒"主界面

（2）病毒预防

单击"360 杀毒"主界面上部中间的"▼"图标，可以打开 360 病毒预防界面，如图 8-65 所示。在此可以开启或者关闭实时防护、主动防御和病毒免疫功能。

实时防护包括：文件系统防护和 U 盘安全防护。

主动防御包括：木马防火墙、安全保镖和主页锁定。

病毒免疫包括：动态链接库劫持免疫和 Office 宏病毒免疫。

## 2. 360 安全卫士

单击任务栏上的 360 安全卫士图标，可以很方便地打开 360 安全卫士主界面，如图 8-66 所示，界面上有"电脑体检"、"木马查杀"、"系统修复"、"电脑清理"、"优化加速"、"电脑救援"、"手机助手"和"软件管家"等 8 个图标选项。

图 8-65　360 病毒预防界面

图 8-66　"360 安全卫士"主界面

（1）电脑体检

在"360 安全卫士"主界面上，单击【立即体检】按钮可以对系统进行扫描，根据故障检测、垃圾检测、速度检测、安全检测和系统强化等情况自动显示体检报告并进行综合评分，如图 8-67 所示，用户可以按照右侧给出的单项处理意见操作，也可以单击【一键修复】按钮轻松修复所有检测到的问题。

图 8-67　电脑体检结果界面

（2）木马查杀

单击"木马查杀"图标，打开"木马查杀"界面，如图 8-68 所示，可以选择快速扫描、全盘扫描和自定义扫描对木马进行查杀。

图 8-68　"木马查杀"界面

（3）系统修复

单击"系统修复"图标，打开"系统修复"界面，如图 8-69 所示，可以选择常规修复和漏洞修复。常规修复可以检查电脑中多个关键位置是否处于正常的状态；漏洞修复可以扫描系统的更新补丁和高危漏洞。需要修复时，只要单击【立即修复】按钮即可。

图 8-69　"系统修复"界面

（4）电脑清理

单击"电脑清理"图标，打开"电脑清理"界面，如图 8-70 所示，可以选择一键清理、清理垃圾、清理软件、清理插件和清理痕迹。

图 8-70　"电脑清理"界面

一键清理：清理电脑中的 Cookie、垃圾、痕迹和不必要的插件等，用户也可以勾选需要清理的项目，单击【一键清理】按钮即可。在界面右侧可以设置自动清理的时机和内容，并可开启或关闭自动清理功能。

清理垃圾：扫描出系统中已无用的临时文件、日志文件、检查文件、备份文件和缓存文件等垃圾文件,然后单击【立即清理】按钮即可。

清理软件：扫描出很久不使用的软件,然后单击【一键清理】按钮即可。

清理插件：扫描出已经安装的所有插件,在列表窗口中显示所有插件的名称、发行单位、网友评分及清理建议,然后单击【立即清理】按钮即可。当然用户也可以根据自身的使用习惯保留全部或部分插件。

清理痕迹：扫描出浏览网页、打开文档、运行软件和观看视频等的使用痕迹和历史记录,然后单击【立即清理】按钮即可。

(5)优化加速

单击"优化加速"图标,打开"优化加速"界面,如图 8-71 所示,可进行一键优化、深度优化和管理启动项等操作。"一键优化"选项可智能扫描系统内存在的可优化项目,只需单击【立即优化】按钮即可轻松完成优化操作;"深度优化"选项通过硬盘智能加速、优化桌面图标缓存等方法,大幅加快运行速度;"我的开机时间"、"启动项"和"优化记录与恢复"选项可以帮助用户轻松管理系统开机自启动项目,有效提高系统开机效率。

图 8-71 "优化加速"界面

此外,360 安全卫士的"电脑救援"选项卡提供了自助工具救援、免费人工救援和收费商家救援功能,可轻松解决电脑使用过程中的一些异常问题;"手机助手"选项卡可实现完美连接手机,对手机进行软件和游戏的添加、管理和删除等功能;"软件管家"选项卡可提供最新最快的中文免费软件、游戏和主题的下载和安装,对原有软件进行升级或卸载等功能。

# 本章小结

本章主要介绍了 BIOS 设置、硬盘分区与格式化、安装操作系统、安装常用的工具软件及其使用方法等。

在一台"裸机"上,首先要进行 BIOS 设置,然后进行硬盘分区与格式化,再安装操作系统,最后安装各类工具软件和应用程序。

虽然各种软件的版本在不断更新与发展中,但是究其安装、设置和使用的基本操作而言,是没有太大变化的。只要通过不断实践和摸索,就可以做到灵活应用,融会贯通。

# 实训题

## 实训一　熟悉 UEFI BIOS 的主要设置

**【实训目的】**

(1)学会进入 UEFI BIOS 的方法。

(2)了解 UEFI BIOS 的基本用途。

(3)熟悉 UEFI BIOS 的主要设置。

**【实训内容】**

(1)设置 CMOS 的时间、日期。

(2)通过 BIOS 来检测计算机中的硬件。

(3)设置 CMOS 密码。

(4)设置密码检查级别。

(5)取消所有的密码。

**【实训环境】**

(1)硬件环境:一台带有 UEFI BIOS 的微型计算机。

(2)软件环境:Windows XP/7 操作系统。

**【实训步骤】**

(1)启动计算机,根据显示器上的提示信息,按相应的键进入 UEFI BIOS 主界面,一般是按【Del】键进入 BIOS 主界面。

(2)在 UEFI BIOS 主界面中双击【SETTINGS】按钮,显示主板设置界面。

(3)双击"系统状态"选项即可查看系统日期、时间、SATA 设备(硬盘、光驱等)型号、CPU ID、BIOS 版本、BIOS 日期、物理内存大小、二级缓存和三级缓存大小等,其中系统日期和时间可修改。

(4)双击"高级"选项即可进入高级设置,可查看 SATA 控制器、USB 控制器、声卡、网卡的设置等。

(5)双击主界面右侧的【SECURITY】按钮,显示安全设置界面,设置管理员密码和用户密码,"密码检验"项设置为 System。

(6)保存设置后,重新启动系统。发现需要输入密码,使用刚才设置的管理员密码或用户密码,进入 BIOS 或启动操作系统。

(7)重新启动进入 BIOS,双击【SECURITY】按钮进入安全设置界面,取消刚才的所有设置。

**【实训总结】**

实训结束后,认真填写实训报告,列出 UEFI BIOS 的主要设置,总结设置 UEFI BIOS 时的体会和收获。

## 实训二　使用检测软件测试微机系统的配置与性能

**【实训目的】**

(1)学会检测软件的使用方法。

(2)熟悉微机系统的配置与性能。

**【实训内容】**

(1)安装鲁大师、CPU-Z 等硬件检测软件。

(2)利用鲁大师、CPU-Z 等检测软件测试微机系统的配置与性能。

**【实训环境】**

(1)硬件环境:一台微型计算机。

(2)软件环境:Windows XP/7 操作系统,鲁大师、CPU-Z、GPU-Z 和 DisplayX 检测软件。

**【实训步骤】**

(1)从 Internet 上下载鲁大师、CPU-Z、GPU-Z 和 DisplayX 检测软件。

(2)安装并运行鲁大师,进行硬件检测、温度监测和性能测试,查看微机的整机配置(电脑概览)、性能得分与排名情况。

(3)安装并运行 CPU-Z,查看 CPU、主板、内存和显卡的技术参数。

(4)运行 GPU-Z,查看显卡的详细技术参数。

(5)运行 DisplayX,检测显示器的色彩、响应时间、对比度、文字显示效果、有无"坏点"等至关重要的指标。

**【实训总结】**

实训结束后,认真填写实训报告,列出微机系统的整机配置与各硬件的主要技术参数,总结使用硬件检测软件的体会和收获。

## 实训三　用 Norton Ghost 将 C 盘的数据备份和还原

**【实训目的】**

(1)了解数据备份的意义。

(2)学会数据备份和还原的方法。

**【实训内容】**

(1)使用 Norton Ghost 将 C 盘数据备份到 D 盘中。

（2）使用 Norton Ghost 将备份文件还原。

**【实训环境】**

（1）硬件环境：一台微型计算机。

（2）软件环境：Windows XP/7 操作系统、Norton Ghost 15.0 工具。

**【实训步骤】**

（1）开机后，启动 Norton Ghost。

（2）单击主界面上方的快捷图标"任务"，然后选择"一次性备份"，弹出选择本地硬盘窗口，选择 C 盘，再单击【下一步】按钮。

（3）进入镜像文件存储目录，默认存储目录是 Ghost 文件所在的目录，修改为把备份文件保存到 D:\sysbak 下。

（4）选择压缩的选项为"标准"，单击【完成】按钮，程序将自动完成 C 盘的备份。

（5）建立镜像文件成功后，可以在 D:\sysbak 目录下看到一个扩展名为 .v2i 的文件。

（6）再次启动 Norton Ghost。

（7）单击主界面上方的快捷图标"任务"，然后选择"恢复我的电脑"，在"恢复我的电脑"界面，选择刚才的备份文件作为恢复点，单击【立即恢复】按钮。

（8）恢复工作完成后，Norton Ghost 将提示重新启动计算机。重新启动后发现系统还原到了备份时候的状态。

**【实训总结】**

实训结束后，认真填写实训报告，列出 Norton Ghost 的主要功能，总结使用 Norton Ghost 进行数据备份和还原的体会和收获。

# 实训四　安装和使用 360 杀毒与安全卫士软件

**【实训目的】**

（1）了解病毒检测的方法。

（2）学会杀毒软件的安装和使用。

**【实训内容】**

（1）安装杀毒软件。

（2）利用杀毒软件查杀病毒。

**【实训环境】**

（1）硬件环境：一台微型计算机。

（2）软件环境：Windows XP/7 操作系统、360 杀毒与安全卫士软件。

**【实训步骤】**

（1）下载 360 杀毒与安全卫士软件安装程序，根据提示信息安装该软件。

（2）运行 360 杀毒与安全卫士软件，对内存、硬盘和移动存储设备等进行病毒与木马的检测和清除。

**【实训总结】**

实训结束后，认真填写实训报告，列出 360 杀毒与安全卫士软件的主要功能，总结使用 360 杀毒与安全卫士软件的体会和收获。

# 思考与习题

1. 什么是 BIOS？ UEFI BIOS 有何特点？

2. 什么是主分区？什么是扩展分区？什么是逻辑分区？在 Windows 磁盘管理中，MBR 分区格式对其数量有何限制？

3. 什么是高级格式化？什么是低级格式化？

4. 什么是操作系统？

5. 在自己的微机上，使用鲁大师、CPU-Z、GPU-Z、DisplayX 检测软件测试系统的配置与性能。

6. 在自己的微机上，安装所学的常用软件工具，并进行系统优化。

# 第9章

# 微机的日常维护与故障检测

## ● 本章学习目标

- 了解微机对环境的要求，掌握微机软、硬件日常维护的方法
- 熟悉微机故障的检测处理原则
- 熟悉微机软、硬件故障的检测方法
- 掌握典型软、硬件故障的处理方法

## 9.1 微机的日常维护

微机是比较精密的电子设备，在日常使用过程中需要定期对软、硬件进行维护与保养，以保证微机的正常运行。如果对微机的维护与保养环节不够重视，轻则可能会发生蓝屏、死机甚至不能启动等故障，重则可能会造成配件的损坏、存储的重要资料丢失，最后造成无可挽回的损失。

### 9.1.1 微机对环境的要求

一个合适的工作环境，会使一台微机保持正常的工作状态并延长其使用寿命。这里所说的工作环境通常包括如下几个方面。

**1. 温度**

通常适宜计算机工作的环境温度在 15 ℃～30 ℃范围内，超出这个范围的温度会影响电子元器件工作的可靠性，存放计算机的温度也应控制在 5 ℃～40 ℃之间。由于集成电路的集成度高，工作时将产生大量的热量，如机箱内热量不能及时散发，轻则使工作不稳定、数据处理出错，重则烧毁一些元器件；反之，如温度过低，电子元器件不能正常工作，也会增加出错率。如条件许可，最好在安放计算机的房间装上空调，以保证计算机正常运行时所需的环境温度。

**2. 湿度**

通常适宜计算机工作的环境相对湿度在 40%～70%之间，存放时的相对湿度也应控制在 10%～80%之间。湿度过高容易造成元器件、线路板生锈腐蚀，导致接触不良或短路；湿度过低，则静电干扰明显加剧，可能会清掉内存或缓存区的信息，影响程序运行及数据存储，甚至会损坏集成电路。当天气较为潮湿时，最好每天开机使用半小时左右。

**3. 洁净度**

计算机的任何部件都要求干净的工作环境，应尽量保持工作环境的整洁是每一个使用计算机的人都应注意的。机箱是不完全密封的，灰尘会进入机箱内，并附着于集成电路

板的表面,造成集成电路板散热不畅,严重时会引起板卡线路短路等;硬盘虽密封,而光驱的激光头表面却很容易进入灰尘;键盘各键之间空隙、显示器上方用来散热的空隙也是极易进入灰尘的;所以除保持工作环境尽量干净外,还应定期用吸尘器或刷子等清除各部件的积尘,不用时可用罩子把机器罩起来。

**4. 防静电**

静电释放的主要危害是损坏电子元器件。对于静电释放最为敏感的器件是以金属氧化物半导体(MOS)为主的集成电路。静电对微机造成的危害主要表现为如下现象:磁盘读写失败,打印机打印混乱,芯片被击穿,甚至板卡被烧坏等。为避免静电释放的危害,计算机设备的外壳必须接地;在计算机维护过程中,维护人员在用手触摸芯片电路之前,应先把人体的静电释放掉。

**5. 市电电源**

计算机正常工作对交流电源的要求是电压范围220 V±10%,频率范围50 Hz±5%,并且具有良好的接地系统。若电源波动范围过大会影响计算机的正常工作,甚至对电子元器件造成损害。

微机所使用的电源应与照明电源分开,最好使用单独的插座。尤其注意避免与大功率的电器使用同一条供电线路或共用一个插座,因为这些电器设备使用时可能会造成电流和电压的波动,对微机电路板造成损害。有条件的用户,应配备稳压电源或不间断电源UPS。UPS 一般都具有稳压功能,还可以在市电突然断电时,保护计算机信息不丢失。

**6. 防震动和噪音**

过大的震动和噪音会造成计算机中部件的损坏(如硬盘的损坏或数据的丢失等),因此计算机不能工作在震动和噪音很大的环境中,如确实需要将计算机放置在震动和噪音大的环境中,应考虑安装防震和隔音设备。

## 9.1.2　微机硬件的日常维护

微机硬件的日常维护主要包括微机硬件在使用过程中的注意事项以及定期的维护保养等。

**1. 使用注意事项**

(1)正常开关机。开机的顺序是先打开外设(如显示器、打印机、扫描仪等)的电源,再开主机电源。关机的顺序刚好相反,先关闭主机电源,再关闭外设的电源。其原因是在主机通电的情况下,开启或关闭外设电源的瞬间,对主机产生的冲击较大。

(2)不要频繁地开机、关机。因为这样对各配件的冲击很大,尤其是对硬盘的损伤更为严重。一般关机后距离下一次开机的时间,至少应有 10 秒钟。特别要注意当计算机工作时,应避免进行断电操作。尤其是机器正在读写数据时突然断电,很可能会损坏硬盘。

(3)关机时必须先关闭所有的程序,再按正常的顺序退出,否则有可能损坏应用程序。

(4)不要在机器工作时搬动机器。即使机器未工作时,搬动机器也应轻拿轻放,因为过大的振动会对硬盘之类的配件造成损坏。

**2. 清洁保养时的建议**

(1)注意使用的清洁工具。用于清洁的工具包括:小毛刷、吹灰球、吸尘器、软布等。

清洁用的工具要防静电,如小毛刷应使用天然材料制成,禁用塑料毛刷;如果使用金属工具,必须对其进行放静电处理。清洁时可先用小毛刷扫除灰尘,然后用吹灰球细心地吹出;如果有吸尘器,可将吹出的灰尘吸走;如果没有吸尘器,可用软布擦去灰尘。

(2)注意散热器的清洁。包括电源、CPU、显卡等部位的风扇和散热片,可用小毛刷、吹灰球和软布等清洁。对于噪声稍大的风扇,在除尘后,最好在风扇轴承处滴一点润滑油。

(3)注意板卡金手指,接插头、座、槽等部位的清洁。金手指的清洁,可用橡皮擦擦拭金手指部位;插头、座、槽的金属引脚上的氧化物清除,可用无水酒精擦拭,或用金属片(如小一字改锥)在金属引脚上轻轻刮擦。

(4)注意集成电路、元器件等引脚处的清洁。清洁时,可用小毛刷、吹灰球或吸尘器等除去灰尘。

(5)如果微机部件比较潮湿,应先使其干燥后再进行清洁。干燥工具有电吹风、电风扇等,也可以让其自然干燥。

### 3. 各硬件部分的日常维护

(1)主板的日常维护

主板是连接计算机中各种配件的桥梁,在计算机中的重要作用是不容忽视的。有很多的计算机硬件故障都是因为计算机的主板与其他部件接触不良或主板损坏所产生的。计算机主板的日常维护主要应该做到:防尘和防潮。CPU、内存条、显卡等重要部件都插在主板上,如果灰尘过多,则有可能导致主板与各部件之间接触不良,产生许多未知故障;如果环境太潮湿,主板很容易变形而产生接触不良等故障,从而影响使用。另外,在组装计算机时,固定主板的螺钉不要拧得太紧,各个螺钉都应该用同样的力度,如果拧得太紧也容易使主板产生形变。

(2)CPU 的日常维护

要想延长 CPU 的使用寿命,保证计算机正常、稳定地完成日常工作,首先要保证CPU 工作在额定频率下;其次,作为计算机的一个发热比较大的部件,CPU 的散热问题也是不容忽视的,如果 CPU 不能很好地散热,就有可能引起系统运行不正常、无缘无故重新启动、死机等故障。定期清除 CPU 散热器的灰尘,有利于 CPU 的散热。另外,如果机器一直工作正常,就不要拆卸 CPU。清洁 CPU 散热器以后,安装的时候一定注意要抹上导热硅脂,安装到位。

(3)内存条的日常维护

内存条在升级的时候,尽量要选择和以前品牌、频率一样的内存条来与以前的内存条搭配使用,这样可以避免系统运行不正常等故障。高档内存条的金手指是镀金的,一般不易氧化。一般的内存条和适配卡的金手指没有镀金,只是一层铜箔,时间长了将发生氧化现象,可用橡皮擦擦除金手指表面的灰尘、油污或氧化层;切不可用砂纸类的东西来擦拭金手指,否则会损伤极薄的镀层。

(4)显卡和声卡的日常维护

显卡也是计算机的一个发热大户,现在的显卡都单独带有一个散热风扇,平时要注意显卡风扇的运转是否正常,是否有明显的噪音、运转不灵活、转一会儿就停等现象,如发现有上述问题，要及时更换显卡的散热风扇，以延长显卡的使用寿命；显卡的金手指也可用橡皮擦来清洁。对于声卡来说，必须要注意的一点是：在插拔麦克风和音箱时，一定要在关闭电源的情况下进行，以免损坏接口配件。

(5)硬盘的日常维护

为了使硬盘能够更好地工作，在使用时应当注意如下几点：

①硬盘正在工作时不可突然断电。当硬盘工作时，通常处于高速旋转状态，如若突然断电，可能会使磁头与盘片之间猛烈摩擦而损坏硬盘。因此，在关机时一定要注意硬盘指示灯是否还在闪烁，只有当硬盘指示灯停止闪烁，硬盘结束工作后方可关机。

②在工作中不可移动硬盘。硬盘是一种高精设备，工作时磁头在盘片表面的浮动高度只有几微米。当硬盘处于读写状态时，一旦发生较大的震动，就可能造成磁头与盘片的撞击，导致损坏，所以不要搬动运行中的计算机；在硬盘的安装、拆卸过程中也应多加小心；硬盘移动、运输时严禁磕碰，最好用泡沫或海绵包装保护一下，尽量减少震动。

③注意保持环境卫生。在潮湿、灰尘和粉尘严重超标的环境中使用计算机时，会有更多的污染物吸附在印刷电路板的表面，影响硬盘的正常工作，所以在安装硬盘时要将带有印刷电路板的一面朝下，减少灰尘在电路板上的积聚。此外，潮湿的环境也会使电子元器件工作不稳定，在硬盘进行读、写操作时极易产生数据丢失等故障。因此，必须保持环境卫生的干净，减少空气中的潮湿度和含尘量。

④控制环境温度。硬盘工作时会产生一定热量，使用环境温度以 20 ℃～25 ℃为最佳，温度过高会造成硬盘电路元件失灵，磁介质也会因热膨胀效应而影响记录的精确度；温度过低，空气中的水分就会凝结在集成电路元件上而造成短路。此外，尽量不要使硬盘靠近如音箱、喇叭、电机、电视、手机等带磁性物品，避免受到干扰。

⑤不要自行打开硬盘盖。如果硬盘出现物理故障时，不要自行打开硬盘盖，因为空气中的灰尘进入硬盘内，在磁头进行读、写操作时会划伤盘片或磁头，如果确实需要打开硬盘盖进行维修，一定要送到专业厂家进行维修，千万不要自行打开硬盘盖。

(6)光驱及光盘的日常维护

光驱在微机硬件中是比较容易损坏的部件，因此在日常维护中应注意以下几点：

①对光驱的任何操作都要轻缓。尽量按光驱面板上的按钮来进、出托盘，光驱中的机械构件大多是塑料制成的，任何过大的外力都可能损坏进出盒机构。

②保持光驱的清洁。光驱对防尘的要求很高，每次打开光驱后要尽快关上，不要让托盘长时间露在外面，以免灰尘进入光驱内部。尽量不要使用脏的、有灰尘的光盘。定期使用专门的光驱清洁盘对光驱进行清洁。

③光盘盘片不宜长时间放置在光驱中。当光盘不使用时，应及时将光盘取出，以减少磨损。光盘要保存在专用的光盘盒里，避免灰尘或脏物污染，避免硬物划伤。用手拿光盘的时候不要碰到光盘的数据面，以免手上的汗渍和污渍粘在光盘上，造成读盘困难。

④不要使用劣质的或已变形的光盘。如磨毛、翘曲、有严重刮痕的光盘，使用这些光盘不仅不能读取数据，反而极易降低光驱的使用寿命。尽量使用正版光盘和虚拟光驱，用虚拟光驱将 CD、VCD、DVD 和游戏程序虚拟到硬盘中，可以加快存取速度，同时延长光驱的使用寿命。

（7）机箱电源的日常维护

机箱内外表面要保持清洁。要特别注意机箱进风口、散热孔以及电源排风口的清洁，以保证机箱良好的散热。电源的风扇如果有明显的噪音、运转不灵活、转一会儿就停等现象，要及时更换。

（8）显示器的日常维护

显示器是微机的主要输出设备，容易受到温度、湿度、电磁干扰、静电等环境因素的影响。在日常使用中，应充分注意以下几点：

①防止电磁干扰，远离电视、振铃电话、功放、音箱等带有较强磁性的物品。防止潮湿，阴雨天气要定期开机，通过加热元器件驱散潮气。

②灰尘在显示器的内部电路器件上积累，会影响热量散发，甚至造成短路，因此不使用时最好用布或防尘罩把显示器保护起来，但要等显示器散热后再罩上布或防尘罩。

③清洁显示器时不能用有机溶剂，如酒精、汽油等。擦显示器不要用粗糙的布、纸之类的东西，可以用柔软的布蘸清水或肥皂水进行清洁。在清洁显示器屏幕时，用一块微湿的软棉布轻轻地擦去灰尘即可，不要用较湿的软布用力擦显示屏。

④保持显示器周围空气通畅、散热良好。不要使阳光直射显示器。

（9）键盘的日常维护

键盘属于机械和电子结合型的设备。如果在敲击时过分用力，容易使键盘的弹性降低。定期将键盘从主机上拔下，反过来摇几下，清除灰尘，也可以用吸尘器进行清理。必要时，可以拆下四周的固定螺钉，打开键盘，用软纱布蘸无水酒精或清洁剂，对内部进行清洁，晾干以后，再安装好即可。

（10）鼠标的日常维护

鼠标也属于机械和电子结合型的设备，鼠标的维护要注意以下几点：

①使用鼠标要注意桌面的光滑、平整与清洁，最好使用鼠标垫。

②点击鼠标时不要用力过度，以免损坏弹性开关。

③定期清洁鼠标，清洁时可用软纱布蘸中性清洁剂擦拭外壳与底座。

# 9.1.3  微机软件的日常维护

微机软件的日常维护主要包括系统安全维护、系统清理、系统优化、系统备份及重要资料备份等。

**1. 系统安全维护**

系统安全维护包括：修复系统漏洞、查杀流行木马、清除恶评插件、升级查杀病毒库等。建议使用360杀毒与安全卫士来操作。在"360安全卫士"主界面中的"电脑体检"选项卡中，单击【立即体检】按钮，体检完后再根据提示来操作即可；也可以选择"系统修复"、"木马查杀"、"电脑清理"选项卡中的相应选项来操作。360杀毒与安全卫士的查杀病毒库是自动升级的。

需要特别说明的是：一定要关闭Windows的自动更新，用360安全卫士代替。因为360安全卫士只下载需要的更新，对无用的更新，则不提示和安装。

**2. 系统清理**

系统清理包括：垃圾文件清理、历史痕迹清理、注册表清理、磁盘清理及磁盘碎片整理等。建议使用 360 安全卫士和 Windows 附件来操作。在"360 安全卫士"主界面中的"电脑清理"选项卡中，单击【一键清理】按钮可以对垃圾文件、历史痕迹、注册表进行清理；Windows【附件】|【系统工具】|【磁盘清理】和【磁盘碎片整理程序】可完成磁盘清理和磁盘碎片整理工作。

**3. 系统优化**

系统优化包括：虚拟内存的优化、开机速度的优化、网络系统的优化等。建议使用 360 安全卫士来操作。在"360 安全卫士"主界面中的"优化加速"选项卡中，选择"一键优化"和"深度优化"可以完成系统的优化。

**4. 系统备份**

做好系统备份，一旦系统出现问题，只要用做好的系统备份进行还原就行了。常用的系统备份软件是 Norton Ghost。

**5. 重要资料备份**

重要资料一定要定时异地备份。例如，将其复制到移动硬盘、U 盘，刻录到光盘等。不要将重要资料保存在 Windows 系统分区中，以免重装系统和恢复系统时造成重要资料的丢失。

# 9.2　微机故障的检测处理原则

微机在使用过程中，由于元器件产品质量差、元器件老化、工作环境差、用户使用不当及计算机病毒等原因，可能产生各种故障。在微机故障的检测处理过程中一般应遵循以下原则：

**1. 先分析判断，后动手维修**

根据观察到的现象，依据自己的知识、经验来分析判断，对于自己不熟悉或根本不了解的故障现象，一定要先查阅相关资料，或向有经验的同事或技术支持咨询，弄清楚故障原因，然后再处理。

**2. 先软件后硬件**

从大多数故障检测处理的过程看，总是先判断是否为软件故障，当判断软件环境正常时，再着手检查硬件方面。

**3. 由表及里**

故障检测时应该先检查微机外部（如外部的连线、插头、电源等是否正常），然后再进行内部部件的检查；在内部部件检查时，也要先检查各部件的外观，是否灰尘影响，是否接触不良，是否有烧焦的痕迹等，然后再检查表面看不出的故障。

**4. 先电源后负载**

微机系统的电源故障影响最大，是比较常见的故障。检查时应从市电电源到微机内部的直流稳压电源，检查电压有无过压、欠压、干扰、不稳定等情况；若各部分电源电压都正常，再检查负载部分，即微机系统的各部件和外设。

**5.先外部设备再主机**

微机系统是以主机为核心,外加若干外部设备构成的系统。在故障检测时,应先排除外部设备故障,再检查主机部分。

**6.先静态后动态**

在故障检测时应该先进行静态(不通电)直观检查,在确定通电不会引起更大故障时,再通电让微机系统工作进行检查。

**7.先一般故障后特殊故障**

微机系统的故障原因是多种多样的,有的故障现象相同但引起的原因可能各不相同,在检查时应先从常见故障入手,或先排除常见故障,再排除特殊故障。

**8.先简单后复杂**

微机系统故障种类繁多,性质各异。有的故障易于解决,排除简单,应先解决。有的故障难度较大,可后解决。有的故障看似复杂,其实是由简单故障连锁反应引起的,所以,先排除简单故障可以提高工作效率。

**9.先公共性故障后局部性故障**

微机系统的某些部件故障影响面大,涉及范围广,如主板控制器不正常则使其他部件都不能正常工作,所以应先予以排除,然后再排除局部性故障。

**10.先主要后次要**

在出现故障现象时,有时可能会看到一台故障机上不止一个故障现象,此时,要先判断主要的故障,当修复后,再维修次要故障。一般影响微机基本运行的故障属于主要故障,应先解决。

# 9.3　微机的硬件故障及检测处理

## 9.3.1　硬件故障概述

硬件故障是由硬件引起的故障,涉及各种板卡、CPU、存储器、显示器、电源等。常见的硬件故障有如下一些表现:

(1)电源故障,导致系统和部件没有供电或只有部分供电。

(2)部件工作故障,微机中的主要部件如各种板卡、CPU、存储器、显示器、键盘和鼠标等硬件产生的故障,造成系统工作不正常。

(3)元器件或芯片引脚处虚焊、松动、接触不良、脱落,或者因温度过热而不能正常工作。

(4)微机内部或外部的各部件间的连接电缆或连接插头(座)松动,甚至脱落或者错误连接。

(5)各个部件印刷电路板上的跳线连接脱落、连接错误,或开关设置错误,而构成非正常的系统配置。

(6)系统硬件搭配故障,各种部件不能互相配合,在工作速度、频率方面不具有一致性等。

## 9.3.2　硬件故障的常用检测方法

**1. 原理分析法**

依据微机的基本工作原理,根据计算机启动过程中的时序关系,结合有关的提示信息,从逻辑上分析和观察各个步骤应具有的特征,进而找出故障的原因和故障点。

**2. 清洁法**

对于使用环境较差或使用时间较长的微机,应首先进行清洁。可用毛刷轻轻刷去板卡、外设上的灰尘,清除机箱内的污渍或异物,用橡皮擦擦去各部件引脚表面的氧化层后重新插接好。清洁后开机,如果故障已排除,则说明故障是上述原因造成的。

**3. 直接观察法**

即"看、听、闻、摸"。

(1)"看":即观察板卡的插头、插座是否歪斜,各元器件的引脚是否虚焊或相碰,元器件表面是否烧焦,芯片表面是否开裂,板卡上是否有烧焦变色,印刷电路板上的走线(铜箔)是否烧断或断裂。还要查看是否有异物掉进板卡的元器件之间造成短路等。

(2)"听":即监听各散热风扇、硬盘、光驱、显示器的变压器等部件的工作声音是否正常。另外,系统发生短路故障时常常伴随着异常声响。监听可以及时发现一些事故隐患以便尽早排除,也可以帮助在事故发生时及时采取应对措施。

(3)"闻":即辨闻各板卡中是否有烧焦的气味,便于发现故障和确定短路所在处。

(4)"摸":即用手按压各部件、各元器件的接插件连接,看是否有松动或接触不良。另外,在系统运行时用手触摸或靠近 CPU、显卡、硬盘等部件的外壳,根据其温度可以判断部件运行是否正常;用手触摸一些芯片的表面,如果过热,则该芯片可能已损坏。

**4. 拔插法**

微机产生故障的原因很多,例如,主板自身故障、I/O 总线故障、各种插卡故障均可导致系统运行不正常。采用拔插法是确定故障在主板或 I/O 部件的简捷方法。该方法就是关机将插件板逐块拔出,每拔出一块板就开机观察机器运行状态,一旦拔出某块后机器运行正常,那么故障原因就是该插件板故障或相应 I/O 总线插槽及负载电路故障。若拔出所有插件板后系统启动仍不正常,则故障很可能就在主板上。

拔插法的另一含义是:一些芯片、板卡与插座(槽)接触不良,将这些芯片、板卡拔出后再重新正确插入,可以解决因安装接触不良引起的微机故障。

**5. 替换法**

将总线方式一致、功能相同的插件板或相同型号的芯片相互替换,根据故障现象的变化情况来判断故障所在。此法多用于易拔插的维修环境,例如内存自检出错,可替换插入相同型号的内存条来判断故障部位。无故障部件之间进行替换,故障现象依旧。若替换后故障排除,则说明被替换的部件是坏的。使用替换法可以快速判定故障部件。

**6. 比较法**

运行两台或多台相同或相类似的微机,根据正常微机与故障微机在执行相同操作时的不同表现可以初步判断故障产生的部位。

### 7. 软件测试法

随着各种集成电路的广泛应用,焊接工艺越来越复杂,同时随机提供的硬件技术资料较缺乏,仅靠硬件维修手段往往很难找出故障所在。而通过专用的诊断程序(或配合诊断卡)来辅助硬件维修则可达到事半功倍的效果。

软件测试法的原理是用软件发送数据、命令,通过读取线路状态及某个芯片(如寄存器)的状态来识别故障部位。此法多用于检查各种具有地址参数的电路(如接口电路)的故障。此法应用的前提是微机能够运行有关诊断程序(或驱动安装在 I/O 总线插槽上的诊断卡工作);编写的诊断程序应严格、全面、有针对性,能够让某些关键部位出现有规律的信号,能够对偶发故障进行反复测试以及能显示和记录出错情况等。微机的加电自检程序就属于此方法。

## 9.3.3　典型硬件故障的处理方法

### 1. CPU 故障

CPU 的故障类型不多,常见的有如下几种情况:

(1)CPU 与主板没有接触好。当 CPU 与主板 CPU 插座接触不良时,往往会被认为是 CPU 烧毁。这类故障很常见,其现象是无法开机、无显示,处理方法是拔出 CPU 后重新安装好。

(2)CPU 工作参数设置错误。此类故障通常表现为无法开机或主频不正确,其原因一般是 CPU 的工作电压、外频、倍频设置错误所致。处理方法是:先清除 CMOS,再让 BIOS 来检测 CPU 的工作参数。

(3)其他部件与 CPU 工作参数不匹配。在这种情况中,最常见的是内存的工作频率太低,导致 CPU 主频异常,处理方法是更换内存。

(4)CPU 温度过高。一般情况下,CPU 表面温度不能超过 50 ℃,否则会出现电子迁移现象,从而缩短 CPU 寿命。CPU 温度过高,容易造成系统不稳定、死机以及 CPU 损坏。处理方法是更换一个质量较好的 CPU 风扇即可。

(5)其他部件故障。当主板、内存、电源等出现故障时,也往往会认为是 CPU 故障。判断这类假故障的方法很简单,只需要替换到其他正常主机上试验一下即可。

### 2. 主板故障

随着主板电路集成度的不断提高及主板价格的降低,其可维修性也越来越低。主板常见的故障有如下几种:

(1)接触不良。主板最常见的故障是接触不良,主要包括芯片接触不良、内存接触不良、板卡接触不良等。板卡接触不良会造成相应的功能丧失,有时也会出现一些奇怪的现象。例如,声卡接触不良会导致系统检测不到声卡;网卡接触不良会导致网络不通;显卡接触不良,除了导致显示异常或死机外,还可能造成开机无显示,并发出报警声。处理方法是拔出后重新安装好。

(2)开机无显示。由于主板原因出现开机无显示故障,一般是因为主板损坏或被病毒破坏 BIOS 所致。病毒破坏 BIOS,也会一并破坏硬盘的数据,可以通过检测硬盘数据是否完好来判断 BIOS 是否被破坏。处理方法是更换主板或用编程器重写 BIOS 芯片。

（3）主板外部接口损坏，如 PS/2 键盘、鼠标接口。出现此类故障一般是由于用户野蛮插拔或带电插拔相关硬件造成的。处理方法是更换成其他接口的硬件，如 USB 键盘和鼠标。

（4）BIOS 参数不能保存。此类故障一般是由于主板电池电压不足造成的，只需更换电池即可。

（5）计算机频繁死机，即使在 BIOS 设置时也会死机。出现此类故障大多是主板散热设计不良或 CPU 存在问题引起的。如果是主板散热不够好，在死机后触摸 CPU 周围的北桥芯片，发现其温度非常烫手，可以通过更换北桥芯片散热器，死机故障即可解决。

### 3. 内存故障

内存故障大部分是假性故障或软件故障，在使用替换法排除了内存自身问题后，应将诊断重点放在以下几个方面。

（1）接触不良故障。内存与主板插槽接触不良、内存控制器出现故障。这种故障表现为启动时发出报警声。处理方法是：仔细检查内存是否与插槽保持良好的接触，如果怀疑内存接触不良，关机后将内存取下，用橡皮擦来回擦拭其金手指部位，重新装好即可解决；如果是内存条损坏或主板内存插槽有问题，则需更换内存条或维修主板。

（2）内存出错。Windows 系统中运行的应用程序非法访问内存、内存中驻留了太多的应用程序、活动窗口打开太多、应用程序相关配置文件不合理等原因均能导致屏幕出现许多有关内存出错的信息。处理方法是：清除内存驻留程序、减少活动窗口、调整配置文件、重装系统等。

（3）病毒影响。病毒程序驻留内存、BIOS 设置的内存参数值被病毒修改，导致内存参数值与实际内存不符、内存工作异常等。处理方法是：采用杀毒软件清除病毒；如果 BIOS 中参数被病毒修改，可将 CMOS 短接放电，重新启动机器进入 BIOS 设置，仔细检查各项硬件参数，正确设置有关内存的参数值。

（4）内存与主板不兼容。在新配或升级计算机时，选择了与主板不兼容的内存。处理方法是：首先升级主板的 BIOS，看看是否能解决问题，如果仍无济于事，就只好更换内存了。

### 4. 显卡故障

显卡故障比较难于诊断，因为显卡出现故障后，往往不能从屏幕上获得必要的诊断信息。常见的显卡故障有如下几种：

（1）开机无显示。这种情况在开机时有报警声提示，大多是接触不良引起的，可以打开机箱，用橡皮擦擦除显卡金手指部位的金属氧化物，重新插好显卡。对于一些集成显卡的主板，如果显存共用主内存，则需注意内存的位置，一般在第一个内存插槽上应插有内存。

（2）显示颜色不正常。此类故障一般有以下原因：显卡与显示器信号线接触不良，显卡物理损坏。解决方法是：重新插拔信号线或更换显卡。此外，也可能是显示器的原因。

（3）死机。出现此类故障一般多见于主板与显卡的不兼容或主板与显卡接触不良，这时需要更换显卡或重新插拔。

（4）刷新 BIOS 后，经常出现黑屏、游戏中自动退出或者屏幕上出现有规律条纹。解决方法是:还原原来的显卡 BIOS 文件。除非需要通过刷新显卡的 BIOS 文件来解决兼容性问题,否则,应尽量使用原来的显卡 BIOS。对于主流的显卡,刷新显卡 BIOS 不会在性能上有多大的提升。

(5)显卡元器件损坏故障。此类故障通常会造成系统无法开机、不稳定、死机、花屏等现象。显卡元器件损坏一般包括显示芯片损坏、显卡 BIOS 损坏、显存损坏、显卡电容损坏或场效应管损坏等。此时需要维修或更换显卡。

(6)显卡过热故障。由于显示芯片在工作时会产生大量的热量,因此需要有比较好的散热系统,如果散热不良将导致显卡过热无法正常工作,通常会造成系统不稳定、死机、花屏等故障现象。出现显卡过热只要更换散热风扇即可。

**5.硬盘故障**

微机系统中 40% 以上的故障是因为硬盘故障而引起的。随着硬盘的容量越来越大,转速越来越快,硬盘发生故障的概率也越来越高。硬盘损坏不像其他硬件那样有可替换性,因为硬盘上一般都存储着用户的重要资料,一旦发生严重的不可修复的故障,损失将无法估计。常见的硬盘故障有如下几种:

(1)运行程序出错。进入 Windows 后,运行程序出错,同时运行磁盘扫描程序时缓慢停滞甚至死机。如果排除了软件方面的设置问题,就可以肯定是硬盘有物理故障了,只能通过更换硬盘或隐藏硬盘扇区来解决。

(2)磁盘扫描程序发现错误甚至坏道。硬盘坏道分为逻辑坏道和物理坏道两种,前者为逻辑性故障,通常是软件操作不当或使用不当造成的,可利用软件修复;后者为物理性故障,表明硬盘磁道产生了物理损伤,只能通过更换硬盘或隐藏硬盘扇区来解决。

对于逻辑坏道,Windows 自带的磁盘检查工具(逻辑盘右键菜单【属性】|【工具】|【开始检查】)就是最简便常用的解决手段。除此之外,还有很多优秀的第三方修复工具,如诺顿磁盘医生和 PCTOOLS 等。

对于物理坏道,可利用一些磁盘分区软件将其单独分为一个区并隐藏起来,让磁头不再去读它,这样可以在一定程度上延长硬盘的使用寿命。最简单的工具是 Windows 自有的分区功能,此外还有 PM、PQ、DiskGenius 等磁盘管理软件。

(3)零磁道损坏。零磁道损坏的表现是开机自检时,屏幕显示"HDD Controller Error",而后死机。零磁道损坏时,一般情况下很难修复,只能更换硬盘。

(4)Windows 初始化时死机。这种情况比较复杂,首先应该排除其他部件出现问题的可能性,如系统过热或病毒破坏等,如果最后确定是硬盘故障,应赶快设法用其他设备启动系统,再进行硬盘数据备份。

(5)BIOS 突然无法识别硬盘,或者即使能识别,也无法用操作系统找到硬盘。这种情况首先要检查硬盘的数据线及电源线是否正确安装;其次检查跳线设置是否正确(一根 IDE 数据线上接了两个 IDE 盘,是否作了主盘、从盘跳线设置);最后检查接口是否发生故障,硬盘分区表信息是否遭到破坏。如果问题仍未解决,可断定硬盘出现物理故障,需更换硬盘。

**6.光驱故障**

光驱最常见的故障是机械故障,其次才是电路方面的故障。而电路故障中用户调整不当引起的故障要比元器件损坏引起的故障多得多,所以用户在拆卸或维护光驱设备时,不要随便调整光驱内部的各种电位器,防止碰撞及静电对光驱内部元件的损坏。常见的光驱故障有如下几种:

(1)开机检测不到光驱。可先检查 IDE 光驱跳线是否正确;然后检查光驱接口是否插接不良;也有可能是光驱数据线损坏,只需更换即可。

(2)进出盒故障。这类故障表现为不能进出盒或进出盒不顺畅。如果故障是由加载电机插针接触不良或电机烧毁引起的,只能重插或更换。如果故障是由托盘驱动机构中的传送带松动打滑引起的,可更换尺寸小一些的传送带。

(3)挑盘或读盘能力差。这是由激光头故障引起的。光驱使用时间长或使用频率高造成激光头物镜变脏或激光头老化,前者可用棉花蘸无水酒精清洁,改善读盘能力,后者可调整光驱激光头附近的电位器,用小螺丝刀顺时针调节(顺时针加大功率、逆时针减小功率),以 5°为步进进行调整,边调边试直到满意为止。切记不可调节过度,否则可能出现激光头功率过大而烧毁的情况。

(4)必然故障。必然故障是指光驱在使用一段时间后必然发生的故障。该类故障主要有:激光管老化,使读盘时间变长甚至不能读盘;激光头中光学组件脏污或性能变差,造成音频/视频失真或死机;机械传动装置因磨损、变形、松脱而引起的故障。必然故障一般在光驱使用 3~5 年后出现,此时应更换光驱。

**7. 电源故障**

电源为机箱内所有部件提供动力,其产生故障的影响最大,严重时甚至可能烧毁其他硬件设备。另据数据表明,由电源造成的故障约占计算机各类部件总故障数的 20%~30%。常见的电源故障有如下几种:

(1)开机无任何反应。首先观察计算机按下电源键后,机箱的电源指示灯是否亮起,电源背面的散热风扇是否旋转,如果电源指示灯不亮,风扇不转,那么很可能是供电有问题,可以查看外部交流电源线是否连接好,是否有线路故障等,如果均正常,则很有可能是电源故障,需要更换电源。

(2)计算机有时无法启动,有时反复按复位键方可启动,有时正常工作时又突然重新启动。这种故障与电源中的辅助电源电路有关,需要维修或更换电源。

(3)电源风扇工作不正常。电源风扇工作时有明显的噪音、运转不灵活、转一会就停等现象,这时要及时更换风扇或电源。

(4)多个部件工作不正常。如硬盘出现坏道或损坏,光驱读盘性能也不好,这很可能是电源电压故障使多个部件工作异常,此时需要更换电源。

(5)显示屏上有水波纹。有可能是电源的电磁辐射外泄,干扰太大引起,可以更换较好的电源试试。

(6)安装了双硬盘后,硬盘出现"啪、啪"声。这种故障是因为电源功率不足引起了硬盘磁头连续复位,此时需要更换一个质量可靠的大功率电源。在电源功率不足时多安装几个刻录机、DVD-ROM 也会出现这种情况。

(7)主板升级后计算机经常重启。由于是升级后才出现的故障,很明显是升级导致了硬件之间不匹配,老旧的电源实际功率过低,无法提供足够的能源给新主板,只需更换一个功率较大的电源即可。

此外,显示器、键盘、鼠标、音箱及打印机等外设也会出现故障,如果排除了接口故障或插接不良,大多是外设本身的故障,有兴趣的读者可以查阅相关资料,这里就不再赘述了。

# 9.4 微机的软件故障及检测处理

## 9.4.1 软件故障概述

软件故障一般是指由于计算机软件使用不当、系统配置不当以及感染病毒等引起的故障。软件故障一般是可以恢复的,但一定要注意,某些情况下的软件故障也可以转化为硬件故障。常见的软件故障有如下一些表现:

(1)当软件的版本与运行环境的配置不兼容时,造成软件不能运行、系统死机、文件丢失或被改动。

(2)两种或多种软件程序的运行环境、存取区域或工作地址等发生冲突,造成系统工作混乱。

(3)由于误操作而运行了具有破坏性、不正确或不兼容的程序使文件丢失、磁盘格式化,或者非法关机使程序损坏等。

(4)计算机病毒引起的文件损坏、账户密码失窃、系统死机等。

(5)BIOS、系统引导或系统命令的参数设置不正确或者没有设置,使计算机无法正常工作。

## 9.4.2 软件故障的常用检测方法及预防

### 1.软件故障的常用检查方法

计算机出现软件故障时,可以从以下几个方面着手进行分析。

(1)当计算机出现故障时,首先要冷静地观察计算机当前的工作情况。例如,是否显示出错信息,是否在读盘,是否有异常的声响等,由此可初步判断出故障的部位。

(2)当确定是软件故障时,还要进一步弄清楚当前是在什么环境下运行什么软件,是运行系统软件还是运行应用软件。

(3)多次反复试验,以验证该故障是必然发生的,还是偶然发生的,并应充分注意引发故障时的环境和条件。

(4)仔细观察 BIOS 参数的设置是否符合硬件配置要求,硬件驱动程序是否正确安装,硬件资源是否存在冲突等。

(5)了解系统软件的版本和应用软件的匹配情况。

(6)充分分析所出现的故障现象是否与病毒有关。

### 2.软件故障的预防

很多软件故障是可以预防的,因此,在使用计算机时应注意以下事项:

（1）在安装一个新软件之前，应考察其与系统的兼容性。

（2）在安装一个新的程序之前需要保护已经存在的被共享使用的 DLL 文件，防止在安装新程序时被覆盖。

（3）在出现非法操作和蓝屏的时候，仔细分析提示信息产生的原因。

（4）随时监控系统资源的占用情况。

（5）正确使用卸载软件删除无用的程序。

（6）及时清除系统中的各种病毒。

## 9.4.3　典型软件故障的处理方法

### 1. BIOS 报错故障

计算机在使用过程中可能会有一些提示信息。根据其中的一些错误提示，可迅速检查并排除一些故障。主板 BIOS 的屏幕提示信息主要有以下几种，其中可能是 BIOS 设置错误，也可能是硬件故障。

（1）BIOS ROM checksun error-System halted

此信息表明 BIOS 在进行综合检查时发现了错误，它通常是由于 BIOS 程序代码更新不完全所造成的，出现这种现象时将无法开机，解决办法是重新刷写主板 BIOS。

（2）CMOS battery failed

此信息表明 CMOS 电池失效。当 CMOS 电池的电力不足时，应更换电池。

（3）Hard disk install failure

此信息表明硬盘安装失败。可检查硬盘的电源线和数据线是否安装正确，或者跳线是否设置正确。

（4）Hard disk diagnosis fail

此信息表明执行硬盘诊断时发生错误。通常代表硬盘本身出现故障，可以先把这个硬盘接到别的计算机上试试看，如果还是一样，就只有送修了。

（5）Memory test fail

此信息表明内存测试失败，通常是因为内存不兼容或故障所导致，可以先以每次开机增加一条内存的方式分批测试，找出有故障的内存，把它拿掉或送修即可。

（6）Device error

此信息表明硬盘驱动器错误，该故障一般是由于 CMOS 中的硬盘设置参数丢失，或者硬盘类型设置错误所造成的，解决办法是重新进行 BIOS 设置。

### 2. Windows 安装故障

庞大的 Windows 操作系统，决定了其安装过程的复杂性，复杂的安装过程难免会引发各种各样的故障。导致 Windows 安装失败的主要原因有以下几点：

（1）人为因素

由于用户操作不当引起的 Windows 安装故障，主要表现在 BIOS 设置不正确，安装顺序不正确，光驱中有非引导盘等。

（2）配置太低

Windows XP/7/8 在综合了 Windows 的易用性和 Windows NT 的稳定性的基础上，

还增加或增强了不少功能,同时对硬件也提出了更高的要求。在不满足最低要求的计算机上安装 Windows 系统不会成功。

(3)硬件不兼容

由于 Windows XP/7/8 是严格按照 ACPI 规范设计的,所以只要主板 BIOS 不支持 ACPI,就可能导致安装失败。当然,其他配件的不兼容同样可能导致安装失败。

### 3. 设备管理故障

设备管理故障包括设备驱动程序故障和硬件资源冲突故障。

设备驱动程序故障:在 Windows 系统中,常需要手工进行一些驱动程序的安装,包括显卡、声卡、网卡、打印机、扫描仪等,如果设备驱动程序安装不正确,设备将无法正常工作。

硬件资源冲突故障:计算机的系统资源包括中断请求(IRQ)号、直接存储器存取(DMA)通道、输入/输出(I/O)端口和内存地址范围。当将相同的系统资源分配给两个或多个设备时,就会发生硬件资源冲突,发生冲突的硬件设备将无法正常工作。

当设备管理故障时,可按照下面的办法解决。

(1)查看设备管理情况

查看设备管理情况可以通过"设备管理器"进行,具体方法是:在"计算机"右键快捷菜单中选中"属性",再单击"设备管理器"选项,"设备管理器"界面中分类列出了相应类别的所有设备。当某个设备无法使用时,列表中通常会出现以下情况:

①设备条目前面有一个红色的叉号,表示该设备无效,当前无法正常使用。这是设置了禁用而产生的,右键单击该设备,从快捷菜单中选择"启用"就可以了。

②设备条目前面有一个黄色的问号,表示该设备未能被操作系统所识别,无法为之安装匹配的驱动程序。

③设备条目前面有一个黄色带圆圈的叹号,表示该设备未安装驱动程序或驱动程序安装不正确,或是与其他硬件存在资源冲突。

如果是资源冲突,可双击此设备,然后在"资源"选项卡上查看"冲突设备列表",确定哪些资源设置与其他设备冲突。

(2)正确安装设备驱动程序

如果需要安装或更新驱动程序,可以采用以下方法:

①安装随机原配的驱动程序。

②如果在系统崩溃前使用了 Ghost 等克隆软件为自己的系统作了镜像,可使用相应的软件把系统还原出来。当系统被还原后,它们就能正常工作。

③如果硬件是非常出名的品牌,可登录到该公司的网站,选择下载其驱动程序,不过下载前要确定驱动程序的操作系统版本,不可弄错。

④使用"驱动精灵"等第三方软件安装驱动程序。

(3)解决资源冲突问题

①尽量采用默认设置

在安装即插即用设备时,Windows 自动配置该设备,这样该设备就能和计算机上安装的其他设备一起正常工作。作为配置过程的一部分,Windows 将一组唯一的系统资源分配给要安装的设备,Windows 自动保证这些资源的正确配置。

在安装非即插即用设备时,该设备的资源设置不是自动配置的。根据所安装设备的类型,绝大多数情况下,采用默认设置安装一般不会发生冲突,所以无须调整默认资源。如果必须手动配置这些设置,要仔细阅读该设备的随机说明书。

②更改设备的资源配置

如果设备资源冲突,可双击该设备,打开"资源"选项卡,清除"使用自动设置"复选框;在"设置基于"中,选择要更改的硬件配置方案;在"资源设置"的"资源类型"下面,单击要更改的资源,然后单击【更改设置】,为资源输入一个没有冲突的新值。经反复尝试可解决资源冲突问题。

③必要时可先拔掉有关板卡

先拔掉有冲突的板卡,将其他设备安装完毕后,再插上冲突板卡和安装该卡的驱动程序,绝大多数情况下不会再发生冲突,虽然方法比较麻烦,但非常有效。

④升级相关 BIOS 及驱动程序

有效解决硬件冲突的方法是升级最新的主板 BIOS、显卡 BIOS 以及最新的硬件驱动程序等。此外,如果有必要,还应该安装相关的诸如主板芯片组的最新补丁程序。

**4. 无法安装应用软件故障**

随着应用软件的日益庞大,安装程序的过程也越来越复杂,任何一个环节发生错误,都将导致软件无法安装。无法安装是应用程序安装过程中最常见的一种现象,表现为在安装过程中出现错误信息提示和无论选择什么选项都停止安装。典型的应用软件安装故障有以下几种情况:

(1)如果计算机原来安装过某一软件,后来丢失,在重新安装过程中,提示不能安装。这是因为软件安装过一遍后,若遭破坏或丢失,系统会存在残留信息,所以必须将原来的注册信息全部删除后重新安装。可在"控制面板"中单击"卸载程序"进行删除,或用 360 安全卫士清理注册信息。

(2)如果计算机原来安装了某一软件的旧版本,后来在安装此软件的新版本过程中,提示不能安装。这时应先卸载旧版本,再安装新版本。

(3)有些软件安装不成功是由于用户的 Windows 系统文件安装不全所造成的,此时,按照提示将所需文件从安装盘里添加进去即可,也可以从微软的网站上进行下载。

(4)如果系统的软硬件配置没有达到应用程序的最低配置要求,也会导致应用软件安装失败,这时需要升级软硬件配置。

**5. Windows 运行故障**

Windows 在运行过程中可能会出现各种各样的故障,下面通过一些典型的例子来介绍这类故障的处理方法。

(1)计算机启动时间过长

计算机使用一段时间后,启动时间越来越长。分析其原因,主要有:一是自启动项目太多,极大地影响了系统的启动速度;二是磁盘出现坏道影响了系统的启动速度;三是病毒感染影响了系统的启动速度。排除方法:一是使用 360 安全卫士的优化加速功能,选择"一键优化"和"深度优化"可以完成系统的优化(含开机启动项的优化);二是使用

Windows 自带的磁盘检查工具(逻辑盘右键菜单【属性】|【工具】|【开始检查】)全面扫描磁盘,检查硬盘是否有坏道;使用 Windows【附件】|【系统工具】|【磁盘清理】和【磁盘碎片整理程序】完成磁盘清理和磁盘碎片整理工作;三是使用 360 杀毒与安全卫士查杀计算机中的病毒。

(2)找回"桌面"主要图标

Windows 系统启动后,发现"桌面"上只有一个"回收站"图标,而其他的系统图标如"计算机"等一个也没有,其实这些图标是可以找回来的。可在"桌面"的空白处单击鼠标右键,在弹出的菜单中选择"个性化"选项,再单击对话框中的"更改桌面图标"选项,打开"桌面图标设置"对话框,在此对话框中就有这几个系统图标,勾选相应的复选框就可以了。

(3)找回【附件】下的小工具

在 Windows 系统中附加了很多实用性的小工具,如计算器、画图等,有时错误的操作会导致【附件】下各工具的快捷方式丢失。此时可以从其他运行正常的计算机中复制一份完整的文件到自己的计算机即可。对于 Windows 7 系统,可以在地址栏中输入路径 C:\ProgramData\Microsoft\Windows\Start Menu\Programs,复制"附件"文件夹来替换已损文件夹,即可恢复正常。

(4)丢失系统故障文件

当系统崩溃时,系统日志中没有查到相关记录。解决方案:右击"计算机",选择"属性",再选择"高级系统设置",进入"高级"选项卡,在"启动和故障恢复"对话框中的"系统失败"项下勾选"将事件写入系统日志",这样今后可能出现的每次系统故障都会被自动记录下来。可通过右击"计算机",选择"管理",打开"计算机管理"选项卡,使用"事件查看器"进行查看。

(5)计算机关机时间太长

执行"关机"命令后,计算机长时间停在"正在关机"的画面上。引起此故障的原因主要有:一是关闭系统功能所对应的声音文件损坏造成关机失败;二是病毒和某些有缺陷的应用程序或者系统任务造成关机失败;三是 BIOS 设置有误,可能是误修改了 BIOS 中有关电源管理的选项造成关机失败。排除方法:一是利用"控制面板"中的"声音"选项取消"退出 Windows"所对应的声音文件;二是查杀病毒和在关机之前关闭所有的应用程序;针对有缺陷的应用程序,可在 360 安全卫士"启动项"中逐个禁止应用程序启动后看系统能否正常关机,可找出此缺陷程序;三是修改 BIOS 中有关电源管理的选项,如果对 BIOS 不熟悉,就选择 BIOS 为默认的设置即可。

(6)更改硬件配置会出现死机

在 Windows XP/7/8 中只要更改硬件配置,系统就启动不了。这是因为在 Windows XP/7/8 中使用了激活产品程序,激活产品程序是微软公司在 Windows XP/7/8 中加入的防盗版功能。由于激活产品程序会根据用户的计算机硬件配置生成一个硬件 ID,因此如果用户改变了硬件配置,激活产品程序就会发现硬件配置与之不符,这时系统就会停止运行,并要求用户重新激活产品才可以重新运行。

### 6. Windows 注册表故障

Windows 的注册表实际上是一个数据库,用于存储系统软件设置、硬件设备参数、应用程序配置、系统运行状态和用户注册等方面的信息。Windows 提供了一个注册表编辑器(Regedit. exe)程序,可以用它对注册表进行各种修改编辑工作。注册表非常复杂,由于注册表文件损坏而不能正常启动系统或运行应用程序的情况经常出现。

(1)注册表损坏的症状

注册表损坏时可能会出现下面的症状:

①当使用过去正常工作的程序时,出现"找不到 ＊.DLL"的信息,或其他表明程序部分丢失和不能定位的信息。

②应用程序出现"找不到服务器上的嵌入对象"或"找不到 OLE 控件"之类的错误提示。

③当单击某个文档时,Windows 给出"找不到应用程序打开这种类型的文档"信息,即使安装了正确的应用程序且文档的扩展名(或文件类型)正确也是如此。

④"资源管理器"页面包含没有图标的文件夹、文件或意料之外的奇怪图标。

⑤"开始"菜单或"控制面板"项目丢失或变灰(处于不可激活状态)。

⑥不能建立网络连接。

⑦工作正常的硬件设备突然不起作用或不再出现在"设备管理器"的列表中。

⑧Windows 系统根本不能启动,或仅能以安全模式或 MS-DOS 模式启动。

⑨Windows 系统显示"注册表损坏"信息。

⑩启动时,系统调用注册表扫描工具对注册表文件进行检查,然后提示当前注册表已损坏,将用注册表的备份文件进行修复,并要求重新启动系统,而上述过程往往要重复数次才能进入系统,其实这是系统的误报,此时注册表并没有损坏,倒是内存或硬盘值得好好检查,这是硬件故障造成的假象。

以上是注册表损坏的 10 种症状,除最后一项外,前面 9 项在备份了注册表的情况下,都可以很简单地修复。

(2)注册表损坏的主要原因

①用户常常在 Windows 中添加或者删除各种应用程序和驱动程序。当今软件如此繁多,谁也不能确定多个软件安装在一个系统里是否能正常运行,彼此间是否毫无冲突,并且某些应用程序在修改注册表时,增加了不该增加的内容,或者将原来正确的注册表内容改为了不正确的内容。驱动程序一般都是经过周密测试的,但是由于计算机是一个开放性的体系结构,不可能测试所有的可能性,这样就存在不兼容的可能性。例如,某些驱动程序是 32 位的,安装到 64 位的操作系统上,就可能出现不兼容的情况。

②由病毒、断电、硬盘错误引起的故障或 CPU 烧毁而更换,也常常会导致注册表的损坏。

③由于注册表中的数据非常复杂,所以用户在手工修改注册表的时候,经常会导致注册表的内容被损坏。有时,用户会用另一台计算机上的注册表覆盖本地计算机上的注册表文件,但是一份注册表在某一台计算机上使用正常,并不等于它会在其他计算机上也使用正常,这样做极易破坏整个系统。

(3)注册表的修复方法

利用"注册表编辑器"的"导出"和"导入"功能可以备份和恢复注册表信息,系统的备份与恢复也包含了备份与恢复注册表。在 Windows 注册表出现问题时,也可以通过以下几种方式进行修复。

①重新启动系统。Windows 注册表信息是调入到内存中的,用户可以通过重新将硬盘中的注册表信息调入内存来修正各种错误。每次启动时,硬盘中的注册表信息都会重新调入内存。

②使用安全模式启动系统。如果在启动 Windows 系统时遇到注册表错误,则可以在安全模式下启动,系统会自动修复注册表问题。注意:由于在安全模式下,Windows 并没有将注册表文件锁住,所以用户可以在这种方式下复制注册表文件。

③重新检测设备。如果注册表中关于某种设备的信息发生错误,那么系统就无法正确管理这个设备。这时,用户可以利用"设备管理器"卸载这个设备,再安装一次,或者让 Windows 重新检测这个设备并安装。重新启动计算机后,即可对有问题的注册表进行更新。

# 本章小结

本章主要介绍了微机的工作环境,微机软硬件的日常维护方法,微机故障的检测处理原则,以及微机常见的硬件故障和软件故障的检测与处理方法等。

微机硬件的日常维护主要包括微机硬件在使用过程中的注意事项以及定期的维护保养等。微机软件的日常维护主要包括系统安全维护、系统清理、系统优化、系统备份及重要资料备份等。

以此养成良好的工作习惯,可以尽量减少微机故障的发生。对于微机的常见故障排除,要善于从网上搜集资料和积累实践经验,少走弯路,切实提高自己的计算机维护水平。

# 实训题

## 实训一　微机硬件的日常维护

【实训目的】

学习使用常用清洁维护工具对计算机硬件进行日常维护。

【实训内容】

针对实训室的台式计算机,选用合适的工具,对计算机各配件进行一次全面的清洁维护工作,维护任务完成之后,开机检查计算机能否正常工作。

【实训环境】

(1)多台需要做清洁维护的微机。

(2)清洁专用工具:防静电毛刷、吹灰球、清洁剂、清洁小毛巾等。

【实训步骤】

（1）拔掉电源插头及键盘、鼠标、显示器等连线。

（2）将微机系统主机箱盖打开。

（3）清除主机箱中各部件的灰尘。

（4）清洁显示器、键盘、鼠标。

（5）重新装配好计算机，并开机测试通过。

【实训总结】

实训结束后，认真填写实训报告，总结为微机进行防尘清洁的方法以及体会和收获。

## 实训二　内存报警诊断及故障排除

【实训目的】

学习内存故障的诊断和排除方法。

【实训内容】

针对内存故障的各种情况进行相应处理。内存报警的根本原因有：内存损坏，主板的内存插槽损坏，主板的内存供电或相关电路有问题，内存与内存插槽接触不良。前三种故障都属于实实在在的硬件故障，可以通过替换法进行排除，查出故障配件，再对坏件进行更换。对于第四种情况，发生的最多，配件并没有损坏，清洁后安装好即可。

【实训环境】

内存发生故障的微机。

【实训步骤】

（1）内存插槽检查

检查内存插槽变形、损坏等现象。对于内存插槽变形的现象可以在内存条插好后通过使用尼龙扎带紧固，再辅以打胶的方法来解决此类问题。

检查内存插槽中是否有其他异物。因为如果有其他异物在内存插槽里，当插入内存条时内存条就不能插到底，产生接触不良，就会引起开机报警。

（2）检查内存条的金手指是否氧化

如果内存条的金手指做工不良或根本没有进行镀金工艺处理，那么内存条在使用过程中就很容易出现金手指氧化的情况，时间长了就会导致内存条与内存插槽接触不良。对于内存条氧化造成的开机报警，不能简单地重新拔插一下内存条，必须小心地使用橡皮擦把内存条的金手指认真擦一遍，擦到发亮为止，再重新装机。

【实训总结】

实训结束后，认真填写实训报告，总结内存报警的根本原因和排除方法以及体会和收获。

## 实训三　安全模式的应用

【实训目的】

学习如何通过安全模式检测与修复计算机系统的错误。

**【实训内容】**

安全模式下查杀病毒和修复系统故障等。安全模式是 Windows 操作系统中的一种特殊模式,在安全模式下用户可以轻松地修复系统的一些错误,起到事半功倍的效果。安全模式的工作原理是在不加载第三方设备驱动程序的情况下启动计算机,使计算机运行在系统最小模式,这样就可以方便地检测与修复计算机系统的错误。

**【实训环境】**

Windows 操作系统计算机。

**【实训步骤】**

启动计算机时,在系统进入 Windows 启动画面前按【F8】键,就会打开操作系统多模式启动菜单,选择"安全模式"就可以将计算机启动到安全模式。

具体的实训步骤如下:

(1)启动安全模式。

(2)查杀病毒。

(3)删除顽固文件。

(4)修复系统故障。

(5)恢复系统设置。

(6)检测不兼容的硬件。

(7)卸载不正确的驱动程序。

**【实训总结】**

实训结束后,认真填写实训报告,总结安全模式的应用方法以及体会和收获。

# 思考与习题

1. 微机的硬件和软件日常维护包括哪些内容?

2. 微机正常的开关机顺序是怎样的? 为什么?

3. 微机故障的检测处理原则有哪些?

4. 上网了解微机维护的经验。参考网站如下:

电脑维修之家 http://www.dnwx.com/

迅维网 http://www.chinafix.com.cn/

# 参考文献

[1] 杨立.微型计算机原理与接口技术[M].3版.北京:中国铁道出版社,2009.

[2] 刘瑞新.计算机组装与维护教程[M].5版.北京:机械工业出版社,2011.

[3] 陈国先.微机原理与应用[M].2版.北京:电子工业出版社,2012.

[4] 米昶.微型原理[M].4版.大连:大连理工大学出版社,2007.

[5] 王纪东.计算机组装与维护[M].2版.北京:人民邮电出版社,2013.

[6] 李云峰.计算机导论[M].2版.北京:电子工业出版社,2009.

[7] 周洁波.计算机组装与维护[M].3版.北京:人民邮电出版社,2012.

[8] 崔建群.微机组成与组装技术及应用教程[M].北京:清华大学出版社,2008.

[9] 孙鑫鸽.计算机组装与维护教程[M].北京:中国铁道出版社,2010.

[10] 尹辉.计算机组装与维护[M].北京:电子工业出版社,2012.

[11] 匡松.新编微机组装与维护实用教程[M].北京:人民邮电出版社,2008.

[12] 蔡永华.计算机组装与维护维修实用技术[M].北京:清华大学出版社,2012.

[13] 中关村在线 http://www.zol.com.cn/

[14] 太平洋电脑网 http://www.pconline.com.cn/

[15] 泡泡网 http://www.pcpop.com/

[16] 天极网 http://www.yesky.com/

[17] 电脑维修之家 http://www.dnwx.com/

[18] 迅维网 http://www.chinafix.com.cn/